普通高等教育"十一五"规划教材

单片机原理与应用技术

主　编：高惠芳

副主编：张海峰　胡　冀

　　　　崔佳冬　曾　毓

科　学　出　版　社

北　京

内 容 简 介

本书针对目前最通用的 MCS-51 单片机,在汇编语言的基础上,增加了目前最流行的 C51 程序设计语言,内容主要包括:单片机芯片的硬件原理和结构、汇编语言指令系统和程序设计、C51 的程序设计、单片机内部资源(包括中断、定时/计数器、串行口)、单片机系统扩展(包括存储器扩展、I/O 扩展)及功能扩展(包括键盘、显示器、A/D 及 D/A 转换)、Keil C 集成调试软件及 Proteus 仿真软件的使用介绍等。

本书的特点是通过汇编语言和 C 语言穿插进行讲述,实例较多,且很多例子都给出了汇编语言和 C 语言的对照程序,使读者能同时学习汇编语言和 C 语言,并使熟悉汇编语言的读者能更快地学好单片机 C51 程序设计。

本书可作为高等院校电类、机械类等专业本科生的教材,也可作为函授教材或培训班教材。另外,本书可供从事单片机应用产品研发的工程技术人员及单片机爱好者参考。

图书在版编目(CIP)数据

单片机原理与应用技术/高惠芳主编 . —北京:科学出版社,2010
(普通高等教育"十一五"规划教材)
ISBN 978-7-03-027114-3

Ⅰ. 单… Ⅱ. 高… Ⅲ. 单片微型计算机-高等学校-教材 Ⅳ. TP368.1

中国版本图书馆 CIP 数据核字(2010)第 055683 号

责任编辑:耿建业 裴 育 / 责任校对:张怡君
责任印制:徐晓晨 / 封面设计:耕者设计工作室

科 学 出 版 社 出版
北京东黄城根北街 16 号
邮政编码:100717
http://www.sciencep.com

北京建宏印刷有限公司 印刷
科学出版社发行 各地新华书店经销

*

2010 年 4 月第 一 版   开本:787×1092 1/16
2018 年 7 月第八次印刷   印张:21 1/2
字数:494 000
定价:85.00 元
(如有印装质量问题,我社负责调换)

前　　言

　　单片机出现至今已经有 30 多年的历史,单片机技术也历经了几个发展阶段。目前,单片机已渗透到生活中的各个领域,几乎很难找到哪个领域没有单片机的足迹。导弹的导航装置,飞机的各种控制仪表,计算机的网络通信与数据传输模块,工业自动化过程的实时控制和数据处理设备,广泛使用的各种智能 IC 卡,民用豪华轿车的安全保障系统,摄像机、全自动洗衣机的控制系统,以及程控玩具、电子宠物等,甚至全自动控制领域的机器人、智能仪表、医疗器械,都离不开单片机。因此,单片机的学习、开发与应用将造就一批计算机应用与智能化控制的工程师和科学家。科技越发达,智能化的东西就越多,对单片机学习的需求也日益增加。

　　目前,单片机方面的教材大都采用汇编语言的讲解和设计程序实例,但汇编语言学习困难。在实际应用系统开发调试中,特别是开发比较复杂的应用系统时,为了提高开发效率和使程序便于移植,很多时候采用 C 语言。C 语言不仅学习方便,而且同汇编语言一样能够对单片机资源进行访问,因此目前大多数院校在开设单片机课程时都引入 C 语言。但引入 C 语言后,就发现在选择教材时存在两方面的问题:有的教材注重于单片机的原理,只使用汇编语言;而另一些教材注重于 C 语言,一般面向开发,不讲原理,属于高级教程,不适合初学者。能兼顾汇编语言和 C 语言的教材非常少,而在实际使用中需要一本在学习单片机基本原理的同时能兼顾汇编语言和 C 语言两个方面的教材。在整个大学阶段,大多数学生学习的课程中,只有单片机这门课能接触到汇编语言,所以该门课旨在使学生在汇编语言概念的基础上学会单片机的编程。本书编写的目的是在讲述单片机基本原理的同时能兼顾汇编语言和 C 语言两个方面。所以本书在大多数的实例中,相同的功能用汇编语言和 C 语言分别编程实现,通过用汇编语言和 C 语言两个方面的编程对比,使学生能够有选择地掌握一种语言,并认识另一种语言。同时,为了提高学生应用设计的能力,本书还介绍了目前单片机接口常用的接口芯片,列举了几个简单的单片机应用系统开发实例。

　　本书共分 11 章。第 1 章主要介绍单片机的发展和应用领域;第 2 章介绍 MCS-51 单片机的结构和原理;第 3 章介绍 MCS-51 单片机的汇编语言指令系统;第 4 章介绍MCS-51单片机汇编语言程序设计;第 5 章主要介绍单片机 C51 程序设计基础;第 6 章介绍单片机内部资源,包括中断、定时/计数器,以及串行口;第 7 章介绍单片机系统扩展,包括存储器的扩展、I/O 的扩展,以及串行口的扩展;第 8 章介绍单片机功能扩展,包括键盘、显示器、A/D、D/A 等;第 9 章介绍单片机应用系统的开发与设计;第 10 章介绍 Keil C51 软件的使用;第 11 章介绍可视化仿真开发工具 Proteus。

　　本书的第 2、3、6 章由高惠芳编写,第 4、7 章由张海峰编写,第 1、9、11 章和第 5 章的后 3 节由胡冀编写,第 8 章由崔佳冬编写,第 5 章的前 4 节和第 10 章由曾毓编写。黄继业、杨翠容、张文超等老师给本书的编写提出了很多宝贵意见,研究生赵文静为本书插图的绘制付出了很多辛劳。在这里向各位表示感谢!

虽然全体参编人员已经尽心尽力,但限于自身水平,书中不妥之处在所难免,希望各位专家和广大读者不吝指正。另外,书中有些资料来源于网上,使用时间已久,无法查证作者,如果本书引用了您的观点,请与编者联系,编者将尽快更正参考文献,并对此表示诚挚的感谢。

本书可提供电子课件,有需要者请与编者联系索取。

高惠芳　gaohuifang@126.com

编　者

2010 年 3 月

目　　录

第1章 单片机概述

单片机在现代电子设计领域应用相当广泛,存在于数不胜数的家用电器、工业控制设备、电子仪器等电子产品中。了解、掌握单片机的应用知识对于每一个电子工程师来说都是必不可少的。本章介绍关于单片机的基本概念,并简要介绍单片机的历史发展、现状和未来趋势。

1.1 单片机的基本概念

1.1.1 什么是单片机

单片机,顾名思义,就是指单片微型计算机,这个称谓也是比较通俗的。从这点上理解,所谓单片机就是在单个芯片上的一台微型计算机。当然,这种计算机比起普通台式机来说,功能上要弱很多,但基本的计算机结构还是很完善的。

那么,单片机的构成到底与普通计算机有何相似之处。首先来分析一下普通计算机的组成结构,如图1.1所示。

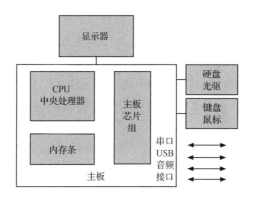

图 1.1 普通计算机的组成结构

普通计算机的核心部分往往由在主板上的中央处理器(central process unit,CPU)、主板芯片组、内存条,以及硬盘、光驱、显示器、键盘鼠标等构成。CPU 完成核心控制、计算功能,是解析执行程序代码的核心工作部件;主板芯片组是 CPU 与外交界联系的通道和部分外设(外部设备)控制单元;内存条是存储设备,为 CPU 提供临时数据交换、临时程序代码存放功能,一般由 RAM(随机存储器)构成;光盘数据一般是只读的,可以理解为 ROM(只读存储器),硬盘用于存放永久或临时的程序代码和数据,光驱用于读取光盘数据,可以理解为 RAM、ROM 的复合体;显示器和键盘鼠标是人机接口,可以归为输入输出设备(I/O 设备)。经过上述分析,可以把图1.1的结构抽象成图1.2的结构。

不单是普通计算机,图 1.2 其实也是其他更复杂计算机的典型结构。本书将要详尽阐述的单片机也具有相同结构,如图 1.3 所示。单片机的主要部分也是由 CPU、RAM、ROM、外设、I/O 构成,只是相对于计算机系统各个单元都要简单很多,而且体积也小很多。

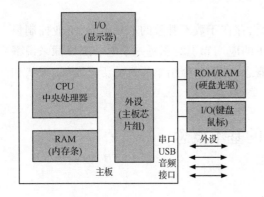

图 1.2　计算机组成结构的另外一种描述

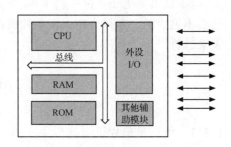

图 1.3　单片机的典型结构

单片机的 CPU 往往是专门设计的,为占用面积、成本、性能而优化,结构较为简单,运行速度较低,但同样可以执行程序代码,完成复杂控制。单片机的 RAM 一般容量都比较小,以降低占用硅片的面积,采用 SRAM(静态随机存储器)。ROM 的容量也较小,常常采用 flash(闪存)来实现,为降低成本也采用掩模(MASK)或者 OTP(单次可编程),ROM 里面一般存储 CPU 要执行的程序代码和相关数据。单片机的 I/O 较为简单,一般通过引脚的高低电平来实现输入输出功能。单片机的外设种类比较丰富,可针对不同的应用。其他辅助模块有电源控制、OSC(振荡器)、复位电路等,在单片机系统中起辅助支撑作用。上述的一切,都被放置在一个硅片(芯片)上,就构成了单片机。

图 1.4 是一款常用单片机的实物图。

由于一片单片机在外形体积上与一片普通的 IC 芯片没有任何差别,但却浓缩了一个微型计算机系统,所以一经出现就有了广泛的应用,遍布电子产品领域的各个角落。日常生活中,人们使用的各种电子装置大多有单片机的存在。

1.1.2　微控制器 MCU

由于大多数单片机的 CPU 较为简单,单片机往往不能胜任复杂的数学运算,而更着重于控制功能的实现。在绝大部分电子产品中,单片机是作为控制核心而出现的。因此"单片机"只是一个通俗的说法,更确切的称谓应该是微控制器(microcontroller)。

图 1.4　一款常用单片机的实物图

单片机的英文全称为 micro controller unit 或者 microcontroller,其英文缩写为 MCU。在本书中,"微控制器"、"MCU"、"单片机"都是同一个概念,无需区分。

1.1.3 如何使用单片机

如前所述,单片机是一个单片化微型计算机系统,使用单片机完成一个具体应用需要对其编程,一般来说,flash 结构的单片机在出厂的时候单片机内 ROM(即 flash)是空白的,可以认为它的功能未被定义,需要输入针对应用的代码来实现具体的应用功能。

为产生上述代码一般流程是需要在单片机开发环境当中编写针对程序,经编译获得所需执行代码。这里的单片机开发环境是指一种在计算机上的软件,通常它具有编辑程序、交叉编译、生成执行代码文件的功能。不同的单片机具有不同的开发环境,例如:图1.4 所示的单片机属于 MCS-51 系列,可以使用 Keil μVision 2 这个集成开发环境,而AVR 系列单片机却可以使用 AVR Studio,除此之外,开发环境也可能支持不同的编程语言,常见的单片机开发语言有汇编语言和 C 语言。

单片机开发者需要针对具体的应用来写对应的汇编语言或 C 语言程序,在集成开发环境中进行编译、调试,最后获得所需的执行代码文件,通过编程器或其他特定的编程方式把执行代码文件烧写单片机的 flash ROM 中,这样该单片机就具有了针对应用的逻辑控制功能。

当然在开发过程当中,开发者的程序可能会存在问题,往往需要反复调试修改代码。这种调试一般有两种方式:一种是在集成开发环境中,用指令模拟器模拟单片机执行程序的过程;另一种是通过连接计算机与单片机系统的硬件调试工具(一般称为仿真器),在开发环境上进行硬件调试,正常情况下,调试时间远大于初始程序编写时间。

烧写了执行代码的单片机在系统上电后,就会按照开发者的意愿执行相应的逻辑控制功能。

1.2 单片机的发展概况

1.2.1 单片机的发展历史

在 20 世纪 70 年代初期,集成电路处于中小规模阶段,把一个微型计算机系统集成在单个芯片上,当时的集成电路的工艺不能满足。但开始出现单板机,即单板微型计算机,在一个电路板上实现一个微型的计算机系统。

1976 年 Intel 公司推出了 MCS-48 单片机,这个可以认为是第一个真正意义上的单片机。从此,单片机技术迅猛发展,下面分阶段回顾单片机的发展历史,如图 1.5 所示。

图 1.5 单片机发展历史

(1)第一阶段(1976~1978 年)。

Intel 公司的 MCS-48 第一次采用了单片结构,即在一块芯片内含有 8 位 CPU、定时/

计数器、并行 I/O 口、RAM 和 ROM 等。以体积小、功能全、价格低赢得了广泛的应用,为单片机的发展奠定了基础。

(2) 第二阶段(1978~1982 年)。

在 MCS-48 的带领下,各大半导体公司相继研制和发展了自己的单片机,如 Zilog 公司的 Z8 系列。到了 80 年代初,单片机已发展到了高性能阶段,如 Intel 公司的 MCS-51 系列、Motorola 公司的 6801 和 6802 系列、Rokwell 公司的 6501 及 6502 系列等。这一类单片机,如 MCS-51 系列,带有串行 I/O 口、8 位数据线、16 位地址线可以寻址的范围达到 64KB、控制总线、较丰富的指令系统等。

(3) 第三阶段(1982~1990 年)。

16 位单片机开始出现,除 CPU 为 16 位外,片内 RAM 和 ROM 容量进一步增大,实时处理能力更强,体现了微控制器的特征。此时的单片机均属于真正的单片化,大多集成了 CPU、RAM、ROM、多种的 I/O 接口、多种中断系统,甚至还有一些带 A/D 转换器的单片机,功能越来越强大,RAM 和 ROM 的容量也越来越大。可以说,单片机发展到了一个新的平台。这个时期单片机的种类较多,以 Intel 的 MCS-96 系列为代表。

(4) 第四阶段(1990~2000 年)。

新的高性能的单片机不断出现,新单片机普遍采用 RISC 架构,向高速、高集成度、数模混合、超低功耗方向发展。

(5) 现阶段(2001 年至今)。

32 位微控制器应用日益广泛,许多应用场合在单片机上大量使用 RTOS(实时操作系统),Embedded System 获得较大发展。在专用单片机发展方面,SOC 开始从概念走向实际应用。

1.2.2 MCS-51 单片机的发展

Intel 公司于 1980 年推出 8 位的 8051 单片机,称为 MCS-51 单片机,在单片机发展史上具有重要意义,当时在工业控制领域引起不小的轰动,并迅速确立了主导地位。后来,Intel 公司开放了 8051 单片机的技术,使得世界上很多半导体厂商加入到开发和改造 8051 单片机的行列中,其中产生较大市场影响的有:

(1) Atmel 公司,通过与 Intel 公司的技术交换,获得了 Intel 公司的 8051 制造技术,并且结合自己的 flash 技术,生产出了 ROM 为 flash 的 51 单片机,即 AT89 系列,使得单片机应用变得更灵活,在我国拥有大量的用户。

(2) Philips 半导体公司(现为 NXP),着力发展了单片机的控制功能和外围单元。

(3) ADI 公司推出的 ADuC8x 系列单片机,在单片机向 SOC 发展的模/数混合集成电路发展过程中扮演了很重要的角色。

(4) Cygnal 公司(后被 Silicon Labs 公司收购),采用一种全新的流水线设计思路,使单片机的运算速度得到了极大的提高,在向 SOC 发展的过程中迈出了一大步。

(5) Cypress 公司的 CY7C68 系列,是 MCS-51 单片机的改进版本,指令集有增强,主要用于 USB 接口应用。

目前 8051 单片机各生产厂商的主流产品有几十个系列,几百个品种。尽管其各具特色,名称各异,但作为集 CPU、RAM、ROM、I/O 接口、定时器/计数器、中断系统为一体的单片机,其原理与结构大同小异。现以 Atmel 公司的 AT89S 系列产品为例,说明其系列之间的区别。

表 1.1 中列出了 Atmel 的 AT89S 系列(与 MCS-51 兼容)单片机在性能上略有差异。AT89S51 与 AT89S52 间所不同的是:片内程序存储器 flash 从 4KB 增至 8KB;片内数据存储器由 128B 增至 256B;定时/计数器增加了一个。

表 1.1　Atmel 的 AT89S 系列比较表

型号	flash /KB	RAM /B	F. max /MHz	I/O	UART	16 位 定时器	watchdog	封装
AT89S51	4	128	33	32	1	2	有	PDIP 40 PLCC 44 TQFP 44
AT89S52	8	256	33	32	1	3	有	PDIP 40 PLCC 44 TQFP 44
AT89S2051	2	256	24	15	1	2	—	PDIP 20 SOIC 20

AT89S51 是兼容于 Intel 的 80C51,AT89S52 是兼容于 Intel 的 80C52。由此也可以看出 Intel 的 80C51 和 80C52 的区别。

AT89S2051 是 AT89S51 的 I/O 简化版本,可以使用的 I/O 为 15,但内部 SRAM 比 AT89S51 大倍,同时没有 watchdog 功能。

其他公司的 MCS-51 兼容单片机也与 Atmel 公司的一样,各个品种间有细微差别,让单片机的应用开发者根据实际情况选用。

1.2.3　现阶段主流单片机系列简介

前面介绍了 MCS-51 及其兼容系列的单片机,下面简要介绍一下现阶段国内主流单片机系列。为叙述方便,先以单片机 CPU 中 ALU(算数逻辑单元)的数据位宽为依据分成四类:4 位单片机;8 位单片机;16 位单片机;32 位单片机。

4 位单片机一般用于大量生产领域,主要是控制功能简单的电子玩具、家用电器等,开发时一般采用汇编(ASM)语言编写程序。4 位主流单片机这里不作介绍。

8 位主流单片机的种类很多,如下所示:

(1) Intel MCS-51 兼容单片机有很多,详细可以参考 1.2.2 节,是属于早期的 8 位单片机系列。

(2) Microchip PIC16C 5X/6X/7X/8X 系列、PIC17C、PIC18C 系列。

(3) Freescale 68HC908、68S08 系列。

(4) Atmel AVR 系列。

(5) 义隆 EM78 系列。

Microchip 的 8 位 PIC 系列拥有较大的市场份额,采用类 RISC 设计,在家用电器、工业控制上应用广泛。Freescale(前身为 Motorola 半导体)的 68 系列单片机具有高可靠性,广泛用于汽车电子领域。

16 位主流单片机,如下所示:

(1) Intel MCS-96 系列,如 80C196。

(2) TI MSP430 系列。

(3) Microchip PIC24C 系列。

(4) Maxim MAXQ 系列。

(5) 凌阳 SPMC75 系列。

(6) Freescale MC68S12 系列。

32 位主流单片机,如下所示:

(1) ST STM32(Cortex-M3)。

(2) Atmel AT32UC3B 系列(AVR32)。

(3) NXP LPC2000 系列(ARM7 内核)。

(4) Luminary Micro(TI 收购)的 Stellaris(群星)系列(ARM Cortex-M3 内核)。

1.3　单片机的应用特点与应用领域

1.3.1　单片机应用特点

关于单片机应用的特点可以分为以下几点。

1. 可应用于恶劣环境

在恶劣环境中,单片机构成的电子装置可以在程序的控制下,完成复杂的控制任务。单片机的高可靠性和强抗干扰能力,使它可以置于恶劣环境的前端工作。

2. 软硬件结合

单片机系统是一个软硬件结合的系统,系统的可伸缩能力较强。单片机系统是一个可以编程的系统,硬件上的不足有时可以通过软件的修改来满足控制要求。软硬件协同,可以处理较为复杂的现场控制问题。

3. 灵活定制

计算机系统的灵活性在单片机系统上也有体现。同一个单片机可以使用在完全不同的系统上。根据软件来决定系统功能,大大提高系统灵活性。

4. 升级方便

单片机通过使用 flash 技术使得程序的修改变得非常容易。在开发调试阶段,可以通过更新 flash 的内容,调试系统直到满足要求。当需要对产品进行升级时,也只要更新

flash 就可以了,非常方便。

5. 应用广泛

单片机的价格低廉和强大的性能决定了它的应用广泛。几乎所有涉及控制和逻辑运算的电子产品都可以使用它。

6. 成本低廉

简化设计的 CPU、集成的存储器和多种外设,使得整个单片机系统的价格较低。大批量生产,又导致了生产成本的进一步下降。

7. 低功耗

与普通计算机的功耗相比,单片机的功耗要小得多。低功耗使得单片机在便携式和电池应用中发挥重要作用。

1.3.2 单片机应用领域

由于单片机具有的上述应用特点,使得它迅速成为新技术实现的有力工具。它的应用遍及各个领域,主要表现在以下几个方面。

1. 工业控制、工业自动化

机电一体化产品是指集成机械技术、微电子技术、计算机技术于一体,具有智能化特征的机电产品,如计算机控制的车床、钻床等。单片机作为产品中的控制器,能充分发挥它的体积小、可靠性高、功能强等优点,可大大提高机器的自动化、智能化程度。

单片机广泛地用于各种实时控制系统中。例如,在工业测控、航空航天、尖端武器、机器人等各种实时控制系统中,都可以用单片机作为控制器。单片机的实时数据处理能力和控制功能,可以使系统保持在最佳工作状态,提高系统的工作效率和产品质量。

2. 仪器仪表

单片机广泛地用于各种仪器仪表,使仪器仪表智能化,并可以提高测量的自动化程度和精度,简化仪器仪表的硬件结构,提高其性能价格比。

3. 家用电器

自从单片机诞生以后,它就步入了人类生活。例如,洗衣机、电冰箱、电子玩具、收录机等家用电器配上单片机后,提高了智能化程度,增加了功能,备受人们喜爱。单片机将使人类生活更加方便、舒适、丰富多彩。

4. 数码产品/手持便携式产品

单片机的低功耗和高性能,使得它在电池供电设备、便携式设备与数码产品中大量应用。

5. 通信设备

单片机在通信设备中完成部分部件的控制。

6. 医疗设备

一些智能的医疗设备中可以看到单片机的存在。

7. 汽车

一辆汽车上有十几个安装在不同位置完成不同功能的单片机系统。越是高档的汽车,其上面含有单片机的电子设备就越多。例如,雨刷控制、车窗控制一般都是由单片机完成的,在汽车上的单片机之间可能还会通过 LIN 或 CAN 总线进行通信。

8. 军事装备

高精尖武器的控制核心也少不了单片机的参与。

综上所述,单片机已成为社会发展的一个重要方面。另外,单片机应用的重要意义还在于,它从根本上改变了传统的控制系统设计思想和设计方法。以前必须由模拟电路或数字电路实现的大部分功能,现在可以用单片机通过软件方法来实现。这种软件代替硬件的控制技术也称为微控制技术,是传统控制技术的一次革命。

1.4 单片机的发展趋势

现在,单片机技术还处于迅速发展的阶段,随着集成电路工艺的不断升级,在单位面积上可以实现的电路可以更多,让新设计的单片机不断进步。下面分几个方面来说明现阶段单片机的发展趋势。

1. 低成本

集成电路制造工艺的改进,使得单片机可以在更小的硅片面积上实现,成本不断下降。现在许多 4 位或 8 位单片机具有比中小规模逻辑芯片(74 系列)更低的价格。

2. 低功耗

在现代社会发展过程中,对能源的利用效率越来越高,人们希望在生活中使用的电子产品节能,单片机作为绝大多数电子产品的核心部件,当然也需要节能,即降低功耗。另外,随着越来越多的使用电池的便携式产品出现,为延长电池的使用时间,客观上也要求便携式产品中的单片机降低功耗。新设计的单片机具有越来越多的电源管理模式,在应用中通过软件切换不同的电源模式以节省电源电流的消耗,某些单片机甚至可以在特定电源模式下消耗电流小于 $1\mu A$,甚至小于电池的漏电流。

3. 低电压

单片机的低电压发展趋势由两个原因造成：一个是因为集成电路工艺线宽越来越小，导致能够耐受的电源电压越来越低；另一个原因是大量电池应用的产生，由于电池电压的限制导致电池应用系统的电源电压降低。这两个原因最终使得新出的针对便携式计算的单片机电源电压逐渐走低，从几年前的 3.3V 到现在的 1.8V，甚至更低。低电压单片机的发展有另外一个好的效果，那就是，使得这些单片机的功耗降低。低电压同时也附带了一些负面影响，如电源电压降低直接导致单片机在同等工作条件下速度降低。

4. 高速

新的单片机结构不断吸取复杂计算机系统的技术创新，如 RISC(精简指令集)架构、流水线等。通过单指令单周期的实现，来提高 CPU 的执行效率。同时，提高单片机系统的时钟频率，实现高速。新出现的 32 位单片机，主频已经接近 100MHz。

5. 集成更多外设、混合信号处理

加强片内输入输出接口的种类和功能，也是单片机发展的主要动向。最初的单片机，片内只有并行输入/输出接口、定时/计数器。在实际应用中往往还要外接特殊的接口以扩展系统功能，增加了应用系统结构的复杂性。随着集成度的不断提高，有可能把更多的各种外围功能器件集成在片内。这不仅大大提高了单片机的功能，更使应用系统的总体结构也大大简化了，并且提高了系统的可靠性，降低了系统的成本。例如，有些单片机含有并行 I/O 口，能直接输出大电流和高电压，可以直接用以驱动荧光显示管(VFD)、液晶显示管(LCD)和七段码显示管(LED)等，减少了应用系统中的驱动器；又如有些单片机片内含有 A/D 转换器，则在实时控制系统中可省掉外部 A/D 转换器。目前，在单片机中已出现的各类新颖接口有数十种：如 A/D 转换器、D/A 转换器、DMA 控制器、CRT 控制器、LCD 驱动器、LED 驱动器、正弦波发生器、声音发生器、字符发生器、波特率发生器、锁相环、频率合成器、脉宽调制器等。

单片机的另一个发展趋势是，加强 I/O 的驱动能力。有的单片机可输出大电流和高电压，直接驱动 VFD、LCD 和 LED 等；对于片内的定时/计数器，有些增加了时间监视器(watchdog)功能；还有的单片机具有锁相环(PLL)控制、正弦波发生器和发声等特殊功能。例如，Motorola 公司的 6805T2 就带有 PLL 逻辑；GI 公司的 PIC1600 系列内部含有 8 位实时时钟计数器和 watchdog 定时器。

6. 高性能

进一步改进 CPU 的性能，增加 CPU 的字长或提高时钟频率均可提高 CPU 的数据处理能力和运算速度。CPU 的字长已由 8 位、16 位到 32 位。时钟频率高达 40MHz 的单片机也已出现。加快指令运算的速度和提高系统控制的可靠性，并加强了位处理功能、中断和定时控制功能；采用流水线结构，指令以队列形式出现在 CPU 中，从而有很高的运算速度。有的单片机采用了多流水线结构，其运算速度要比标准的单片机高出 10 倍以

上。单片机内部采用双 CPU 结构也能大大提高处理能力，如 Rockwell 公司的 R6500/21 和 R65C29 单片机。由于片内有两个 CPU 能同时工作，可以更好地处理外围设备的中断请求，克服了单 CPU 在多重高速中断响应时的失效问题。同时，由于双 CPU 可以共享存储器和 I/O 接口的资源，因此，还可以更好地解决信息通信问题。例如，Intel 公司的 8044，它的内部实际上是 8051 和 SIU 通信处理机组成，由 SIU 来管理 SDLC 的通信。这样既加快了通信的速度，又减轻了 8051 的处理负担。

7. 高可靠性

随着单片机工业领域、汽车电子领域的广泛应用，对于单片机的工作可靠性的要求也越来越高。一些高可靠性的单片机陆续出现，采用硬件、软件多种方法来提高系统的可靠性。

8. 减小封装

虽然单片机占用的硅片面积一般都是不大的，但一些电子产品在应用时，不断对电子元器件的体积提出要求，使得部分应用的单片机封装越来越小，在有些场合干脆采用绑定技术把含单片机的硅片直接固定在线路板上。

习　题

(1) 按照自己的理解用一句话回答"什么是单片机"。

(2) 简述单片机的应用特点。

(3) 简述单片机的主要应用领域。

(4) MCS-51 单片机的 CPU 是几位的？数据总线是几位的？地址总线是几位的？

(5) 简述单片机的组成结构。

(6) 简述现阶段单片机的发展趋势。

第2章 MCS-51单片机的结构和原理

本章介绍 MCS-51 单片机的硬件结构及工作原理,这是掌握、使用单片机技术的硬件基础。通过本章的学习,可以使读者掌握 MCS-51 单片机的硬件结构和工作原理,了解单片机内部的逻辑功能模块,协调各模块的工作,以及与外围接口电路的连接与控制;还可以使读者灵活地运用单片机的硬件资源,从而开发出设计合理、性价比高的单片机应用系统。

2.1 MCS-51 单片机的基本组成

2.1.1 MCS-51 单片机的基本组成

MCS-51 单片机是指由美国 Intel 公司生产的一系列单片机的总称,这一系列单片机包括了众多品种,如基本型(8051 子系列):8031、8051、8751、89C51 和 89S51 等,增强型(8052 子系列):8032、8052、8752、89S52 等。其中 8051 是最早最典型的产品,该系列其他单片机都是在 8051 的基础上进行功能的增、减、改变而来的,所以人们习惯于用 8051 来称呼 MCS-51 单片机;而 8031 是 20 世纪 90 年代在我国最流行的单片机,所以很多场合会看到 8031 的名称。由于 Intel 公司将 MCS-51 的核心技术授权给了其他公司,所以有很多公司在做以 8051 为核心的单片机,当然,功能或多或少有些改变,以满足不同的需求。其中 AT89S51 就是这几年在我国非常流行的单片机,它是由美国 Atmel 公司开发生产的片上 flash 单片机。

目前,国内大多数单片机类课程都是以 MCS-51 单片机为基础来讲授单片机原理及应用的,这是因为 MCS-51 单片机奠定了 8 位单片机的基础,各类型单片机的基本组成相同,主要差别反映在存储器的配置上。8031 内部无程序存储器 ROM;8051 内部设有4KB 的掩膜 ROM;8751 内部为 EPROM;AT89C51 内部为 flash ROM;AT89S51 内部则是 4KB 的支持 ISP 的 flash ROM。MCS-51 增强型单片机存储器的存储容量为基本型的一倍,同时增加了一个定时器 T2 和一个中断源。MCS-51 单片机的基本结构框图如图 2.1所示。

从图 2.1 中可以看出,单片机把一台计算机所具有的五个基本组成部分:运算器、控制器、存储器、输入设备及输出设备,都集成在一个尺寸有限的芯片上,由 8 位 CPU、ROM、RAM、并行 I/O 口、串行 I/O 口、定时/计数器、中断系统、时钟电路等部分组成,各部分之间通过总线相连。

MCS-51 单片机的内部逻辑结构图如图 2.2 所示。

由图 2.2 可以看出,它集成了中央处理器(CPU)、存储器系统(RAM 和 ROM)、定时/计数器、并行接口、串行接口、中断系统及一些特殊功能寄存器(SFR)。它们通过内部

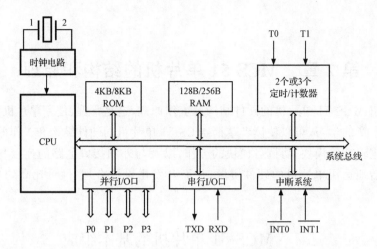

图 2.1 MCS-51 单片机的基本结构框图

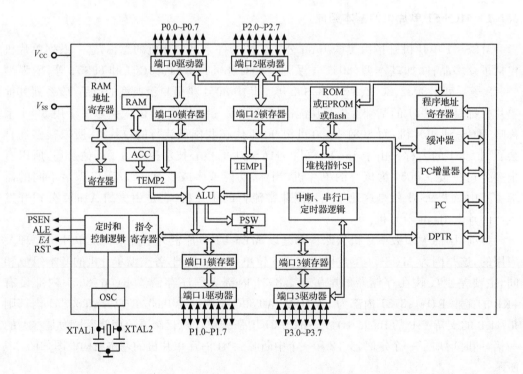

图 2.2 MCS-51 单片机的内部结构图

总线紧密地联系在一起。它的总体结构仍然保持着经典计算机的体系结构,采用通用 CPU 加上外围芯片的总线结构,只是在功能部件的控制上与一般计算机的通用寄存器加接口寄存器控制不同,CPU 与外设的控制不再分开,采用了特殊功能寄存器集中控制,使用更方便。8051 内部还集成了时钟电路,只需要外接晶振就可形成时钟。

1. 中央处理器

中央处理器简称 CPU,是单片机的核心,由运算器和控制器组成,用于完成运算和控制操作。

运算器以 ALU(arithmetic logic unit)为核心,包括累加器(ACC)、寄存器(B)、程序状态字寄存器(PSW)和两个暂存寄存器(TEMP)等,用于完成算术运算、逻辑运算和进行位操作(布尔处理)等,包括加、减、乘、除、加"1"、减"1"、BCD 码十进制调整、比较等算术运算,与、或、异或、取反等逻辑运算,左右循环移位和半字节交换等操作。操作的结果一般存放在累加器(A)中,结果的状态信息呈现在程序状态字寄存器(PSW)中。

控制器是单片机的神经中枢,包括程序计数器(PC)、指令寄存器(IR)、指令译码器(ID)、数据指针(DPTR)、堆栈指针(SP)、定时控制电路和条件转移逻辑电路,以及振荡电路等。它在时钟信号的同步作用下对来自于存储器中的指令进行译码,并通过定时和控制电路在规定的时刻发出各种操作所需要的控制信号,使单片机系统的各部件按时序协调有序地工作,完成指令所规定的操作。

2. 内部程序存储器

在 MCS-51 单片机中,不同芯片的内部程序存储器各不相同:8031 和 8032 内部没有ROM;8051 内部有 4KB 的 ROM,8751 内部有 4KB 的 EPROM;8052 内部有 8KB 的ROM,8752 内部有 8KB 的 EPROM;8951 内部有 4KB 的 flash ROM,8952 内部有 8KB的 flash ROM。内部程序存储器主要用于存放程序、原始数据和表格内容,因此称为程序存储器,简称"内部 ROM"。

3. 内部数据存储器

MCS-51 基本型单片机内部共有 256B 的 RAM,其高 128 单元有一部分被特殊功能寄存器(SFR)占用,其余单元用户不能使用,这些特殊功能寄存器,其功能已有专门规定,用户不得随意赋值;其低 128 单元可以作为随机存取单元供用户使用,主要用于存放随机存取的数据及运算结果。因此通常所说的内部 RAM 就是指低 128 单元。增强型单片机内部共有 256B 的 RAM 可供用户使用。

4. 定时/计数器

MCS-51 基本型单片机内部有 2 个 16 位的定时/计数器,用定时/计数器 0 和定时/计数器 1 表示,用于实现定时或计数功能,并以其定时或计数的结果对系统进行控制。增强型单片机内部有 3 个 16 位的定时/计数器,即 T0、T1、T2。

5. 并行 I/O 口

MCS-51 单片机内部有 4 个 8 位并行 I/O 口,即 P0、P1、P2、P3 口,以实现数据或地址的并行输入/输出。通常 P0 口作为 8 位数据总线/低 8 位地址总线复用口,P2 口常用作高 8 位地址总线,而 P3 口的各个管脚多以第二功能输入或输出的形式出现,因此,一般在进行系统扩展的情况下,只有 P1 口的 8 个管脚作为通用的 I/O 口使用。

6. 串行口

MCS-51 单片机有一个全双工的串行口,以实现单片机和其他数据设备之间的串行数据传送。该串行口功能较强,既可作为全双工异步通信收发器使用,也可以作为同步移位寄存器使用。

7. 中断控制系统

MCS-51 基本型单片机共有 5 个中断源,即 2 个外部中断源、2 个定时/计数器中断源和 1 个串行中断源。全部中断源可设为高低 2 个优先级,用来满足控制应用的需要。增强型单片机有 6 个中断源,在基本型的基础上增加了定时/计数器 T2 的中断源。

8. 时钟电路

MCS-51 单片机芯片内部有时钟电路,但石英晶体和微调电容需外接。时钟电路为单片机产生时钟脉冲序列。8051 单片机系统允许的最高晶振频率为 12MHz,89C51(89C52)单片机系统允许的最高晶振频率为 24MHz,89S51(89S52)单片机系统允许的最高晶振频率为 33MHz。

9. 位处理器

单片机主要用于控制,需要有较强的位处理功能,因此,位处理器是它的必要组成部分。位处理器也称为布尔处理器。

10. 内部总线

上述部件只有通过总线连接起来,才能构成一个完整的计算机系统。芯片内的地址信号、数据信号和控制信号都是通过总线传送的。总线结构减少了单片机的连线和引脚,提高了集成度和可靠性。

2.1.2 MCS-51 单片机的封装与信号引脚

1. 芯片封装形式

MCS-51 单片机采用 40 引脚双列直插式 DIP(dual in line package)、44 引脚方形扁平式 QFP(quad flat package)和带引线的塑料芯片载体 PLCC(plastic leaded chip carrier)形式等封装。各封装的外形图如图 2.3 所示。

本节仅介绍常用的 40 引脚双列直插式 DIP 封装,各种型号的 MCS-51 基本系列单片机的管脚是兼容的,其外形基本相同。图 2.4 是 MCS-51 单片机 40 引脚双列直插式 DIP 封装的芯片引脚排列及逻辑符号图。

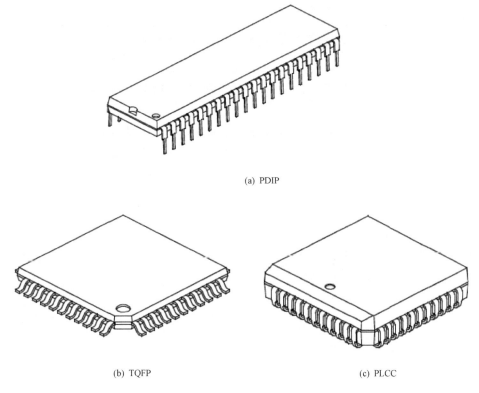

(a) PDIP

(b) TQFP

(c) PLCC

图 2.3　单片机芯片不同封装外形图

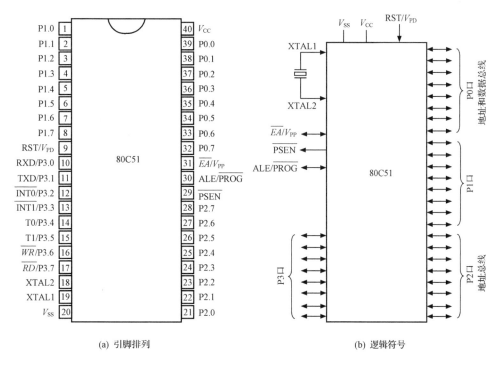

(a) 引脚排列

(b) 逻辑符号

图 2.4　MCS-51 单片机芯片引脚及逻辑符号

2. 芯片引脚介绍

1) 输入/输出(I/O)引脚 P0、P1、P2、P3 口

P0、P1、P2、P3 口这 4 个口,每个口 8 位,共 32 个引脚。

P0 口(32～39 脚):8 位双向三态 I/O 口线,既可作普通 I/O 口引脚,也可作数据/低 8 位地址总线。

P1 口(1～8 脚):8 位准双向 I/O 口,可作普通的 I/O 口引脚。

P2 口(21～28 脚):8 位准双向 I/O 口,既可作普通 I/O 口引脚,也可作高 8 位地址总线。

P3 口(10～17 脚):8 位准双向 I/O 口,除可作普通 I/O 口引脚外,每个引脚还有第二功能。

2) 电源及时钟引脚

电源及时钟引脚共 4 个,分别是:

(1) V_{CC} (40 脚):接+5V 电源。

(2) V_{SS} (20 脚):接地。

(3) XTAL1(19 脚):接外部晶体振荡器和微调电容的引脚,采用外部时钟时,该引脚接地。

(4) XTAL2(18 脚):接外部晶体振荡器和微调电容的另一引脚,采用外部时钟时,该引脚输入外部时钟。

3) 控制线和复位引脚

单片机用于复位和控制用的引脚共 4 个,分别为:

(1) ALE/$\overline{PROG}$(30 脚):地址锁存允许信号输出引脚/编程脉冲输入引脚。当系统扩展单片机访问外部存储器时,ALE 的输出用于锁存低 8 位地址;当不访问外部存储器时,ALE 端仍输出周期性的正脉冲信号,其频率为振荡器频率的 1/6。需要注意的是,当访问外部存储器时,将跳过一个 ALE 脉冲。

(2) $\overline{EA}$/V_{PP}(31 脚):内外存储器选择引脚/片内 EPROM(或 flash ROM)编程电压输入引脚。当 $\overline{EA}$ (external access)信号为低电平时,无论单片机是否有内部程序存储器存在,只访问外部程序存储器;当 $\overline{EA}$ 信号为高电平时,先访问内部程序存储器,当程序计数器 PC 值超过片内程序存储器容量时,将自动转向外部程序存储器。

(3) $\overline{PSEN}$(29 脚):外部程序存储器选通信号输出引脚。在从外部程序存储器取指令或常数期间,每个机器周期 $\overline{PSEN}$ 两次有效。但在此期间,每当访问外部数据存储器时,这两次有效的 $\overline{PSEN}$ 信号将不出现。

(4) RST/V_{PD}(9 脚):复位信号输入引脚/备用电源输入引脚。当输入的复位信号延续 2 个机器周期以上高电平时,将使单片机复位。

3. 芯片引脚的第二功能

随着单片机功能的增强,其所需要引脚数量不断增加,但芯片的引脚数目受到工艺及标准化等因素的限制,因此在单片机设计中,给有些引脚赋予了双重功能,即给一个引脚

赋予了两种功能。

（1）P3 口线的第二功能。

P3 口的 8 条线都定义了第二功能，如表 2.1 所示。

表 2.1　P3 口线的第二功能

引脚	第二功能	第二功能信号名称
P3.0	RXD	串行口输入端
P3.1	TXD	串行口输出端
P3.2	$\overline{INT0}$	外部中断 0 请求输入端，低电平有效
P3.3	$\overline{INT1}$	外部中断 1 请求输入端，低电平有效
P3.4	T0	定时/计数器 0 的计数脉冲输入端
P3.5	T1	定时/计数器 1 的计数脉冲输入端
P3.6	$\overline{WR}$	外部 RAM 写选通信号输出端，低电平有效
P3.7	$\overline{RD}$	外部 RAM 读选通信号输出端，低电平有效

（2）内部程序存储器固化所需要的信号。

有内部 EPROM 或 E^2PROM 或 flash ROM 的单片机芯片，为写入程序需要提供专门的编程脉冲和编程电源。这些信号也是由信号引脚第二功能提供的，即

编程脉冲：30 脚（ALE/$\overline{PROG}$）。

编程电压（25V）：31 脚（$\overline{EA}/V_{PP}$）。

（3）备用电源。

MCS-51 单片机的备用电源也是以信号引脚第二功能的方式由 9 脚（RST/V_{PD}）引入的。当电源发生故障或电源电压降低到下限时，备用电源经此端向内部 RAM 提供电压，以保护内部 RAM 中的信息不丢失。

各种型号的单片机，其引脚的第一功能是相同的，所不同的只是引脚的第二功能。对于 9、30、31 脚，它们的第一功能信号与第二功能信号是单片机在不同工作方式下的信号，因此不会发生使用上的矛盾；但是 P3 口的情况有所不同，它的第二功能信号都是单片机的重要控制信号，在实际使用时总是先按需要优先保证第二功能信号，剩下不用的口线才能以第一功能的身份使用。

2.2　MCS-51 单片机的并行 I/O 端口结构

MCS-51 单片机有 4 个 8 位并行 I/O 端口（input/output port）：P0、P1、P2、P3。每个端口中的每位口线内部结构基本相同，MCS-51 单片机的 I/O 端口主要由数据锁存器和输出级组成，其中 P1 口结构最简单，P0 口结构最复杂。下面从 P1 口开始介绍 MCS-51 单片机 I/O 端口结构。

1. P1 口

P1 口的内部结构如图 2.5 所示，由 1 个数据输出锁存器、2 个三态输入缓冲器和输出驱动电路组成，输出驱动电路内部设有上拉电阻，该上拉电阻实际上并不是真正的电阻，

而是一个能起到上拉电阻作用的由两个场效应管构成的电路。P1 口的功能是作为 I/O 口使用。

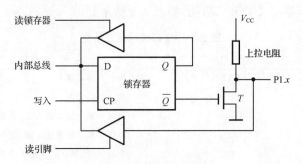

图 2.5　P1 口线内部结构

输出驱动级的场效应管 T 处于开关状态,当 T 截止时,内部上拉电阻将口线电平上拉为高电平;当 T 导通时,口线输出低电平。

当 P1 口作为输出口使用(写)时,内部总线输出数据给输出数据锁存器的输入数据线 D。当输出数据为 0 时,$Q=0$,$\overline{Q}=1$,场效应管 T 导通,将输出口线电平下拉到低电平,使 P1. $x=0$;当输出数据为 1 时,$Q=1$,$\overline{Q}=0$,场效应管 T 截止,将输出口线电平拉到高电平,使 P1. $x=1$。

当 P1 口作为输入口使用(读)时,应区分是读引脚(P1. x)还是读端口(锁存器 Q 端)两种情况。读引脚(如指令"MOV A,P1"或"MOV C,P1. x")就是直接读取 P1. x 引脚的状态,在"读引脚"信号的控制下把锁存器下面的缓冲器打开,将引脚上的数据经缓冲器通过内部总线读进来;读端口(如指令"ANL P1,♯0FH"或"CPL P1. x")就是读取数据锁存器输出端 Q 的状态,在"读锁存器"信号的控制下把锁存器上面的缓冲器打开,将数据锁存器输出端 Q 的状态通过内部总线读进来,读端口这种操作适用于"读—修改—写"指令的需要。

读引脚时,当数据总线输出为 0 时可能会读到错误的数据。当数据总线输出为 0 时,场效应管 T 导通,输出口线电平下拉到低电平,这时已经输出了 0 的口线如果作输入,导通的场效应管则将输入设备的高电平 1 下拉到低电平 0,严重时还会造成短路,损坏设备。因此 MCS-51 单片机 I/O 口作输入之前要先输出 1。这种输入之前要先输出 1 的 I/O 口线叫做准双向 I/O 口,以区别于真正的随时可以输入或输出的双向 I/O 口。

2. P2 口

P2 口与 P1 口的输出级结构相同,内部都有上拉电阻,整个端口结构基本相同,唯一不同的是多了一个多路转接电子开关 MUX,它的一个输入来自锁存器,另一个输入为地址线,输入转换由"控制"信号控制,即在控制信号的作用下,由 MUX 实现锁存器输出和地址之间的接通转换,见图 2.6。P2 口作为 I/O 口使用,或作为地址线的高 8 位使用。

当 P2 口作为高 8 位地址线使用时,MUX 应打到地址端;当 P2 口作为一般 I/O 口使用时,MUX 应打向锁存器 Q 端。

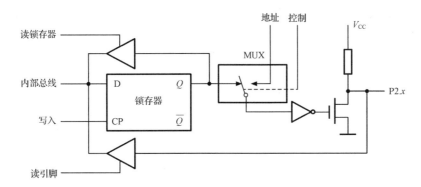

图 2.6　P2 口线内部结构

在 P2 口作为一般 I/O 口使用时,与 P1 口类似,用于输出时不需要外接上拉电阻;当用于输入时,仍需向锁存器先写入"1",然后再读取,其输入也分为"读引脚"方式和"读锁存器"方式两种。所以 P2 口也是准双向口。

当系统扩展外部 ROM 和 RAM 时,由 P2 口输出高 8 位地址(低 8 位地址由 P0 口输出)。此时 P2 口不断送出高 8 位地址,无法再用作通用 I/O 口。在不需外接 ROM 而只需扩展 256B 片外 RAM 的系统中,P2 口仍可用作通用的 I/O 口。

3. P3 口

P3 口与 P1 口输出级结构相同,内部都有上拉电阻,整个端口结构基本相同,唯一的差别是多了一个与非门,以便选择第一功能或第二功能,见图 2.7。P3 口的特点在于,增加了第二功能控制逻辑,因此,它既可以作通用准双向 I/O 口使用,又具有第二功能。当工作于第二功能时,各位的定义如表 2.1 所示,各个口线要么具有第二输入功能,要么具有第二输出功能,二者取一。

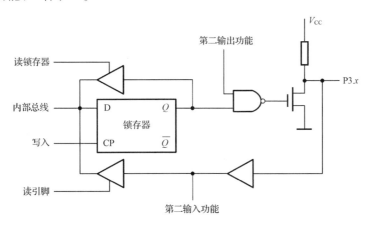

图 2.7　P3 口线内部结构

当 P3 口作为一般输出口(第一输出功能)使用时,其"第二输出功能"信号线应保持高电平,与非门打开,以维持从锁存器到输出端的数据通路通畅;当选择第二输出功能时,锁存器应预先置"1",使 Q 信号保持为1,使与非门对"第二输出功能"信号通畅,从而实现第二输出功能。

当P3口作为一般输入口(第一输入功能)使用时,为了正确读取输入信号,在读取管脚之前,应先向锁存器写入"1",同时令"第二输出功能"信号线维持高电平,使与非门输出0,场效应管截止;当选择第二输入功能时,在其输入通路上增加了一个缓冲器,其第二输入功能信号就取自该缓冲器的输出端,在读取管脚之前,也应向锁存器写入"1",以使场效应管处于截止状态。此时,不管作为一般输入口还是第二功能信号输入,输出电路中的锁存器输出和"第二功能输出信号"线都应保持高电平。

4. P0口

P0口与P1、P2、P3口不同,电路中除包含1个数据输出锁存器和2个三态数据输入缓冲器,还有数据输出驱动和控制电路,如图2.8所示。P0口可以作为一般的I/O口使用,也可以作为地址/数据线使用。

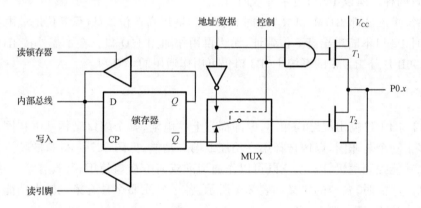

图2.8　P0口的内部结构

(1) P0口作为通用的I/O口使用。

当P0口作为通用I/O口时,CPU内部发控制信号为低电平,封锁与门,使场效应管 T_1 截止,同时使多路转换开关MUX把锁存器的 $\overline{Q}$ 端与 T_2 的栅极接通。

在P0作输出时,由于 $\overline{Q}$ 和 T_2 的反相作用,内部总线上的信号与到达P0口上的信号是同相位的,输出锁存器在时钟信号CP的作用下,把内部总线传来的信息反映到输出端P0并锁存。当向管脚写入"1"时, $\overline{Q}$ 为"0",场效应管 T_2 也截止,此时输出脚呈现高阻状态,并不能向外部输出高电平。若要使管脚能输出正确的电平,必须外接上拉电阻,即在输出管脚与+5V电源之间外接一个适当的电阻(如 $10\mathrm{k}\Omega$)。

在P0作输入时,由于该信号既加到 T_2 又加到下面一个三态缓冲器上,假若此前该口曾输出锁存过数据"0",则 T_2 是导通的,这样,引脚上的电位就被 T_2 钳在"0"电平上,使输入的"1"无法读入,故作为通用I/O口使用时,P0口也是一个准双向口,即输入数据前,应先向口写入"1",使 T_2 截止。

(2) P0口作为地址/数据总线使用。

在访问外部存储器期间,P0口作为地址/数据总线时,是一个真正的双向口。当P0

口输出地址/数据信息时,控制信号为"1",使多路转换开关 MUX 把地址/数据信息经反相器与 T_2 的栅极接通,同时打开与门,输出的地址/数据信息既通过与门去驱动 T_1,又通过反相器去驱动 T_2,使两个 FET 构成推拉输出电路。若地址/数据信息为"0",则该信号使 T_1 截止,T_2 导通,从而引脚上输出相应的"0"信号;若地址/数据信息为"1",则该信号使 T_1 导通,T_2 截止,引脚上输出"1"信号。当 P0 口输入数据信息时,输入信号从引脚通过输入缓冲器进入内部总线,但在访问外部存储器期间,CPU 会自动向 P0 的锁存器写入"1",所以对用户而言,P0 口作为地址/数据总线时,是一个真正的双向口。

2.3 MCS-51 单片机的存储器结构

MCS-51 单片机内部集成了一定容量的程序存储器和数据存储器。其存储结构的特点之一是将程序存储器和数据存储器分开,并有各自的寻址机构和寻址方式。

MCS-51 单片机在物理上有 4 个相互独立的存储器空间:片内程序存储器、片外程序存储器、片内数据存储器、片外数据存储器。但从用户的使用角度看,基本型单片机有 3 个存储器地址空间:片内外统一编址的 64KB 程序存储器地址空间、256B 的片内数据存储器地址空间,以及 64KB 的片外数据存储器地址空间,如图 2.9 所示。

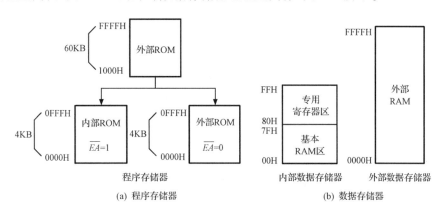

图 2.9 MCS-51 单片机存储器地址空间分配图

2.3.1 程序存储器

程序存储器用于存放应用程序及表格常数。程序存储器依单片机类型的不同,可以是 ROM、EPROM、E^2PROM、flash ROM 等,其中 8031 片内无程序存储器,8051 片内有 4KB 的 ROM,8751 片内有 4KB 的 EPROM,AT89 系列单片机片内是 4KB 的 flash ROM,编程方便。4KB 的程序存储器的地址是 0000H～0FFFH。MCS-51 单片机的片外最多能扩展 64KB 程序存储器,片内外的程序存储器是统一编址的。

当 $\overline{EA}$ 接高电平时,单片机执行片内程序存储器中 0000H～0FFFH 地址范围的内容,当指令地址超过 0FFFH 后,就自动转向片外程序存储器取指令;当 $\overline{EA}$ 接低电平时,不执行片内程序存储器的内容,自动执行片外程序存储器中的内容,地址从 0000H 开始。

在程序存储器中有些单元具有特定的含义,是留给系统使用的,用户不能占用。例如,0000H 单元是复位程序入口,当单片机上电复位时,CPU 总是从 0000H 单元开始执行程序,通常在 0000H～0002H 单元安排一条无条件转移指令,使之转向主程序的入口地址,0003H～002AH 单元均匀分为 5 段,每段 8 个单元,存放 5 个中断源入口地址及对应的中断服务程序。而通常情况下,8 个单元难以存放一个完整的中断服务程序。因此,通常也是从中断入口地址开始存放无条件转移指令,以便中断响应后,通过中断地址区再转到中断服务程序的实际入口地址。一般主程序是从 0030H 单元之后开始存放的,主程序的入口地址大于或等于 0030H。程序存储器的几个特殊地址如表 2.2 所示。

表 2.2　程序存储器的特殊地址

特殊地址	功　　能
0000H	主程序入口
0003H	外部中断 0 入口地址
000BH	定时/计数器 0 溢出中断入口地址
0013H	外部中断 1 入口地址
001BH	定时/计数器 1 溢出中断入口地址
0023H	串行口中断入口地址

2.3.2　数据存储器

数据存储器用于存放运算的中间结果、标志位,以及数据的暂存和缓冲等,包括内部数据存储器和外部数据存储器,其原则是内部数据存储器不够用时才扩展外部数据存储器。MCS-51 基本型单片机内部数据存储器有 256B 的存储空间,地址为 00H～FFH;外部数据存储器的地址空间最大为 64KB,编址为 0000H～FFFFH。两者地址存在重叠,通过不同的指令来区别,当访问内部 RAM 时,用"MOV"指令,当访问外部 RAM 时,用"MOVX"指令。

256B 的内部数据存储器按功能划分为两部分:地址为 00H～7FH 的低 128B 的基本 RAM 区和地址为 80H～FFH 的高 128B 的特殊功能寄存器(SFR)区,如图 2.9(b)所示。下面分别讨论内部数据存储器的基本 RAM 区和特殊功能寄存器区的作用。

1. 基本 RAM 区

基本 RAM 区分为工作寄存器区、位寻址区、用户 RAM 区三个部分,如图 2.10 所示。

(1) 工作寄存器区(00H～1FH)。

图 2.10　内部数据存储器

内部 RAM 的前 32 个单元 00H～1FH 是作为工作寄存器使用的,共分为 4 组,每组有 8 个工作寄存器,编号为 R0～R7,如图 2.11 所示。

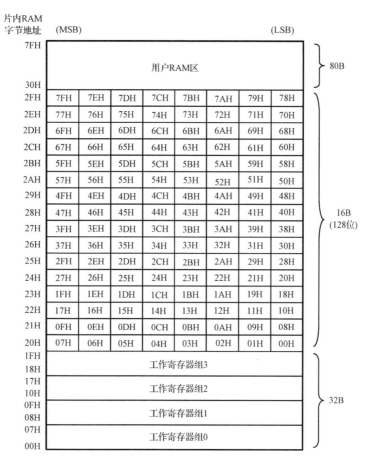

图 2.11　基本 RAM 区地址空间的分配

在某一时刻,CPU 只能选择一组工作寄存器使用,选择哪组工作寄存器是通过软件对程序状态字 PSW 的 RS1 和 RS0 设置实现的,见表 2.3 所示。CPU 复位后,选中第 0 组工作寄存器。

表 2.3　工作寄存器组选择

RS1	RS0	工作寄存器组	工作寄存器地址
0	0	工作寄存器组 0	R0~R7 对应的地址为 00~07H
0	1	工作寄存器组 1	R0~R7 对应的地址为 08~0FH
1	0	工作寄存器组 2	R0~R7 对应的地址为 10~17H
1	1	工作寄存器组 3	R0~R7 对应的地址为 18~1FH

由于工作寄存器在电路设计上的特殊性,为 CPU 提供了数据就近存取的便利,有利于提高单片机的处理速度。故在 MCS-51 单片机中,使用工作寄存器的指令特别多,又多为单字节指令,执行速度最快;此外,使用工作寄存器还能提高程序编制的灵活性,也有利于简化程序设计、提高程序的运行速度。

FFH		特
F0H	B	殊
E0H	ACC	功
D0H	PSW	能
B8H	IP	寄
B0H	P3	存
A8H	IE	器
A0H	P2	区
99H	SBUF	
98H	SCON	
90H	P1	
8DH	TH1	
8CH	TH0	
8BH	TL1	
8AH	TL0	
89H	TMOD	
88H	TCON	
87H	PCON	
83H	DPH	
82H	DPL	
81H	SP	
80H	P0	

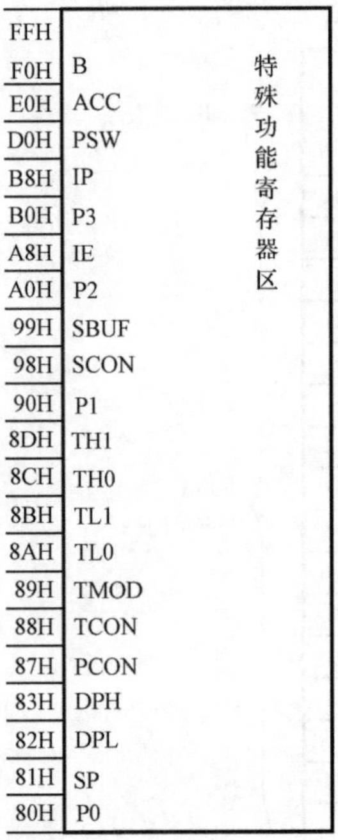

图 2.12　特殊功能寄存器
区地址空间的分配

工作寄存器区,除了以寄存器的形式使用外,还可以以存储单元的形式使用,以单元地址表示。

(2) 位寻址区(20H～2FH)。

20H～2FH 之间有 16 个单元,这 16 个单元,既可以作为普通 RAM 单元使用,进行字节操作,也可以对单元中的每一位进行位操作,因此这 16 个单元称为位寻址区。

位寻址区的 16 个单元共有 16×8 位 $= 128$ 位,其位地址为 00H～7FH。位寻址区是为位操作而准备的,是 MCS-51 单片机位处理器的数据存储空间,其中所有位均可以直接寻址,如图 2.11 所示。其中,MSB(most significant bit)是最高有效位;LSB(least significant bit)是最低有效位。

(3) 用户 RAM 区(30H～7FH)。

片内数据存储器剩余的 30H～7FH 总共 80 个单元,是供用户使用的一般 RAM 区,这些单元只能按字节寻址。该区域主要用来存放随机数据及运算的中间结果,另外也常把堆栈开辟在该区域中。

2. 特殊功能寄存器区

MCS-51 基本型单片机的特殊功能寄存器(也叫专用寄存器)区中,共有 22 个特殊功能寄存器,它们离散地分布在片内 RAM 的高 128B,地址范围为 80H～FFH,如图 2.12 所示。这 22 个特殊功能寄存器除 PC 不能寻址外,其他 21 个特殊功能寄存器占用了 21 个地址单元,如表 2.4 所示。另外,不为特殊功能寄存器占用的地址单元用户也不能使用,对它们的访问是没有意义的。这些未占用的单元用于将来新型单片机的开发,使其具有特殊的功能。

表 2.4　特殊功能寄存器一览表

寄存器符号	地址	寄存器名称
ACC*	E0H	累加器
B*	F0H	B 寄存器
PSW*	D0H	程序状态字寄存器
SP	81H	堆栈指示器
DPL	82H	数据指针低 8 位
DPH	83H	数据指针高 8 位
IE*	A8H	中断允许控制寄存器
IP*	B8H	中断优先级控制寄存器
P0*	80H	I/O 口 0
P1*	90H	I/O 口 1
P2*	A0H	I/O 口 2

续表

寄存器符号	地址	寄存器名称
P3*	B0H	I/O 口 3
PCON	87H	电源控制及波特率选择寄存器
SCON*	98H	串行口控制寄存器
SBUF	99H	串行数据缓冲寄存器
TCON*	88H	定时器控制寄存器
TMOD	89H	定时器方式选择寄存器
TL0	8AH	定时器 0 低 8 位
TL1	8BH	定时器 1 低 8 位
TH0	8CH	定时器 0 高 8 位
TH1	8DH	定时器 1 高 8 位

* 除字节寻址外,也可位寻址。

特殊功能寄存器可以对各功能模块进行管理、控制、监视。下面简单介绍 PC 寄存器及 SFR 区的某些特殊寄存器,其他没有介绍的寄存器将在有关章节中叙述。

1) 程序计数器 PC(program counter)

程序计数器 PC 用于存放下一条要执行的指令地址,是一个 16 位寄存器,可寻址范围达 64KB。PC 有自动加 1 功能,以实现程序的顺序执行。PC 没有地址,是不可寻址的,因此用户无法对它进行读/写,但在执行转移、调用、返回等指令时能自动改变其内容,以改变程序的执行顺序。

2) 累加器 A 或 ACC(accumulator)

累加器 A 为 8 位寄存器,在内部 RAM 的地址为 0E0H,是程序中最常用的专用寄存器,功能较多,地位重要。它既可以用于存放操作数,也可以用于存放运算的中间结果。MCS-51 单片机中,大部分单操作数指令的操作数就取自累加器,许多双操作数指令中的一个操作数也取自累加器。

3) B 寄存器

B 寄存器是一个 8 位寄存器,在内部 RAM 的地址为 0F0H,主要用于乘除运算。乘法运算时,B 寄存器存放乘数,乘法操作后,乘积的高 8 位存于 B 中;除法运算时,B 寄存器存放除数,除法操作后,余数存于 B 中。此外,B 寄存器也可作为一般数据寄存器使用。

4) 数据指针寄存器 DPTR

数据指针寄存器 DPTR 是一个 16 位的寄存器,它是 MCS-51 单片机中唯一一个供用户使用的 16 位寄存器。编程时,DPTR 既可以按 16 位寄存器使用,也可以按两个 8 位寄存器分开使用,即:

DPH——DPTR 高位字节,在内部 RAM 的地址为 83H。

DPL——DPTR 低位字节,在内部 RAM 的地址为 82H。

DPTR 通常在访问外部数据存储器时作地址指针使用,由于外部数据存储器的寻址范围为 64KB,故将 DPTR 设计为 16 位。此外,在变址寻址方式中,用 DPTR 作基址寄存器,用于对程序存储器的访问。

5) 程序状态字寄存器 PSW(program status word)

程序状态字寄存器 PSW 是一个 8 位寄存器,在内部 RAM 的地址为 0D0H,用来存放程序执行的状态信息。某些指令的执行结果会自动影响 PSW 的有关状态标志位,有些状态可用指令来设置。PSW 寄存器各位的定义如表 2.5 所示。

表 2.5　PSW 寄存器各位的定义

位序	PSW.7	PSW.6	PSW.5	PSW.4	PSW.3	PSW.2	PSW.1	PSW.0
位标志	CY	AC	F0	RS1	RS0	OV	—	P

(1) CY 或 C(PSW.7):进位标志位。在进行加法或减法运算时,如果操作结果最高位向上有进位或借位时,CY 置 1,否则清 0。此外,在进行位操作时,CY 又作为位累加器使用,在位传送、位与、位或等位操作中,都要使用位标志位。

(2) AC(PSW.6):辅助进位标志位。在加减运算中,如果运算结果低半字节(位 3)向高字节有进位或借位,AC 置 1,否则清 0。在 BCD 码运算时要进行十进制调整,此时也要用到 AC 位状态进行判断。

(3) F0(PSW.5):用户标志位。用户可以根据自己的需要对 F0 位赋予一定的含义,可以用指令对其置位或复位,也可以软件测试 F0 来控制程序的流向。

(4) RS1、RS0(PSW.4、PSW.3):工作寄存器组选择控制位。可用软件对它们置 1 或清 0,以选择当前工作寄存器的组号,RS1、RS0 与工作寄存器组的关系如表 2.3 所示。

(5) OV(PSW.2):溢出标志位。在带符号数的加减运算中,OV=1 表示加减运算结果超出了累加器 A 所能表示的符号数有效范围($-128\sim+127$),即产生了溢出,表示运算是错误的;反之,OV=0 表示运算结果正确,即无溢出产生。在乘法运算中,OV=1 表示乘积超过 255,即乘积分别在 B 与 A 中;反之,OV=0,表示乘积只在 A 中。在除法运算中,OV=1 表示除数为 0,除法不能进行;反之,OV=0,表示除数不为 0,除法可正常进行。

(6) (PSW.1):保留位。8051 未用,8052 作为 F1 用户标志位,同 F0。

(7) P(PSW.0):奇偶标志位。在每个指令周期,均由硬件来置位或清零,以指出累加器 A 中 1 的个数的奇偶性。若 1 的个数为偶数,P=0;若 1 的个数为奇数,P=1。此标志位对串行通信中的数据传输校验有重要意义,常用 P 作为发送一个符号的奇偶校验位,以增加通信的可靠性。

6) 堆栈指针寄存器 SP

堆栈指针寄存器 SP 是一个 8 位的特殊功能寄存器,在内部 RAM 的地址为 81H,用来存放堆栈的栈顶地址。那么,什么是堆栈呢? 堆栈是一种数据结构,只允许数据在其一端进出的一段存储空间。数据写入堆栈称为入栈或压栈,对应指令的助记符为 PUSH;数据从堆栈中读出则称为出栈或弹出,对应指令的助记符为 POP。

堆栈的最大特点就是数据写入和读出时遵守"后进先出"的规则,即 LIFO(last-in first-out)。堆栈是为程序调用和中断操作而设立的,具体功能是保护现场和断点地址。

堆栈有两种类型:向上生长型和向下生长型,如图 2.13 所示。

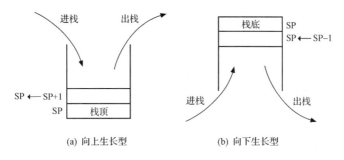

图 2.13　两种堆栈类型

向上生长型是指随着数据的不断入栈,栈顶地址不断增大;反之,随着数据的不断出栈,栈底地址不断缩小。向下生长型是指随着数据的不断入栈,栈底地址不断减小;反之,随着数据的不断出栈,栈顶地址不断增大。MCS-51 单片机属于向上生长型堆栈,这种堆栈的操作规则如下:

(1)进栈操作:先 SP 加 1,后写入数据。

(2)出栈操作:先读出数据,后 SP 减 1。

堆栈操作示意图如图 2.14 所示。

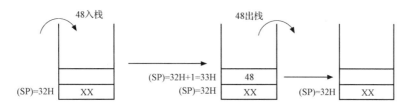

图 2.14　堆栈操作示意图

MCS-51 单片机复位后,SP 的初值自动设为 07H。但由于片内 RAM 07H 单元的后继区域分别为工作寄存器和位寻址区。通常这两个区域在程序中有重要用途,所以用户在设计程序时,一般都将堆栈设在内部 RAM 的 30H～7FH 地址空间的高端,而不设在工作寄存器区和位寻址区。

特殊功能寄存器可按字节操作,有些也可以按位操作。按字节操作时,可用直接寻址方式,书写时既可以使用寄存器符号,也可以使用相应的单元地址。但不管哪种书写方式,均为直接寻址方式,即使用了寄存器符号,也不能视为寄存器寻址方式。

MCS-51 基本型单片机的 21 个 SFR 中有 11 个寄存器,除字节寻址外,也可位寻址,见表 2.4 中标有 * 号的寄存器。这些寄存器的字节地址都能被 8 整除,即字节地址的尾数为 8 或 0。这 11 个 SFR 中可寻址的位有 83 个,寻址时既可使用位地址,也可使用位名称,如表 2.6 所示,表中空白的位是未定义的。

表 2.6　特殊功能寄存器中的位地址表

SFR 名称	字节地址	MSB →			位地址				→ LSB
B	0F0H	F7H	F6H	F5H	F4H	F3H	F2H	F1H	F0H
A	0E0H	E7H	E6H	E5H	E4H	E3H	E2H	E1H	E0H
PSW	0D0H	D7H	D6H	D5H	D4H	D3H	D2H	D1H	D0H
IP	0B8H			BCH	BBH	BAH	B9H	B8H
P3	0B0H	B7H	B6H	B5H	B4H	B3H	B2H	B1H	B0H
IE	0A8H	AFH		ACH	ABH	AAH	A9H	A8H
P2	0A0H	A7H	A6H	A5H	A4H	A3H	A2H	A1H	A0H
SCON	98H	9FH	9EH	9DH	9CH	9BH	9AH	99H	98H
P1	90H	97H	96H	95H	94H	93H	92H	91H	90H
TCON	88H	8FH	8EH	8DH	8CH	8BH	8AH	89H	88H
P0	80H	87H	86H	85H	84H	83H	82H	81H	80H

　　专用寄存器的这 83 个可寻址位与前面所述的位寻址区的 128 个可寻址位,构成了 MCS-51 单片机位处理器的整个数据位存储空间。

2.4　MCS-51 单片机的时钟电路与时序

　　单片机本身是一个复杂的同步时序电路,为了确保同步工作方式的实现,电路应在唯一的时钟信号控制下严格地按时序进行工作。时钟电路就是用于产生单片机工作所需要的时钟信号,而时序所研究的是指令执行过程中各信号之间的相互时间关系。

2.4.1　时钟电路

　　MCS-51 单片机所需要的时钟信号频率是因型号而异的,80C51 的典型值为 12MHz。单片机得到时钟信号的方法有两种:一种方法是通过外接晶振、电容,与内部电路一起构成振荡电路而产生,称为内部时钟方式;另一种方法是外接时钟信号,称为外部时钟方式。

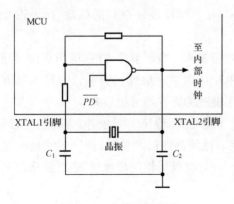

图 2.15　内部时钟方式

　　MCS-51 单片机内部有一个用于构成振荡器的高增益反相放大器,管脚 XTAL1 和 XTAL2 分别是该反相放大器的输入端和输出端,在芯片的外部通过这两个引脚跨接晶体或陶瓷振荡器和微调电容,形成反馈电路,就构成了一个稳定的自激振荡器,如图 2.15 所示。

　　振荡电路产生的信号的频率由片外晶体或陶瓷振荡器的频率决定,电容 C_1、C_2 对频率有微调作用,其容量选择通常为:对晶体振荡器为 (30 ± 10)pF;对陶瓷振荡器为 (40 ± 10)pF。80C51 单片机振荡频率的选择范围为 1.2～

12MHz,一般常用6MHz或12MHz,新型单片机的频率会更高,如AT89S51的最高频率可达33MHz。图2.15中,PD是电源控制寄存器PCON.1的掉电方式位,正常工作方式$PD=0$(即$\overline{PD}=1$),与非门相当于一个非门使用;当$PD=1$(即$\overline{PD}=0$)时单片机进入掉电工作方式,是一种节能工作方式。

在由多片单片机组成的系统中,为了使各单片机之间时钟信号同步,应当引入唯一的公用外部脉冲信号作为各单片机的振荡脉冲,如图2.16和图2.17所示。图2.16是对于HMOS工艺生产的芯片,外部时钟从XTAL2引脚输入;图2.17是对于CHMOS工艺生产的芯片,外部时钟从XTAL1引脚输入。两者不能混淆。目前常用的AT89系列单片机若使用外部时钟,连接电路与图2.17相同。注意:对外部脉冲信号要求高低电平的持续时间大于20ns,一般为低于12MHz的方波。

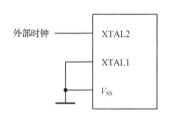　　　　　　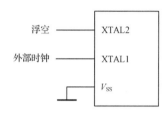

图2.16　HMOS工艺器件外部时钟方式　　　　图2.17　CHMOS工艺器件外部时钟方式

振荡脉冲经过二分频后作为系统的时钟信号,如图2.18所示。P_1、P_2是时钟发生器产生的两相时钟信号。在二分频的基础上再三分频产生ALE信号,ALE的频率是晶振频率的1/6;在二分频的基础上再六分频得到机器周期信号。

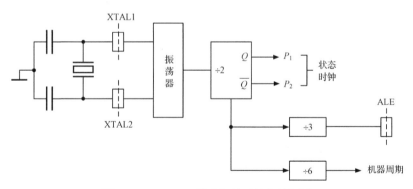

图2.18　MCS-51单片机的时钟电路框图

2.4.2　时序

单片机在执行指令时,一条指令经译码后产生若干个基本的操作,这些操作所对应的脉冲信号在时间上的先后次序称单片机的时序。描述MCS-51单片机时序的有关单位有4个,分别是振荡周期、时钟周期、机器周期、指令周期。

（1）振荡周期。

振荡周期是指为单片机提供脉冲信号的振荡源的周期。振荡周期又定义为拍节,用P表示。若为内部时钟产生方式,则为晶振的振荡周期。

（2）时钟周期。

振荡脉冲经过二分频后就是单片机的时钟信号,时钟信号的周期称为时钟周期,又定义为状态,用 S 表示。MCS-51 单片机中一个时钟周期为振荡周期的两倍,这样,一个状态就包含两个拍节,其前半周期对应的拍节称为拍节 1（P_1）,后半周期对应的拍节叫拍节 2（P_2）,如图 2.19 所示。在每个时钟周期的前半周期,P_1 信号有效,这时通常完成算术逻辑操作;在每个时钟周期的后半周期,P_2 信号有效,内部寄存器与寄存器间的传输一般在此状态发生。

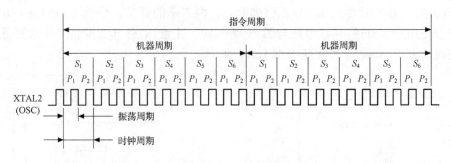

图 2.19　MCS-51 单片机各种周期的相互关系

（3）机器周期。

为了便于管理,常把一条指令的执行过程划分为若干个阶段,每一个阶段完成一个基本的操作,如取指令、读存储器、写存储器等。完成一个基本操作所需要的时间称为机器周期。MCS-51 单片机有固定的机器周期,规定一个机器周期由 6 个状态组成,分别用 $S_1 \sim S_6$ 来表示。而一个状态又包括两个拍节,因此一个机器周期包括 12 个拍节（振荡周期）,分别记做 $S_1 P_1$、$S_1 P_2$、$S_2 P_1$、$S_2 P_2$、…、$S_6 P_2$。由于一个机器周期包含 12 个振荡周期,当单片机系统的振荡频率 $f_{osc} = 12\mathrm{MHz}$ 时,一个机器周期为 $1\mu s$;当单片机系统的振荡频率 $f_{osc} = 6\mathrm{MHz}$ 时,一个机器周期为 $2\mu s$。

（4）指令周期。

指令周期是指执行一条指令所需要的时间。指令周期通常以机器周期的数目来表示,MCS-51 单片机的指令周期根据指令的不同,可包含有 $1 \sim 4$ 个机器周期,其中多数为单机器周期指令,还有双机器周期指令和四机器周期指令。而四机器周期指令只有乘法和除法两条指令。

MCS-51 单片机的各种周期的相互关系如图 2.19 所示,图中以一个指令周期包含 2 个机器周期为例。

MCS-51 单片机共有 111 条指令,所有指令按指令代码在存储器中所占的存储长度可分为单字节指令、双字节指令和三字节指令。执行这些指令需要的时间是不同的,也就是它们所需的机器周期是不同的,单字节和双字节指令都可能是单周期和双周期的,三字节指令都是双周期的,乘法和除法指令为四周期指令。所以所有指令可以分为以下几种:单字节单机器周期指令、双字节单机器周期指令、单字节双机器周期指令、双字节双机器周期指令、三字节双机器周期指令和单字节四机器周期指令等。

图 2.20 表示的是几种典型的单机器周期和双机器周期指令的时序。图中 ALE 信号

为 MCS-51 单片机扩展系统的外部存储器低 8 位的锁存信号,在访问程序存储器的机器周期内 ALE 信号两次有效,第一次发生在 $S_1 P_2$ 和 $S_2 P_1$ 期间,第二次在 $S_4 P_2$ 和 $S_5 P_1$ 期间;在访问外部数据存储器的机器周期内 ALE 信号一次有效,即执行 MOVX 指令时,只在 $S_1 P_2$ 和 $S_2 P_1$ 期间产生 ALE 信号,因此 ALE 的频率是不稳定的。所以,当 ALE 引脚作为时钟输出时,在 CPU 执行 MOVX 指令时,会丢失一个周期,这一点应特别注意。

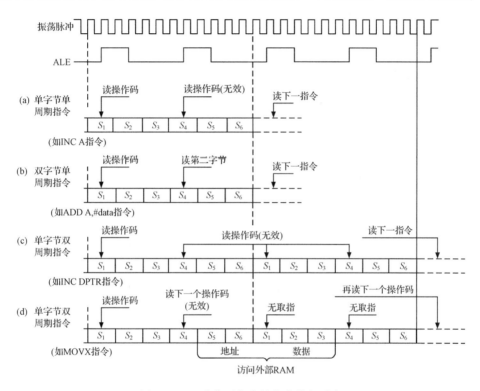

图 2.20　几种典型指令的指令执行时序

单周期指令的执行始于 $S_1 P_2$,此时操作码被锁存于指令寄存器中,如果是双字节指令(如 ADD A,♯data),则同一机器周期的 $S_4 P_2$ 读入第二个字节;如果是单字节指令(如 INC A),在 $S_4 P_2$ 仍有读操作,但读进来的字节(下一个指令的操作码)是不予考虑的,并且程序计数器 PC 不加 1。图 2.20(a)和(b)分别表示单字节单周期指令和双字节单周期指令的时序,在任何情况下,这两类指令都会在 $S_6 P_2$ 结束时完成操作。

图 2.20(c)表示单字节双周期指令(如 INC DPTR)的时序,在两个机器周期内发生 4 次读操作码的操作,但由于是单字节指令,所以,后 3 次读操作都是无效的。另外,比较特殊的是乘法(MUL)和除法(DIV)指令是单字节四周期指令。

图 2.20(d)表示访问外部数据存储器指令 MOVX 的时序,它是一条单字节双周期指令。在第一个机器周期 2 次读操作码,第二次读操作是无效的,在第一个机器周期的 S_5 开始送出外部数据存储器的地址后,进行读/写数据,在此期间无 ALE 信号,所以第二个机器周期不产生读操作码(即取指令)的操作。

注意,当对外部数据 RAM 进行读写时,ALE 信号不是周期性的,在其他情况下,

ALE 信号作为一种周期信号,可以给其他外部设备作时钟用。另外,时序图中只表现了取指令操作的有关时序,而没有表现指令执行的内容,实际上每条指令都有具体的数据操作,如算术和逻辑操作在拍节 1(P_1)进行,片内寄存器对寄存器传送操作在拍节 2(P_2)进行等。

2.5　MCS-51 单片机的工作方式

MCS-51 单片机的工作方式有:复位方式、程序执行方式、单步执行方式、低功耗方式,以及 EPROM 编程和校验等工作方式。

2.5.1　复位方式

复位是指单片机的初始化操作,复位使单片机及其内部寄存器处于一个确定的初始状态,从这个状态开始工作。单片机在上电启动时需要复位;另外在程序运行中,外界干扰等因素可使单片机的程序陷入死循环状态或跑飞,此时为摆脱困境,可将单片机复位,以重新启动。

1. 复位信号

RST 引脚是复位信号的输入端,高电平有效。当外部电路使得 RST 端出现 2 个机器周期(即 24 个振荡脉冲周期)以上的高电平,系统内部复位。产生复位信号的内部电路如图 2.21 所示,一方面经施密特触发器与内部复位电路连接,另一方面经二极管与内部 RAM 连接,其作用是为内部电路提供复位信号和在掉电时为 RAM 存储器提供备用电源。

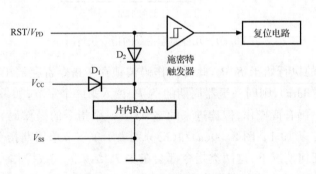

图 2.21　复位引脚内部电路图

整个复位电路包括芯片内外两部分,外部电路产生的复位信号(RST)送施密特触发器以抑制外部干扰信号,再由片内复位电路在每个机器周期的 $S_5 P_2$ 时刻对施密特触发器的输出进行采样,然后才得到内部复位操作所需要的信号。

2. 复位操作

为了使复位可靠,在每个机器周期的 $S_5 P_2$ 时刻采样施密特触发器的输出,若连续两次采样到高电平才确认为是复位信号,因此要求复位信号高电平在 RST 端至少保持两个机器周期。CPU 在 RST 端变为高电平的第二个机器周期响应复位信号,使内部特殊功能寄存器置为初始状态。以后每个机器周期复位一次,直到 RST 端变为低电平(即复位信号消失)为止。复位后各特殊功能寄存器的状态如表 2.7 所示。

表 2.7　复位后各特殊功能寄存器的内容

特殊功能寄存器	复位后状态	特殊功能寄存器	复位后状态
PC	0000H	TMOD	00H
ACC	00H	TCON	00H
B	00H	TL0	00H
PSW	00H	TH0	00H
SP	07H	TL1	00H
DPTR	0000H	TH1	00H
P0～P3	0FFH	SCON	00H
IP	×××00000B	SBUF	不定
IE	0××00000B	PCON	0×××0000B

复位后,PC 初始化为 0000H,使单片机从 0000H 单元开始执行程序。所以单片机除正常的初始化外,当程序运行出错或操作错误使系统处于死循环时,也需按复位键以重新启动单片机。复位不影响内部存储器 RAM,而把 ALE 和 $\overline{PSEN}$ 端信号变为无效状态,即 ALE=0 和 $\overline{PSEN}$=1。

3. 复位方式

复位分为上电自动复位和按键手动复位两种方式。复位电路中的电阻、电容数值是为了保证在 RST 端能够保持两个机器周期以上的高电平以完成复位而设定的。

(1) 上电自动复位。

上电自动复位是在单片机接通电源时,通过对外部复位电路的电容充电来实现的,复位脉冲的高电平宽度应大于 2 个机器周期。若系统采用 6MHz 晶振,则一个机器周期为 2μs,那么复位脉冲至少应为 4μs。但在实际系统中,还要考虑单片机电源的上升时间和振荡器的起振时间,若单片机电源的上升时间为 10ms,振荡器起振时间和振荡频率有关。例如,晶振频率为 10MHz,起振时间为 1ms;晶振频率为 1MHz,起振时间则为 10ms。为了使系统可靠复位,RST 引脚在上电复位时应保持 20ms 以上高电平。图 2.22 是利用在单片机 RST 引脚上外接一个 RC 支路的充电时间而形成的复位电路,电路参数适合于晶振为 12MHz。

图 2.22(a)是典型的单片机 80C51 的上电复位电路,上电瞬间,由于电容两端的电压为零不能突变,RST 端的电位与 V_{cc} 相同,为高电平。随着电容上充电电压的升高,RST 端的电压逐渐下降,只要在 RST 端有足够长的时间(20ms 以上)保持高电平,80C51 单片机便可自动复位。其实,外接电阻 R 还是可以省略的,理由是一些 CMOS 单片机芯片内部存在一个现成的下拉电阻 R_{RST}。例如,AT89 系列的 R_{RST} 阻值约为 50～200kΩ;

P89V51Rx2 系列的 R_{RST} 阻值约为 $40\sim225\mathrm{k}\Omega$。因此,在图 2.22(a)基础上,上电复位延时电路还可以精简为图 2.22(b)所示的简化电路,其中外接电容 C 的容量也相应减小了。在每次单片机断电之后,须使延时电容 C 上的电荷立刻放掉,以便为随后可能在很短的时间内再次加电做好准备。否则,在断电后 C 还没有充分放电的情况下,如果很快又加电,那么 RC 支路就失去了它应有的延迟功能。因此,在图 2.22(a)的基础上添加一个放电二极管 D,上电复位延时电路就变成了如图 2.22(c)所示的改进电路。也就是说,只有 RC 支路的充电过程对电路是有用的,放电过程不仅无用,而且会带来潜在的危害。于是附加一个放电二极管 D 来大力缩短放电持续时间,以便消除隐患。二极管 D 只有在单片机断电的瞬间(即 V_{CC} 趋近于 0V,可以看做 V_{CC} 对地短路)正向导通,平时一直处于反偏截止状态。

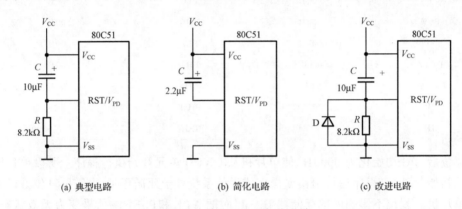

图 2.22　单片机上电复位电路

(2) 按键手动复位。

按键手动复位实际上是上电自动复位兼按键手动复位,如图 2.23 所示。当手动按键为常开时,为上电自动复位。按键按下时,对于图 2.23(a)和(b)电路,电源 V_{CC} 在 RST 上的分压为高电平,随着电容 C 的充电,电阻 $8.2\mathrm{k}\Omega$ 两端的电压逐渐降为 0,使单片机复位。但若单片机系统在运行中突然掉电或电压跌落而又立即恢复,图 2.23(a)中的电路则由于电容 C 已经充满电压而不能重新充电,单片机就不能再次被复位而导致系统瘫痪。对此进行改造得到图 2.23(b)和(c)所示的电路。电路中二极管 D 能在电源掉电时使电容 C 迅速放电,待电源恢复正常时实现可靠复位。

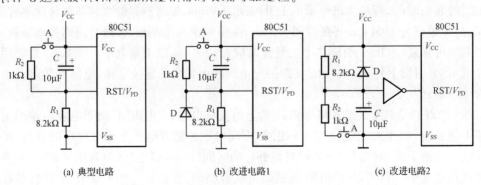

图 2.23　单片机按键手动复位电路

2.5.2   程序执行方式

程序执行方式是单片机的基本工作方式,也是单片机最主要的工作方式。单片机在实现用户功能时通常采用这种方式。单片机执行的程序放置在程序存储器中,可以是片内 ROM,也可以是片外 ROM。由于系统复位后,PC 指针总是指向 0000H,程序总是从 0000H 开始执行,而从 0003H 到 002AH 又是中断服务程序区,因此用户程序都放置到中断服务区后面,在 0000H 处放一条长转移指令转移到用户程序。

2.5.3   单步执行方式

单步执行方式就是通过外来脉冲控制程序的执行,使之达到来一个脉冲就执行一条指令的目的。而外来脉冲是通过按键产生的,因此单步执行实际上就是按一次键执行一条指令。它通常用于调试程序、跟踪程序执行和了解程序执行过程。

单步执行是借助于单片机的外部中断功能实现的。假定利用外部中断 0 实现程序的单步执行,应做好硬件和软件两方面的工作。

(1) 硬件方面。设计单步执行的外部控制电路,以按键产生脉冲作为外部中断 0 的中断请求信号,经$\overline{INT0}$端输入,并把电路设计成不按键时为低电平,按下按键时产生一个高电平。

(2) 软件方面。在初始化程序中定义$\overline{INT0}$低电平有效,还要编写外部中断 0 的中断服务程序,即

```
JNB      P3.2,    $        ;若INT0 = 0,则等待
JB       P3.2,    $        ;若INT0 = 1,则等待
RETI                      ;返回主菜单
```

在没有按下按键的时候,$\overline{INT0}=0$,中断有效,单片机响应中断。进入中断服务程序后,只能在它的第一条指令上等待,直到按一次单步执行键,使$\overline{INT0}=1$,才能通过第一条指令而到第二条指令上去等待。当松开按键,正脉冲结束时,才结束第二条指令并执行第三条指令,中断返回,返回到主程序。由于这时$\overline{INT0}$又为低电平,请求中断,而中断系统规定,从中断服务程序中返回之后,至少要再执行一条指令,才能重新进入中断。因此,当执行主程序的一条指令后,响应中断,进入中断服务程序,又在中断服务程序中暂停下来。这样,总体看来,按一次按键,$\overline{INT0}$端产生一次高脉冲,主程序执行一条指令,实现主程序的单步执行。

2.5.4   低功耗方式

对于经常使用在野外、井下、空中、无人值守监测站等供电困难的场合,或处于长期运行的检测系统中,要求单片机系统的功耗很小,单片机的低功耗方式能使系统满足这样的要求。MCS-51 单片机中,有 HMOS 和 CHMOS 工艺芯片,它们的低功耗运行方式有所不同。

1. HMOS 单片机的掉电方式

HMOS 单片机芯片本身运行功耗较大,为了减小系统的功耗,设置了掉电方式。

RST/V_{PD} 端接有备用电源，当单片机正常运行时，单片机内部的 RAM 由主电源 V_{CC} 供电，当 V_{CC} 掉电，V_{CC} 电压低于 RST/V_{PD} 端备用电源电压时，由备用电源向 RAM 维持供电，保证 RAM 中的数据不丢失。为了在掉电时能及时接通备用电源，系统中还需具有备用电源与 V_{CC} 电源的自动切换电路，这个电路已经表示在图 2.21 中。切换电路由两个二极管组成，当 V_{CC} 高于 RST/V_{PD} 端备用电源电压时，D_1 导通，D_2 截止，内部 RAM 由 V_{CC} 供电；当 V_{CC} 电源降到备用电源电压以下时，则 D_1 截止，D_2 导通，内部 RAM 由备用电源供电。这时单片机就进入掉电保护方式。

当电源出现故障时，应立即将系统的有用数据转存到内部 RAM 中，由备用电源给 RAM 供电。数据转存是通过中断服务程序完成的，即通常所说的"掉电中断"。因为单片机电源端 V_{CC} 都接有滤波电容，掉电后电容蓄存的电能尚能维持有效电压达几个毫秒之久，足以完成一次掉电中断操作。单片机系统一旦检测到电源电压下降，立即通过 $\overline{INT0}$ 或 $\overline{INT1}$ 产生外部中断请求，中断响应后执行中断服务程序，并在主电源掉至下限工作电压之前，把有用的数据送内部 RAM 中保护起来，然后由备用电源只为 RAM 供电。

由于备用电源容量有限，为减少消耗，掉电后时钟电路和 CPU 电路皆停止工作，只有内部 RAM 单元和专用寄存器继续工作，以保持其内容。

当电源 V_{CC} 恢复时，RST/V_{PD} 端备用电源电压还应保持一段时间（约 10ms），以便给其他电路从启动到稳定工作留出足够的过渡时间，然后才结束掉电保护状态，单片机开始正常工作。单片机恢复正常工作以后的第一件事情是现场恢复，把被保护的数据送回原处。

2. CHMOS 的节电运行方式

CHMOS 的芯片运行时耗电少，有两种低功耗方式，即待机方式和掉电保护方式，以进一步降低功耗，它们特别适用于电源功耗要求低的应用场合。

在 MCS-51 的 CHMOS 单片机中，待机方式和掉电方式都可以由电源控制寄存器 PCON 中的有关控制位控制。该寄存器的单元地址是 87H，它的各位的含义如表 2.8 所示。

表 2.8 电源控制寄存器 PCON 各位的含义

位序	PCON.7	PCON.6	PCON.5	PCON.4	PCON.3	PCON.2	PCON.1	PCON.0
位符号	SMOD	—	—	—	GF1	GF0	PD	IDL

（1）SMOD(PCON.7)：波特率倍增位。在串行通信时才使用，若 SMOD＝1，当串行口工作于方式 1、2、3 时，波特率加倍。

（2）GF1、GF0：通用标志位。

（3）PD(PCON.1)：掉电方式位。当 PD＝1 时，进入掉电方式。

（4）IDL(PCON.0)：待机方式位。当 IDL＝1 时，进入待机方式。

复位时，PCON 的值为 0×××0000B，单片机处于正常运行方式。要想使单片机进入待机或掉电工作方式，只要执行一条能使 IDL 或 PD 位为 1 的指令就可以。

图 2.24 为实现这两种方式的内部电路图。由图可见：①若专用寄存器中的电源控制

寄存器 PCON 中的 IDL＝1(即$\overline{\text{IDL}}$＝0)，则 80C51 进入待机方式。在这种方式下，振荡器仍继续运行，但 IDL 封锁了至 CPU 的与门，故 CPU 此时得不到时钟信号而停止工作，但中断、串行接口和定时器等环节却仍在时钟控制下正常运行。②若 PCON 中的 PD＝1(即 $\overline{PD}$＝0)，振荡器冻结，则单片机 80C51 进入掉电方式，与上述情况相同。

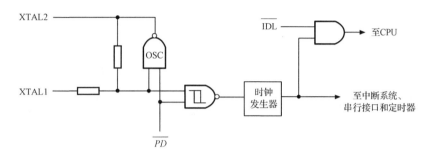

图 2.24　待机方式和掉电方式实现电路

待机方式的退出有两种方法：一种方法是激活任何一个被允许的中断，当中断发生时，由硬件对 PCON.0 位清零，结束待机方式；另一种方法是采用按键手动复位的方式对单片机复位。

掉电方式的退出只能采用按键手动复位的方式对单片机复位。但应注意，在这之前应使 V_{cc} 恢复到正常工作电压值。

2.5.5　EPROM 的编程和校验工作方式

在 MCS-51 单片机中，对于内部集成有 EPROM 的机型，可以工作于编程或校验方式。不同型号的单片机，EPROM 的容量和特性不一样，相应的 EPROM 的编程、校验的方法也不一样。这里以 HMOS 器件 8751，内部集成 4KB 的 EPROM 为例介绍。

1. EPROM 编程

EPROM 编程时一般采用 4～6MHz 的振荡频率。EPROM 单元地址由 P2 口的 P2.3～P2.0 和 P1 口提供，其中 P1 口提供低 8 位地址；P0 口输入编程数据；P2.6～P2.4 及 $\overline{\text{PSEN}}$ 接低电平，P2.7 接高电平，RST 接 2.5V 高电平；$\overline{EA}/V_{\text{PP}}$ 端加电压为 21V 的编程脉冲，不能高于 21.5V，否则会损坏 EPROM；ALE/$\overline{\text{PROG}}$ 端加宽度为 50ms 的负脉冲作为写入信号，每来一次负脉冲，则把 P0 口的数据写入由 P2 口低四位和 P1 口提供的 12 位地址指向的片内 EPROM 单元中。

8751 单片机的 EPROM 编程一般通过专门的单片机开发系统完成。

2. 程序校验与擦除

(1) 程序校验。

在程序的保密位未设置时，无论在写入时或写入之后，均可以将 EPROM 的内容读出进行校验。校验时各引脚的连接与编程时的连接基本相同，只有 P2.7 脚改为低电平，P0 口作为数据输出口。当 P2.7 为高电平时，P0 口浮空；P2.7 为低电平时，数据由 P0 口输出。程序校验时对 P0 口外接 10kΩ 左右的上拉电阻。

（2）程序擦除。

各种型号的单片机的程序的擦除方法不一样，对于 8751 单片机，内部 EPROM 的擦除和其他 EPROM 芯片的擦除方法一样，通过紫外线照射来擦除。擦除后，可以重新写入。

3. 程序的加密

8751 单片机的内部 EPROM 含有一位加密位，一旦此加密位被编程，就可禁止任何外部方法对片内程序存储器进行读写，也不能再对 EPROM 编程，保证了片内程序的安全性。加密编程写入时，其电路的连接、编程过程与正常编程类似，差别在于加密编程时，P2.6 改为 TTL 高电平，P0、P1 和 P2.0～P2.3 可以是任何状态。

8751 单片机加密后，只有靠完全擦除程序存储器中内容才能使其解密。加密后，片内程序存储器中的内容可以照常执行，但不能从外部读出，不能对其进一步编程。擦除 EPROM 的内容，解密后才能完全恢复器件的功能，此后再重新编程。

习　题

（1）MCS-51 单片机芯片包含哪些主要功能部件？

（2）MCS-51 单片机的 $\overline{EA}$ 端有何用途？

（3）MCS-51 单片机有哪些信号需要芯片引脚以第二功能的方式提供？

（4）MCS-51 单片机的 4 个 I/O 口在使用上各有什么功能和特点？

（5）MCS-51 单片机的存储器分哪几个空间？试述各空间的作用。

（6）简述片内 RAM 中包含哪些可位寻址单元？

（7）什么叫堆栈？堆栈指针 SP 的作用是什么？在程序设计中为何要对 SP 重新赋值？

（8）程序状态字寄存器 PSW 的作用是什么？简述各位的作用。

（9）位地址 65H 与字节地址 65H 如何区别？位地址 65H 具体在片内 RAM 中什么位置？

（10）什么是振荡周期、时钟周期、机器周期和指令周期？如何计算机器周期的确切时间？

（11）单片机工作时在运行出错或进入死循环时，如何处理？

（12）使单片机复位的方法有几种？复位后单片机的初始状态如何？

（13）开机复位后，单片机使用的是哪组工作寄存器？它们的地址是什么？如何改变当前工作寄存器组？

第 3 章　MCS-51 单片机的汇编语言指令系统

任何一个实际的单片机应用系统,都是用硬件系统和软件系统组成的。软件就是编制控制单片机工作的程序,MCS-51 单片机通常使用汇编语言和 C 语言来进行软件开发。汇编语言是一种简单易掌握、效率较高的开发语言,但其可读性差,移植性也不好,在处理计算问题上非常复杂,要求的编程技巧较高;现代计算机系统上更多地使用 C 语言等高级语言,但汇编语言对于理解单片机应用系统的编程原理和优化程序结构都有着非常重要的作用,因此汇编语言一直都是单片机应用系统学习的重点。本章主要介绍单片机系统汇编语言的寻址方式和指令系统。

3.1　指令格式及其符号说明

MCS-51 单片机汇编语言也叫助记符语言,是为了便于人们识别、读/写、记忆和交流用英文单词或缩写字母来表征其中每一条指令的功能。单片机的指令是 CPU 用于控制功能部件完成某一指定动作的指示和命令,而单片机全部指令的集合称为指令系统。

3.1.1　指令格式

MCS-51 单片机的指令系统共有 111 条指令,可以实现 51 种基本操作。其指令由操作码助记符和操作数两部分组成,指令基本格式如下:

[标号:]操作码助记符　[目的操作数]　[,源操作数]　[;注释]

在指令的基本格式中使用了可选择符号"[ ]",其包含的内容因指令的不同可有可无。

(1)标号。标号是程序员根据编程需要给指令设定的符号地址,可有可无;通常在子程序入口或转移指令的目标地址才赋予标号。标号由 1~8 个字符组成,第一个字符必须是英文字母,不能是数字或其他符号,标号后必须用冒号。

(2)操作码助记符。操作码助记符表明指令的功能,不同的指令有不同的指令助记符,它一般用说明其功能的英文单词的缩写形式表示。它是指令的核心部分,用于指示指令执行何种操作,如加、减、乘、除、传送等。

(3)操作数。操作数表示指令操作的对象,它可以是一个具体的数据,也可以是参加运算的数据所在的地址。不同的指令,指令中的操作数不一样。MCS-51 单片机指令系统的指令按操作数的多少可分为无操作数、单操作数、双操作数和三操作数四种情况。无操作数指令是指指令中不需要操作数或操作数隐含在操作码中,如"RET"指令;单操作数指令是指指令中只需提供一个操作数或操作数地址,如"INC A"指令;双操作数指令是指指令中需要两个操作数,这种指令在 MCS-51 单片机指令系统中最多,通常第一个操作数为目的操作数,接收数据,第二个操作数为源操作数,提供数据,如"MOV A ,#80H";

三操作数指令在 MCS-51 单片机指令系统中只有一条,即 CJNE 比较转移指令,在后面将具体介绍。

(4) 注释。注释是对指令的解释说明,用以提高程序的可读性,注释前必须加分号,注释换行时行前也要加分号。注释对于指令本身功能而言是可以不要的。

3.1.2 常用符号说明

在 MCS-51 单片机的指令中,常用的符号如表 3.1 所示。

表 3.1 常用符号说明

符 号	含 义
Rn	表示当前选定寄存器组的工作寄存器 R0～R7,$n=0～7$
Ri	表示作为间接寻址的寄存器,只有 R0、R1 两个,即 $i=0,1$
A	累加器 A,ACC 则表示累加器 A 的地址
#data	表示 8 位立即数,即 00H～FFH
#data16	表示 16 位立即数,即 0000H～FFFFH
addr16	表示 16 位地址,可用于 64KB 范围内寻址,用于 LCALL 和 LJMP 指令中
addr11	表示 11 位地址,可用于 2KB 范围内寻址,用于 ACALL 和 AJMP 指令中
direct	片内 8 位 RAM 单元地址,包括特殊功能寄存器的地址或符号名称
rel	带符号的 8 位地址偏移量($-128～+127$),用于 SJMP 和条件转移指令中
bit	位寻址区的直接寻址位,即内部 RAM(包括 SFR)中的可寻址位
(×)	表示×地址单元中的内容,或由×所指定的某寄存器的内容
((×))	由×间接寻址的单元中的内容
←	将箭头后面的内容传送到箭头前面去
$	当前指令所在地址
/	加在位地址之前,表示该位状态取反
@	间接寻址寄存器或基址寄存器的前缀

3.1.3 指令的字节

MCS-51 单片机通常使用汇编语言和 C 语言来进行软件开发,但这两种语言都不能被单片机直接识别和执行,必须要转化成二进制形式表示的机器码,俗称"机器语言"。根据每条汇编语言指令对应的机器码所占的字节数可以把指令分成单字节指令、双字节指令和三字节指令。

1. 单字节指令(49 条)

单字节指令的指令代码只占一个字节,操作码和操作数信息同在其中。单字节指令可以分为两类:无操作数的单字节指令和含有操作数寄存器编码的单字节指令。

(1) 无操作数单字节指令。

这类指令只有操作码字段,操作数隐含在操作码中。

例如：

$$INC\ DPTR$$

其指令代码为：1010 0011B，即 A3H，数据指针 DPTR 隐含其中。

（2）含有操作数的单字节指令。

这类指令的指令代码把操作码的代码和操作数的代码"挤"在一个字节中。

例如：

$$MOV\ A，Rn$$

其指令代码为：1110 1rrr，其中 rrr 对应 Rn 的寄存器号。

2. 双字节指令（45 条）

双字节指令包括两个字节，其中第一个字节为操作码，第二个字节是操作数。

例如：

$$MOV\ A，\sharp data$$

其中，♯data 表示一个 8 位的二进制操作数，称为立即数；操作码占一个字节，累加器 A 是目的操作数寄存器，隐含在操作码中。

其指令代码为：

第一个字节：0111 0100B。

第二个字节：立即数。

3. 三字节指令（17 条）

三字节指令中，操作码占一个字节，操作数占两个字节，其中操作数既可能是数据，也可能是操作数地址。三字节指令包括以下 4 类。

（1）16 位数据。

例如：

$$MOV\ DPTR，\sharp data16$$

其指令代码为：

第一个字节：1001 0000B。

第二个字节：立即数高 8 位。

第三个字节：立即数低 8 位。

例如，指令"MOV DPTR，♯238BH"用十六进制数表示的指令代码为：90 23 8BH。

（2）8 位地址和 8 位数据。

例如：

$$MOV\ direct，\sharp data$$

其指令代码为：

第一个字节：0111 0101B。

第二个字节：直接地址。

第三个字节：立即数。

例如，指令"MOV 39H，♯0F0H"用十六进制数表示的指令代码为：75 39 F0H。

（3）8 位数据和 8 位地址。

例如：

$$CJNE \quad A \quad , \quad \#data \quad , \quad rel$$

其指令代码为：

第一个字节：1011 0100B。

第二个字节：立即数。

第三个字节：偏移地址。

例如，指令"CJNE A ，#05H ，58H"用十六进制数表示的指令代码为：B4 05 58H。

（4）16 位地址。

例如：

$$LCALL \quad addr16$$

其指令代码为：

第一个字节：0001 0010B。

第二个字节：地址高 8 位。

第三个字节：地址低 8 位。

例如，指令"LCALL 2000H"用十六进制数表示的指令代码为：12 20 00H。

3.2 寻 址 方 式

操作数是指令的重要组成部分，它指定了参与运算的数据或数据所在单元的地址，而如何得到这个地址就称为寻址方式。CPU 寻址操作数的方式的多少，说明了其寻址操作数的灵活程度。按指令给出操作数方式的不同，MCS-51 单片机指令系统有 7 种寻址方式：立即寻址、直接寻址、寄存器寻址、寄存器间接寻址、变址寻址、相对寻址和位寻址等 7 种方式。指令在执行过程中，首先应根据指令提供的寻址方式，找到参加操作的操作数，将操作数运算，而后将操作结果送到指令指定的地址。

3.2.1 立即寻址

立即寻址是指操作数在指令中直接给出，通常把出现在指令中的操作数称为立即数，因此就把这种寻址方式称之为立即寻址。为了与直接寻址指令中的直接地址相区别，在立即数前面加上前缀"#"。立即数可以是 8 位立即数#data，也可以是 16 位立即数#data16。立即数可以是二进制、十进制、十六进制数据，也可以是带单引号的字符。

例如：

$$MOV \quad A \quad , \quad \#25H$$

其中，25H 是 8 位立即数，指令的功能是把立即数 25H 传送到累加器 A。

例如：

$$MOV \quad DPTR \quad , \quad \#1234H$$

其中，1234H 是 16 位立即数，指令的功能是把立即数 1234H 传送到数据指针 DPTR，12H 送 DPH，34H 送 DPL。

3.2.2　直接寻址

直接寻址是把存放操作数的内存单元的地址直接在指令中给出。

例如：

$$MOV \ A , 25H$$

其中,25H 是存放操作数的单元地址。其功能是把内部 RAM 25H 单元中的数据传送给累加器 A。

直接寻址方式只能使用 8 位二进制数表示的地址,因此这种寻址方式的寻址范围只限于内部 RAM,具体说就是：

(1) 内部 RAM 低 128 字节单元。在指令中直接以单元地址的形式给出。

(2) 特殊功能寄存器除以单元地址形式给出外,还可以以寄存器符号形式给出。应当指出,直接寻址是访问特殊功能寄存器的唯一方式。

例如：

$$MOV \ A , 50H$$
$$MOV \ A , P1$$
$$MOV \ A , 90H$$

其中,50H、P1、90H 均是直接寻址方式。

3.2.3　寄存器寻址

寄存器寻址指令中给出的是操作数所在的寄存器,寄存器的内容为操作数。

例如：

$$MOV \ A , R7$$

其功能是把寄存器 R7 的内容传送到累加器 A 中。如果指令执行前 R7 寄存器的内容为54H,则指令执行后,累加器 A 中的内容为(A)＝54H。

寄存器寻址方式指令中的寄存器包括：

(1) 工作寄存器。共有 4 组 32 个工作寄存器,但指令中使用的是当前工作寄存器组,因此指令中的寄存器名称只能是 R0～R7。因此,在使用本指令前,有时需要对 PSW中 RS1、RS0 位的状态进行设置,来确定当前寄存器组。

(2) 部分特殊功能寄存器,如累加器 A、寄存器 B、数据指针寄存器 DPTR 等。

3.2.4　寄存器间接寻址

寄存器间接寻址是指存放操作数的内存单元的地址放在寄存器中,指令只给出寄存器。与寄存器寻址方式不同:寄存器寻址方式中,寄存器中存放的是操作数;而寄存器间接寻址方式中,寄存器中存放的则是操作数的地址。

寄存器间接寻址也需以寄存器符号的形式表示,但为了区别寄存器寻址和寄存器间接寻址,在寄存器间接寻址方式中,应在寄存器的名称前面加"@"的前缀标志。

假定 R0 寄存器的内容是 50H,则指令为

$$MOV \ A , @R0$$

执行过程为:以 R0 寄存器内容 50H 作为地址,把该地址单元的内容送累加器 A。其执行过程参见图 3.1。

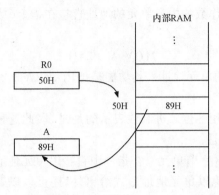

图 3.1　寄存器间接寻址示意图

用于寄存器间接寻址的寄存器有 R0、R1、DPTR,称为寄存器间接寻址寄存器。寄存器间接寻址时,要注意以下几点:

(1) 寄存器间接寻址使用的是@Ri(i=0,1)与@DPTR。其中,@Ri 用于对内部 RAM 的低 128 字节单元进行访问,也可用于对外部 RAM 的低 256 字节单元进行访问,如"MOVX A , @R0";@DPTR 用于对全部的 64KB 外部 RAM 空间进行访问,如"MOVX A , @DPTR"。

(2) 寄存器间接寻址不能用于访问内部 RAM 的高 128 单元。例如,下面的指令是错误的:

$$\text{MOV} \quad \text{R0}, \quad \#90\text{H}$$
$$\text{MOV} \quad \text{A}, \quad @\text{R0}$$

内部 RAM 的高 128 单元的特殊功能寄存器只能用直接寻址。

(3) 堆栈操作指令(PUSH 和 POP)中隐含的 SP 可看成是寄存器间接寻址方式。

3.2.5　变址寻址

变址寻址是指将基址寄存器与变址寄存器的内容相加,结果作为操作数的地址。变址寻址主要用于查表操作,DPTR 或 PC 是基址寄存器,累加器 A 是变址寄存器,A 中的数据为无符号数。

例如:

$$\text{MOVC A}, \quad @\text{A}+\text{DPTR}$$

其功能为将累加器 A 和 DPTR 的内容相加,相加结果为操作数存放的地址,再将操作数取出送到累加器 A 中。因此符号"@"应理解为是针对 A+DPTR 的,而不是仅仅针对 A 的。假定指令执行前(A)=02H,(DPTR)=0100H,则该指令的操作示意图见图 3.2。变址寻址形成的操作数地址为 0100H+02H=0102H,而 ROM 中 0102H 单元的内容假设为 38H,故该指令执行后 A 的内容为 38H。

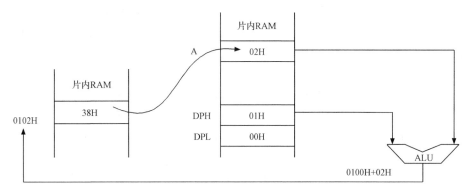

图 3.2　变址寻址示意图

对于变址寻址方式的指令,它是专门针对程序存储器的寻址方式,寻址范围可达64KB。变址寻址的指令只有三条:

$$MOVC \quad A， \quad @A+DPTR$$
$$MOVC \quad A， \quad @A+PC$$
$$JMP \quad @A+DPTR$$

其中,前两条是程序存储器读指令;第三条是无条件转移指令。这三条指令虽然较为复杂,但都是单字节双周期指令。

3.2.6　相对寻址

相对寻址是为了实现程序的相对转移而设置的,由相对转移指令所采用。相对寻址是把程序计数器 PC 的当前内容与指令中给出的偏移量(rel)相加,从而构成了程序转移的目的地址。PC 的当前内容是指取出该指令后的 PC 值,即下一条指令的地址。因此转移的目的地址为

$$目的地址 = 转移指令所在的地址 + 转移指令字节数 + rel$$

其中,偏移量 rel 是一个带符号的 8 位二进制数,表示范围为 $-128 \sim +127$。

例如:

$$SJMP \quad 50H$$

该指令为二字节指令,假设存放在程序存储器的 1000H 和 1001H 单元中。当执行该指令时,先从这两个单元中取出指令,PC 值自动变为 1002H,再把 PC 的内容与操作数50H 相加,得到目的地址 1052H,再送回 PC,使程序跳转到 1052H 单元继续执行程序。

一般使用时,rel 常写成符号地址形式,编程者一般不去标偏移值。

3.2.7　位寻址

位寻址是按位进行的寻址操作。在 MCS-51 单片机中,操作数不仅可以按字节为单位进行操作,也可以按位进行操作,操作数的地址称为位地址,用 bit 表示。

位寻址的范围包含两个区域。

（1）内部 RAM 的位寻址区 20H～2FH，共 128 位，位地址 00H～7FH，用直接寻址方式表示。位寻址区中的位有两种表示方法：一种是位地址；另一种是单元地址加位。

（2）特殊功能寄存器 SFR 中的可寻址位，11 个特殊功能寄存器实有 83 位可寻址位。对这些寻址位在指令中有四种表示方法：

① 直接使用位地址。例如，PSW 寄存器位 7 地址位为 0D7H。

② 位名称表示方法。例如，PSW 寄存器位 7 是 CY 标志位，则可使用 CY 表示该位。

③ 单元地址加位数的表示方法。例如，0D0H 单元（即 PSW 寄存器）位 7，表示为 0D0H.7。

④ 特殊功能寄存器符号加位数的表示方法。例如，PSW 寄存器的位 7，表示为 PSW.7。

3.3　MCS-51 单片机指令系统

MCS-51 单片机指令系统共有 111 条指令，按指令功能可以分为

（1）数据传送类指令（29 条）。

（2）算术运算类指令（24 条）。

（3）逻辑运算及移位类指令（24 条）。

（4）控制转移类指令（17 条）。

（5）位操作类指令（17 条）。

3.3.1　数据传送类指令

数据传送类指令共有 29 条，是指令系统中数量最多、使用也最频繁的一类指令。这类指令可分为三组：普通传送指令、数据交换指令和堆栈操作指令。

1. 普通传送指令

普通传送指令的助记符为"MOV"、"MOVC"或"MOVX"，汇编指令格式为

$$MOV\ 目的操作数\ ，源操作数$$

这类指令是把源操作数的内容传送到目的操作数中，指令执行后，源操作数的内容不变，目的操作数的内容修改为源操作数的内容。

普通传送指令分成片内数据存储器传送指令、片外数据存储器传送指令和程序存储器传送指令。

1）片内数据存储器传送指令（16 条）

单片机芯片内部是数据传送最为频繁的部分，有关的传送指令也最多，包括寄存器、累加器、RAM 单元，以及特殊功能寄存器之间的相互数据传送。

源操作数可以为 A、Rn、@Ri、direct、#data，目的操作数可以为 A、Rn、@Ri、direct，组合起来总共 16 条，按目的操作数的寻址方式划分为五组。

（1）以 A 为目的操作数的指令（4 条）。

$$MOV\ A\ ，\#data\ \ \ \ \ ;A \leftarrow data$$

$$\text{MOV A，direct} \qquad ;A \leftarrow (direct)$$
$$\text{MOV A，R}n \qquad\quad ;A \leftarrow (Rn)$$
$$\text{MOV A，@R}i \qquad\ ;A \leftarrow ((Ri))$$

这组指令的功能是把源操作数的内容送入累加器 A，源操作数的寻址方式有立即寻址、直接寻址、寄存器寻址、寄存器间接寻址。

例 3.1　指令：

$$\text{MOV A，}\sharp 40\text{H} \quad ;A \leftarrow 40\text{H} \qquad 立即寻址$$
$$\text{MOV A，40H} \quad\ ;A \leftarrow (40\text{H}) \qquad 直接寻址$$
$$\text{MOV A，R0} \qquad ;A \leftarrow (R0) \qquad\ 寄存器寻址$$
$$\text{MOV A，@R0} \qquad ;A \leftarrow ((R0)) \quad 寄存器间接寻址$$

（2）以 Rn 为目的操作数的指令（3 条）。

$$\text{MOV R}n,\ \sharp data \quad ;Rn \leftarrow data$$
$$\text{MOV R}n,\ direct \quad\ ;Rn \leftarrow (direct)$$
$$\text{MOV R}n,\ A \qquad\quad ;Rn \leftarrow (A)$$

这组指令的功能是把源操作数的内容送入累加器 Rn 中，源操作数的寻址方式有立即寻址、直接寻址和寄存器寻址。

例 3.2　指令：

$$\text{MOV R2，}\sharp 7\text{AH} \quad ;R2 \leftarrow 7\text{AH} \qquad 立即寻址$$
$$\text{MOV R2，7AH} \qquad ;R2 \leftarrow (7\text{AH}) \qquad 直接寻址$$
$$\text{MOV R3，A} \qquad\quad ;R3 \leftarrow (A) \qquad\quad 寄存器寻址$$

（3）以直接地址为目的操作数的指令（5 条）。

$$\text{MOV direct，}\sharp data \quad ;direct \leftarrow data$$
$$\text{MOV direct，direct} \quad\ ;direct \leftarrow (direct)$$
$$\text{MOV direct，A} \qquad\quad ;direct \leftarrow (A)$$
$$\text{MOV direct，R}n \qquad\ ;direct \leftarrow (Rn)$$
$$\text{MOV direct，@R}i \qquad ;direct \leftarrow ((Ri))$$

这组指令的功能是把源操作数的内容送入由直接地址指出的存储单元中。源操作数的寻址方式有立即寻址、直接寻址、寄存器寻址和寄存器间接寻址。

例 3.3　指令：

$$\text{MOV 02H，}\sharp 80\text{H} \quad ;02\text{H} \leftarrow 80\text{H} \qquad 立即寻址$$
$$\text{MOV 0E0H，80H} \quad ;0\text{E0H} \leftarrow (80\text{H}) \quad 直接寻址$$
$$\text{MOV P2，A} \qquad\qquad ;P2 \leftarrow (A) \qquad\quad 寄存器寻址$$
$$\text{MOV 60H，R2} \qquad\ ;60\text{H} \leftarrow (R2) \qquad 寄存器寻址$$
$$\text{MOV 40H，@R0} \qquad ;40\text{H} \leftarrow ((R0)) \quad 寄存器间接寻址$$

（4）以寄存器间接寻址为目的操作数的指令（3 条）。

$$\text{MOV @R}i,\ \sharp data \quad ;(Ri) \leftarrow data$$
$$\text{MOV @R}i,\ direct \quad\ ;(Ri) \leftarrow (direct)$$
$$\text{MOV @R}i,\ A \qquad\quad ;(Ri) \leftarrow (A)$$

　　这组指令的功能是把源操作数的内容送入 R0 或 R1 指出的存储单元中。源操作数的寻址方式有立即寻址、直接寻址和寄存器寻址。

　　例 3.4　指令：

```
MOV @R0 ，#70H    ;(R0) ← 70H     立即寻址
MOV @R0 ，70H     ;(R0) ← (70H)   直接寻址
MOV @R0 ，A       ;(R0) ← (A)     寄存器寻址
```

　　(5) 16 位数据传送指令(1 条)。

```
MOV DPTR ，#data16 ;DPTR ← data16
```

　　这条指令的功能是把 16 位立即数送入 DPTR。16 位的 DPTR 由 DPH 和 DPL 组成,指令执行结果把 16 位立即数的高 8 位送入 DPH,低 8 位送入 DPL。

　　例 3.5　指令：

```
MOV DPTR ，#1234H  ;DPH ← 12H ，DPL ← 34H   立即寻址
```

　　2) 片外数据存储器传送指令(4 条)

　　在 MCS-51 单片机中,只能通过累加器 A 与片外数据存储器进行数据传送。访问时,只能通过 @Ri 和 @DPTR 以间接寻址的方式进行。MOVX 指令共有 4 条,助记符中增加"X"是表示外部之意。

```
MOVX A ，@Ri       ;A ← ((Ri))
MOVX @Ri ，A       ;(Ri) ← A
MOVX A ，@DPTR     ;A ← ((DPTR))
MOVX @DPTR ，A     ;(DPTR) ← A
```

　　前两条指令使用 Ri 进行间接寻址,由于 Ri 只能存放 8 位地址,故只能对片外数据存储器的低端的 256 个字节访问;后两条指令使用 DPTR 进行间接寻址,可以对整个 64KB 片外数据存储器进行访问。

　　例 3.6　要求把外部 RAM 60H 单元中的数据 8BH 传送到内部 RAM 50H 中,试编程。

　　解　方法一：

```
MOV R0 ，#60H      ;(R0) = 60H
MOVX A ，@R0       ;(A) = 8BH
MOV 50H ，A        ;(50H) = 8BH
```

　　方法二：

```
MOV DPTR ，#0050H  ;(DPTR) = 0050H
MOVX A ，@DPTR     ;(A) = 8BH
MOV 50H ，A        ;(50H) = 8BH
```

　　3) 程序存储器传送指令(2 条)

　　MCS-51 单片机的程序存储器除了存放程序外,还可以存放一些常数,通常以表格的形式集中存放。单片机的指令系统提供了 2 条访问存储器的指令,称为查表指令。

```
MOVC A ，@A＋DPTR   ;A ← ((A)＋(DPTR))
MOVC A ，@A＋PC     ;A ← ((A)＋(PC))
```

　　这两条指令都是一字节指令,且都是变址寻址方式。指令助记符 MOVC 是在 MOV

的后面加 C,C 是 Code 的第一个字母,是代码的意思。

　　第一条指令以 DPTR 为基址寄存器,A 的内容作为无符号数,与 DPTR 的内容相加后得到一个 16 位新的地址,由该地址指示的程序存储器单元内容送累加器 A。因此其寻址范围为整个程序存储器的 64KB 空间。显然,该指令的查询的表格可以放在程序存储器的任何位置。处理时,数据放在表格中,指令执行前,DPTR 存放表首地址,累加器 A 中存放要查的元素相对于表首的位移量。指令执行后对应表格元素的值就取出放于累加器 A 中。

　　第二条指令以 PC 作为基址寄存器,A 的内容作为无符号数,与 PC 的内容(下一条指令的起始地址)相加后得到一个 16 位地址,由该地址指示的程序存储器单元内容送累加器 A。显然,该指令的查表范围为查表指令后的 256B 地址空间。处理时,表首的地址只有通过 PC 值加一个差值得到,这个差值为 PC 相对于表首的位移量。在具体处理时,将这个差值加到累加器 A 中,在指令执行前,累加器 A 中的值就为表格元素相对于表首的位移量与当前程序计数器 PC 相对于表首的差值之和。指令执行后累加器 A 中的内容就是表格元素的值。

　　例 3.7　已知程序存储器中以 TAB 为起点地址的空间存放着 0～9 的 ASCII 码,累加器 A 中存放着一个 0～9 的 BCD 码数据。要求用查表的方法获得 A 中数据的 ASCII 码。

　　解　方法一:

```
        MOV DPTR , ♯TAB
        MOV A , @A+DPTR
        RET
    TAB: DB 30H,31H,32H,33H,34H,35H,36H,37H,38H,39H
```

　　方法二:

```
        INC A
        MOV A , @A+PC
        RET
    TAB: DB 30H,31H,32H,33H,34H,35H,36H,37H,38H,39H
```

　　2. 数据交换指令

　　普通传送指令实现将源操作数的数据传送到目的操作数,指令执行后源操作数不变,数据传送是单向的。而在数据交换指令中,源操作数和目的操作数的内容作双向传送。这类指令共有 5 条,分为整字节和半字节两种交换。

　　(1) 整字节交换指令。

　　源操作数与累加器 A 进行 8 位数据交换,共有 3 条指令:

```
        XCH A , Rn        ;(A)⟺(Rn)
        XCH A , direct    ;(A)⟺(direct)
        XCH A , @Ri       ;(A)⟺((Ri))
```

　　(2) 半字节交换指令。

　　源操作数与累加器 A 进行低 4 位的半字节数据交换,只有 1 条指令:

$$\text{XCHD A ，@R}i \quad ;(A)_{3\sim0}\Leftrightarrow((R i))_{3\sim0}$$

（3）累加器高低半字节交换指令。

累加器 A 的高低半个字节进行数据交换，只有 1 条指令：

$$\text{SWAP A} \quad ;(A)_{3\sim0}\Leftrightarrow(A)_{7\sim4}$$

例 3.8 已知(A)＝12H,(R1)＝30H,内部 RAM(30H)＝34H,分析指令执行结果。

```
XCH  A，30H     ;(A) = 34H,(30H) = 12H
XCH  A，@R1     ;(A) = 12H,(30H) = 34H
XCHD A，@R1     ;(A) = 14H,(30H) = 32H
SWAP A         ;(A) = 41H
```

3. 堆栈操作指令

堆栈是在片内 RAM 中按"先进后出，后进先出"的原则设置的专用存储区。数据的进栈和出栈由指针 SP 统一管理,堆栈操作指令有 2 条：

```
PUSH direct   ;SP ← (SP)＋1,SP ← (direct)
POP  direct   ;direct ← (SP),SP ← (SP)－1
```

其中,PUSH 为入栈指令;POP 为出栈指令,采用直接寻址方式。入栈时,SP 指针先加 1,使 SP 指向新单元,然后把 direct 单元中的数据传入其中;出栈时,先把 SP 所指向单元中的数据取出并传送到 direct 单元中,然后把 SP 指针的内容减 1。

例 3.9 设(20H)＝55H,(30H)＝66H,试利用堆栈作为缓冲器,编制程序交换 20H 和 30H 单元中的内容。

解

```
MOV  SP,♯60H   ;令栈顶地址为 60H,即(SP) = 60H
PUSH 20H       ;SP ← (SP)＋1,(SP) = 61H,61H ← 55H
PUSH 30H       ;SP ← (SP)＋1,(SP) = 62H,62H ← 66H
POP  20H       ;20H ← 66H,SP ← (SP)－1,(SP) = 61H
POP  30H       ;30H ← 55H,SP ← (SP)－1,(SP) = 60H
```

运行结果：(SP)＝60H,(20H)＝66H,(30H)＝55H。

3.3.2　算术运算类指令

算术运算类指令包括加法、减法、乘除法和十进制调整指令四类,共 24 条指令。算术运算类指令多数以累加器 A 为目的操作数,大多数指令执行结果影响程序状态字寄存器。

1. 加法指令

加法指令有不带进位的加法指令、带进位的加法指令和加 1 指令。

1) 不带进位的加法指令

不带进位的加法指令共有 4 条：

$$\text{ADD A ，♯data} \quad ;A \gets (A)＋data$$

　　　　　　ADD A , direct 　　;A ← (A)＋(direct)

　　　　　　ADD A , R*n* 　　　;A ← (A)＋(R*n*)

　　　　　　ADD A , @R*i* 　　;A ← (A)＋((R*i*))

　　这组指令的源操作数可以为立即寻址、直接寻址、寄存器寻址、寄存器间接寻址等四种寻址方式,目的操作数均是 A。源操作数加上目的操作数,其和送入目的操作数 A。

　　加法运算的结果会影响程序状态字寄存器 PSW,其中包括:

　　(1) 如果运算结果的最高位第 7 位有进位,则进位标志 CY 置 1;反之,CY 清 0。

　　(2) 如果运算结果的第 3 位有进位,则辅助进位标志 AC 置 1;反之,AC 清 0。

　　(3) 如果运算结果的第 6 位有进位而第 7 位没有进位,或者第 7 位有进位而第 6 位没有进位,则溢出标志 OV 置 1(即 OV＝C7⊕C6);反之,OV 清 0。

　　(4) 奇偶标志 P 随累加器 A 中 1 的个数的奇偶性而变化。

　　溢出标志的状态,只有在符号数加法运算时才有意义。当两个符号数相加时,OV＝1,表示加法运算超出了累加器 A 所能表示的符号数有效范围(−128∼＋127),产生了溢出,因此运算结果是错误的;否则运算结果是正确的,无溢出产生。

　　例 3.10　已知(A)＝97H,(R0)＝89H,执行指令:

　　　　　　　　　　　　ADD A , R0

　　解

$$
\begin{array}{r}
1001\ 0111 \\
+\quad 1000\ 1001 \\
\hline
1 ← 0010\ 0000
\end{array}
$$

运算结果:(A)＝20H,CY＝1,AC＝1,OV＝1,P＝1。

　　若 97H 和 89H 是两个无符号数,则结果是正确的;反之,若 97H 和 89H 是两个带符号数(即负数),则由于有溢出而表明相加结果是错误的,因为两个负数相加结果不可能是正数。

　　2) 带进位的加法指令

　　带进位的加法指令共有 4 条:

　　　　　　ADDC A , ♯data 　　;A ← (A)＋data＋(CY)

　　　　　　ADDC A , direct 　　;A ← (A)＋(direct)＋(CY)

　　　　　　ADDC A , R*n* 　　　;A ← (A)＋(R*n*)＋(CY)

　　　　　　ADDC A , @R*i* 　　;A ← (A)＋((R*i*))＋(CY)

这组指令除了相加时应考虑进位位外,其他与不带进位的加法指令完全相同。

　　例 3.11　已知当前(CY)＝1,(A)＝97H,(R0)＝89H,执行指令:

　　　　　　　　　　　　ADDC A , R0

　　解

$$
\begin{array}{r}
1001\ 0111 \\
1000\ 1001 \\
+\qquad\qquad 1 \\
\hline
1 ← 0010\ 0001
\end{array}
$$

运算结果:(A)＝21H,CY＝1,AC＝1,OV＝1,P＝0。

例 3.12　利用 ADDC 指令可以进行多字节加法运算。设双字节加法运算中,被加数放在 20H、21H 单元,加数放在 30H、31H 单元,和放在 40H、41H,进位放在 42H 单元。数据的低字节放在低地址单元中,试编程实现。

解　程序如下:

```
MOV A , 20H
ADD A , 30H
MOV 40H , A
MOV A , 21H
ADDC A , 31H
MOV 41H , A
MOV A , #00H
ADDC A , #00H
MOV 42H , A
```

3) 加 1 指令

加 1 指令共有 5 条:

```
INC A        ;A ← (A)＋1
INC Rn       ;Rn ← (Rn)＋1
INC direct   ;direct ← (direct)＋1
INC @Ri      ;(Ri) ← ((Ri))＋1
INC DPTR     ;DPTR ← (DPTR)＋1
```

这组指令可以对累加器、寄存器、内部 RAM 单元,以及数据指针进行加 1 操作。加 1 指令的操作不影响程序状态字 PSW 的状态,即使"INC DPTR"指令在加 1 过程中低 8 位有进位,也是直接进上高 8 位而不置位进位标志 CY。只有"INC A"指令可以影响奇偶标志位 P。

例 3.13　已知(A)＝0FFH,(R3)＝0FH,(30H)＝0F0H,(R0)＝40H,(40H)＝00H,(DPTR)＝1234H,执行如下指令:

```
INC A
INC R3
INC 30H
INC @R0
INC DPTR
```

运算结果:(A)＝00H,(R3)＝10H,(30H)＝0F1H,(R0)＝40H,(40H)＝01H,(DPTR)＝1235H。PSW 中仅 P 改变。

2. 减法指令

减法指令有带借位的减法指令和减 1 指令。

1) 带借位的减法指令

带借位的减法指令共有 4 条:

$$SUBB\ A,\ \#data\quad ;A \leftarrow (A)-data-(CY)$$
$$SUBB\ A,\ direct\quad ;A \leftarrow (A)-(direct)-(CY)$$
$$SUBB\ A,\ Rn\quad ;A \leftarrow (A)-(Rn)-(CY)$$
$$SUBB\ A,\ @Ri\quad ;A \leftarrow (A)-((Ri))-(CY)$$

这组指令的源操作数可以为立即寻址、直接寻址、寄存器寻址、寄存器间接寻址等四种寻址方式,目的操作数均是 A。源操作数减去目的操作数以及进位标志,其差送入目的操作数 A。

减法运算只有带借位的减法指令,而没有不带借位的减法指令。若进行不带借位的减法运算,只需在"SUBB"指令前用"CLR C"指令先把进位标志位清 0 即可。

减法运算的结果会影响程序状态字寄存器 PSW,其中包括:

(1) 如果运算结果的最高位第 7 位有借位,则进位标志 CY 置 1;反之,CY 清 0。

(2) 如果运算结果的第 3 位有借位,则辅助进位标志 AC 置 1;反之,AC 清 0。

(3) 如果运算结果的第 6 位有借位而第 7 位没有借位,或者第 7 位有借位而第 6 位没有借位,则溢出标志 OV 置 1(即 OV＝C7⊕C6);反之,OV 清 0。

(4) 奇偶标志 P 随累加器 A 中 1 的个数的奇偶性而变化。

溢出标志的状态,同样只有在符号数减法运算时才有意义。当两个符号数相减时,OV＝1,表示减法运算超出了累加器 A 所能表示的符号数有效范围(-128～+127),产生了溢出,因此运算结果是错误的;否则运算结果是正确的,无溢出产生。

例 3.14　已知(A)＝0C9H,(R2)＝54H,(CY)＝1。执行指令:

$$SUBB\ A,\ R2$$

解

$$
\begin{array}{r}
1100\ 1001 \\
0101\ 0100 \\
-\qquad\qquad 1 \\
\hline
0111\ 0100
\end{array}
$$

运算结果:(A)＝74H,CY＝0,AC＝0,OV＝1,P＝0。

若 C9H 和 54H 是两个无符号数,则结果 74H 是正确的;反之,为两个带符号数,则由于有溢出而表明结果是错误的,因为负数减正数其差不可能是正数。

2) 减 1 指令

减 1 指令共有 4 条:

$$DEC\ A\qquad\qquad ;A \leftarrow (A)-1$$
$$DEC\ Rn\qquad\qquad ;Rn \leftarrow (Rn)-1$$
$$DEC\ direct\quad ;direct \leftarrow (direct)-1$$
$$DEC\ @Ri\quad ;(Ri) \leftarrow ((Ri))-1$$

这组指令可以对累加器、寄存器、内部 RAM 单元,以及数据指针进行减 1 操作。减 1 指令的操作不影响程序状态字 PSW 的状态,只有"DEC A"指令可以影响奇偶标志位 P。

此外还应注意,在 MCS-51 单片机中,只有数据指针加 1 指令,而没有数据指针减 1 指令。

例 3.15 已知(A)＝0FH,(R7)＝19H,(30H)＝00H,(R1)＝40H,(40H)＝0FFH。执行指令:

$$DEC \quad A$$
$$DEC \quad R7$$
$$DEC \quad 30H$$
$$DEC \quad @R1$$

运算结果:(A)＝0EH,(R7)＝18H,(30H)＝0FFH,(R1)＝40H,(40H)＝0FEH。PSW中仅 P 改变。

3. 乘法指令

乘法指令只有 1 条:

$$MUL \ AB$$

这条指令把累加器 A 和寄存器 B 中的两个无符号 8 位数相乘,其 16 位乘积的低位字节放在 A 中,高位字节放在 B 中。

乘法指令影响 PSW 中进位标志 CY 和溢出标志 OV 的状态:指令执行后CY＝0;OV 的状态与乘积有关,当乘积大于 0FFH(即 B 中内容不为 0)时,OV＝1,否则 OV＝0。

例 3.16 已知(A)＝80H(即十进制数 128),(B)＝40H(即十进制数 64)。执行指令:

$$MUL \ AB$$

运算结果:乘积为 2000H(十进制数为 8192),(A)＝00H,(B)＝20H,CY＝0,OV＝1。

4. 除法指令

除法指令也只有 1 条:

$$DIV \ AB$$

这条指令对两个 8 位无符号数进行除法运算,其中被除数置于累加器 A 中,除数置于寄存器 B 中,指令执行后,商存于 A 中,余数存于 B 中。

除法指令影响 PSW 中进位标志 CY 和溢出标志 OV 的状态;指令执行后 CY＝0;溢出标志位 OV 一般也为 0,只有当寄存器 B 的内容为 0 时,OV＝1。

例 3.17 已知(A)＝80H(即十进制数 128),(B)＝40H(即十进制数 64)。执行指令:

$$DIV \ AB$$

运算结果:商为 02H,余数为 00H,(A)＝02H,(B)＝00H,CY＝0,OV＝0。

5. 十进制调整指令

在单片机指令系统中,加法运算指令的源操作数、目的操作数和运算结果都是二进制数,适用于二进制数据的操作,如果要用来进行十进制数据的加法运算,需要在加法指令后使用一条十进制调整指令,对累加器 A 中的二进制数加法结果进行调整,成为 BCD 码。该指令只有 1 条,指令如下:

DA A

指令的调整过程是由单片机中 ALU 硬件的十进制修正电路自动进行,无需用户干预,使用时只需在 BCD 码的 ADD 和 ADDC 后面紧跟一条"DA A"指令即可。指令执行时单片机硬件按如下规则调整:

(1) 若累加器 A 中的低 4 位出现了非 BCD 码(1010～1111)或低 4 位产生进位(AC=1),则应在低 4 位加"6"调整,以产生低 4 位正确的 BCD 结果。

(2) 若累加器 A 中的高 4 位出现了非 BCD 码(1010～1111)或高 4 位产生进位(CY=1),则应在高 4 位加"6"调整,以产生高 4 位正确的 BCD 结果。

(3) 若以上两条同时发生,或高 4 位虽等于 9,但低 4 位修正后有进位,则应加"66H"进行修正。

十进制调整指令执行后,程序状态字寄存器(PSW)中的进位标志位(CY)表示结果的百位值。

例 3.18　试编写程序,实现 93+59 的加法运算,并分析执行过程。

解　加法运算程序为

MOV A ，　♯93H

ADD A ，　♯59H

DA A

程序执行的过程分析:

$$
\begin{array}{r}
1001\ 0011 \\
+\ 0101\ 1001 \\
\hline
1110\ 1100 \\
+\ 0110\ 0110 \\
\hline
1\ 0101\ 0010
\end{array}
\qquad ;加 66H 调整
$$

最终结果为:1 0101 0010(152)是正确的 BCD 码。

3.3.3　逻辑运算及移位类指令

逻辑运算及移位类指令共有 24 条指令。其中逻辑运算指令可以按位完成数字逻辑的与、或、异或、清 0 和取反操作;移位指令是对累加器 A 的循环移位操作,包括带与不带进位标志的左、右方向循环移位操作。

1. 逻辑与指令

逻辑与指令是把源操作数与目的操作数的内容按位进行与运算,再把运算结果送入目的操作数。逻辑与运算用符号"∧"表示,6 条逻辑与运算指令如下:

```
ANL A , ♯data      ;A ← (A) ∧ data
ANL A , direct     ;A ← (A) ∧ (direct)
ANL A , Rn         ;A ← (A) ∧ (Rn)
ANL A , @Ri        ;A ← (A) ∧ ((Ri))
ANL direct , ♯data ;direct ← (direct) ∧ data
ANL direct , A     ;direct ← (direct) ∧ (A)
```

其中,后两条指令的直接地址如果正好是 I/O 端口,则是"读—修改—写"操作。当逻辑与指令所寻址的寄存器不是累加器 A 或程序状态字 PSW 时,指令不影响 PSW 任何标志;否则对标志位有影响。

例 3.19 已知(A)=86H,试分析下面指令执行的结果:

(1) ANL　A,♯0FFH

(2) ANL　A,♯0F0H

(3) ANL　A,♯0FH

(4) ANL　A,♯1AH

解　(1)(A)=86H;(2)(A)=80H;(3)(A)=06H;(4)A=02H。

由上例可知,逻辑与指令可用于将指定位清零,方法是将要清零的位与 0 相与,把要保留的位与 1 相与。

2. 逻辑或指令

逻辑或指令是把源操作数与目的操作数的内容按位进行或运算,再把运算结果送入目的操作数。逻辑或运算用符号"∨"表示,6 条逻辑或运算指令如下:

$$
\begin{array}{ll}
\text{ORL A,♯data} & ; A \leftarrow (A) \vee \text{data} \\
\text{ORL A,direct} & ; A \leftarrow (A) \vee (\text{direct}) \\
\text{ORL A,}Rn & ; A \leftarrow (A) \vee (Rn) \\
\text{ORL A,@}Ri & ; A \leftarrow (A) \vee ((Ri)) \\
\text{ORL direct,♯data} & ; \text{direct} \leftarrow (\text{direct}) \vee \text{data} \\
\text{ORL direct,A} & ; \text{direct} \leftarrow (\text{direct}) \vee (A)
\end{array}
$$

该组指令的运行情况与逻辑与指令相似。

例 3.20 已知(A)=86H,试分析下面指令执行的结果:

(1) ORL　A,♯0FFH

(2) ORL　A,♯0F0H

(3) ORL　A,♯0FH

(4) ORL　A,♯1AH

解　(1)(A)=0FFH;(2)(A)=0F6H;(3)(A)=8FH;(4)(A)=9EH。

由上例可知,逻辑或指令可用于将指定位置 1,方法是将要置 1 的位与 1 相或,把要保留的位与 0 相或。

3. 逻辑异或指令

逻辑异或指令是把源操作数与目的操作数的内容按位进行异或运算,再把运算结果送入目的操作数。逻辑异或运算用符号"⊕"表示,6 条逻辑异或运算指令如下:

$$
\begin{array}{ll}
\text{XRL A,♯data} & ; A \leftarrow (A) \oplus \text{data} \\
\text{XRL A,direct} & ; A \leftarrow (A) \oplus (\text{direct}) \\
\text{XRL A,}Rn & ; A \leftarrow (A) \oplus (Rn) \\
\text{XRL A,@}Ri & ; A \leftarrow (A) \oplus ((Ri))
\end{array}
$$

$$\text{XRL}\quad \text{direct},\sharp \text{data}\quad ;\text{direct}\leftarrow (\text{direct})\oplus \text{data}$$
$$\text{XRL}\quad \text{direct},\text{A}\qquad ;\text{direct}\leftarrow (\text{direct})\oplus (\text{A})$$

该组指令的运行情况也与逻辑与指令相似。

逻辑异或指令可用于将累加器 A 或 direct 单元中的指定位求反,即 1 变 0,0 变 1。方法是将要求反的位同 1 相异或,把要保留的位同 0 相异或。

例 3.21　已知(A)＝86H,试分析下面指令执行的结果:

(1) XRL　A,$\sharp$0FFH

(2) XRL　A,$\sharp$0F0H

(3) XRL　A,$\sharp$0FH

(4) XRL　A,$\sharp$1AH

解　(1)(A)＝79H;(2)(A)＝76H;(3)(A)＝89H;(4)(A)＝9CH。

4. 累加器清零和取反指令

累加器清零指令 1 条:

$$\text{CLR A}\quad ;\text{A}\leftarrow 0$$

累加器求反指令 1 条:

$$\text{CPL A}\quad ;\text{A}\leftarrow \overline{\text{A}}$$

清零指令可以进一步节省存储空间,提高程序执行效率,对 PSW 中的奇偶标志 P 清零,不影响其他标志;取反指令用于对累加器 A 的 8 位按位取反,不影响 PSW 的状态。

例 3.22　已知(A)＝86H,试分析下面指令执行的结果:

(1) CLR A

(2) CPL A

解　(1)(A)＝00H;(2)(A)＝79H。

5. 循环移位指令

循环移位指令有 4 条,前 2 条只在累加器 A 中进行循环移位,后 2 条带进位标志 CY 进行循环移位。

(1) 累加器循环左移。

$$\text{RL A}\quad ;\text{A}_{n+1}\leftarrow \text{A}_n,\text{A}_0\leftarrow \text{A}_7$$

如下所示:

(2) 累加器循环右移。

$$\text{RR A}\quad ;\text{A}_n\leftarrow \text{A}_{n+1},\text{A}_7\leftarrow \text{A}_0$$

如下所示:

（3）带进位循环左移。

$$\text{RLC A}\quad ; A_{n+1} \leftarrow A_n, CY \leftarrow A_7, A_0 \leftarrow CY$$

如下所示：

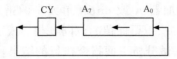

（4）带进位循环右移。

$$\text{RRC A}\quad ; A_n \leftarrow A_{n+1}, A_7 \leftarrow CY, CY \leftarrow A_0$$

如下所示：

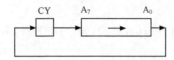

例 3.23　若累加器 A 中的内容为 1000 1011B，CY＝0，则执行"RLC A"指令后累加器 A 中的内容为 0001 0110B，CY＝1。

3.3.4　控制转移类指令

控制转移类指令通过改变程序计数器 PC 中的内容，以改变程序执行的流向。控制转移类指令可分为无条件转移指令、条件转移指令、子程序调用及返回指令，共 17 条指令。

1. 无条件转移指令

无条件转移指令是指当执行指令后，程序将无条件地转移到指令指定的地方。无条件转移指令包括长转移指令、绝对转移指令、短转移指令、变址寻址转移指令等 4 条指令。

（1）长转移指令。

$$\text{LJMP addr16}\quad ; PC \leftarrow addr16$$

指令执行后把 16 位地址送 PC，程序无条件地转移到 16 位目标地址指明的位置。由于 16 位地址可表示的地址范围为 64KB，因此称为"长转移"。长转移指令是三字节双机器周期指令，依次是操作码、高 8 位地址、低 8 位地址，执行时间长。

例 3.24　在单片机系统中，假设用户程序存放在程序存储器的 0100H 开始的空间中，试编写程序使之在开机后能自动转到 0100H 处执行程序。

解　开机后 PC 被复位为 0000H，为使开机后能自动执行用户程序，可在程序存储器空间的 0000H 处存放一条无条件转移指令，即

$$0000H\quad \text{LJMP}\quad 1000H$$
$$\vdots$$
$$1000H\quad \cdots$$

（2）绝对转移指令。

$$\text{AJMP addr11}\quad ; PC \leftarrow (PC)+2, PC_{10\sim0} \leftarrow addr11$$

这是一条双字节直接寻址的无条件转移指令，与长转移指令的差别在于指令操作数

给出的是 11 位转移地址。该指令的指令代码如下：

$$A_{10}\ A_9\ A_8\ 0\quad 0\ 0\ 0\ 1$$

$$A_7\ A_6\ A_5\ A_4\quad A_3\ A_2\ A_1\ A_0$$

该指令的功能是先将 PC 的内容加 2，使 PC 指向下一条指令的起点地址(也称 PC 当前值)，然后将 11 位地址值 addr11 送入 PC 的低 11 位，PC 的高 5 位保持不变，形成新的目的地址的 PC 值，实现程序的转移。11 位地址使得程序转移的范围为转移指令加 2 后向下的 2KB 区域。

例 3.25　程序存储器 1000H 地址单元有绝对转移指令：

$$1000\text{H}\ \text{AJMP}\ 0750\text{H}$$

分析该指令的执行情况。

解　指令"AJMP 0750H"执行前，(PC)=1000H，取出该指令后 PC 当前值为 1002H，指令执行的过程是将指令中的 11 位地址 111 0101 0000B 送入 PC 的低 11 位，得新的 PC 值为 0001 0111 0101 0000B=1750H，所以指令"AJMP 0750H"执行的结果就是转移到 1750H 处执行程序。

(3) 短转移指令。

$$\text{SJMP}\quad \text{rel}\quad ;\text{PC} \leftarrow (\text{PC})+2+\text{rel}$$

短转移指令是一条双字节双机器周期指令，rel 是相对转移的偏移量，指令的功能是：先将 PC 的内容加 2，然后将 PC 当前值与偏移量 rel 相加形成转移的目的地址，即为 (PC)+2+rel。由于该指令的 rel 是一个以补码形式表示的 8 位二进制有符号数，因此转移的目的地址有可能在 PC 当前值的前面也可能在后面，转移的范围是指令的下一条指令地址所在 256B 范围内。

例 3.26　如果在 1000H 地址上有指令：

$$1000\text{H}\quad \text{SJMP}\quad 30\text{H}$$

则目的地址为 1000H+02H+30H=1032H。执行完本指令后，程序转移到 1032H 地址去执行，程序向前转移。

如果指令为

$$1000\text{H}\quad \text{SJMP}\quad 0\text{E7H}$$

其中，rel=0E7H，是负数 19H 的补码，则目的地址为 1000H+02H−19H=0FE9H。执行完本指令后，程序转移到 0FE9H 地址去执行，程序向后转移。

用汇编语言编程时，指令中的相对地址 rel 往往用目的地址的标号(符号地址)表示，机器汇编时，相对地址值能自动计算，不需程序员计算。rel 的计算方法如下：

$$\text{rel} = 目的地址 − (\text{SJMP 指令地址} + 2)$$

例 3.27　在 2000H 地址上有指令：

$$2000\text{H}\quad \text{SJMP}\quad \text{DEST}$$

$$\vdots$$

$$2013\text{H}\quad \text{DEST}：\cdots$$

其中，DEST 为目的地址的标号，则相对地址 rel=2013H−(2000H+02H)=11H。

在单片机程序设计时，通常用到一条 SJMP 指令：

SJMP ＄

或

HERE： SJMP HERE

这两条指令的功能是在该指令处循环,进入等待状态。其中符号＄表示 PC 的当前值,该指令的机器码为 80FEH。在程序设计中,程序的最后一条指令通常用它,使程序"原地踏步",以等待中断或程序结束。

（4）变址寻址转移指令。

JMP @A＋DPTR ；PC ← (A)＋(DPTR)

这是一条单字节双机器周期指令,转移的目的地址由 A 的内容和 DPTR 内容之和来确定,即目的地址为(A)＋(DPTR)。由于基址寄存器 DPTR 和变址寄存器 A 的内容均可改变,因此使用起来很灵活。如果把 DPTR 的值固定,而给 A 赋以不同的值,即可实现程序的多分支转移。

例 3.28 设累加器 A 中存放着待处理命令的编号(0～n；$n \leqslant 85$),程序存储器中存放着标号为 PGTAB 的转移表,则执行以下程序,将根据 A 内命令编号转向相应的命令处理程序。

```
PG:        MOV B , ♯3
           MUL AB              ; A ← (A)×3
           MOV DPTR , ♯PGTAB  ; DPTR ← 转移表首址
           JMP @A＋DPTR
PGTAB:     LJMP PG0            ; 转向命令 0 处理入口
           LJMP PG1            ; 转向命令 1 处理入口
             ⋮
           LJMP PGn            ; 转向命令 n 处理入口
```

2. 条件转移指令

条件转移指令是指当条件满足时,程序转移到指定位置;条件不满足时,程序将顺序执行。条件转移指令有三种:累加器 A 判零转移指令、比较转移指令、减 1 非零转移指令。

1）累加器 A 判零转移指令

```
JZ   rel   ; 若(A)＝0,则 PC ← (PC)＋2＋rel
           ; 若(A)≠0,则 PC ← (PC)＋2
JNZ  rel   ; 若(A)≠0,则 PC ← (PC)＋2＋rel
           ; 若(A)＝0,则 PC ← (PC)＋2
```

这组指令的功能是对累加器 A 的内容为"0"和不为"0"进行检测并转移。当满足条件时,程序转向指定的目标地址;当不满足各自的条件时,程序继续顺序执行。指令执行时对标志位无影响。

例 3.29 编写程序将内部 RAM 以 30H 为起始地址的数据传送到 50H 为起始地址的内部 RAM 区域,遇 0 终止。

解 程序如下:

```
                  MOV R0 ，＃30H
                  MOV R1 ，＃50H
LOOP：            MOV A ，@R0
                  JZ  LOOP1
                  MOV  @R1 ，A
                  INC  R0
                  INC  R1
                  SJMP  LOOP
LOOP1：           SJMP $
```

2) 比较转移指令

比较转移指令共有 4 条,它们的功能是把两个操作数作比较,若两者不相等则转移,否则顺序执行。

```
        CJNE A ，＃data ，rel        ;(A) ≠ data 则转移
        CJNE A ，direct ，rel        ;(A) ≠ (direct) 则转移
        CJNE Rn ，＃data ，rel        ;(Rn) ≠ data 则转移
        CJNE @Ri ，＃data ，rel        ;((Ri)) ≠ data 则转移
```

比较转移指令是三字节指令,也是单片机指令系统中仅有的 4 条 3 个操作数的指令。4 条指令都执行以下操作:

(1) 若目的操作数＝源操作数,则 CY＝0,PC←(PC)＋3,程序顺序执行。

(2) 若目的操作数＞源操作数,则 CY＝0,PC←(PC)＋3＋rel,程序转移。

(3) 若目的操作数＜源操作数,则 CY＝1,PC←(PC)＋3＋rel,程序转移。

MCS-51 单片机中没有专门的数值比较指令,两个数值的比较可利用这 4 条指令来实现,可通过编程在程序转移的基础上进行。即

(1) 若程序顺序执行,则目的操作数＝源操作数。

(2) 若程序转移且 CY＝0,则目的操作数＞源操作数。

(3) 若程序转移且 CY＝1,则目的操作数＜源操作数。

使用 CJNE 指令也可实现例 3.29 的功能,程序如下:

```
                  MOV R0 ，＃30H
                  MOV R1 ，＃50H
LOOP：            MOV A ，@R0
                  CJNE A ，＃00H ，LOOP1
                  SJMP $
LOOP1：           MOV @R1 ，A
                  INC R0
                  INC R1
                  SJMP LOOP
```

3) 减 1 非零转移指令

```
    DJNZ Rn ，rel        ; Rn ← (Rn) － 1
```

$$; 若(Rn) \neq 0, 则 PC \leftarrow (PC) + 2 + rel$$
$$; 若(Rn) = 0, 则 PC \leftarrow (PC) + 2$$

DJNZ direct , rel ; direct ← (direct) − 1

$$; 若(direct) \neq 0, 则 PC \leftarrow (PC) + 3 + rel$$
$$; 若(direct) = 0, 则 PC \leftarrow (PC) + 3$$

这是一组把减 1 与条件转移两种功能结合在一起的指令。指令每执行一次,便将目的操作数的内容减 1,若减 1 后操作数的内容不为 0,则转移到目标地址;若为 0,则程序顺序执行。

使用 DJNZ 指令也可实现例 3.29 的功能,程序如下:

```
            MOV R0 , #30H
            MOV R1 , #50H
            MOV R7 , #32
LOOP:       MOV A , @R0
            JZ LOOP1
            MOV @R1 , A
            INC R0
            INC R1
            DJNZ R7 , LOOP
LOOP1:      SJMP $
```

3. 子程序调用及返回指令

为了使程序的结构清楚,并减小重复指令所占的内存空间,在汇编语言程序中可以使用子程序,故需要有子程序调用和返回指令。

调用指令在主程序中使用,子程序执行完毕后要返回调用指令的下一条指令去继续执行主程序。因此,子程序调用指令必须完成以下两个功能:①将断点地址压入堆栈保护,断点地址是子程序调用指令的下一条指令的地址;②将所调用子程序的入口地址送到程序计数器 PC,以便子程序调用。

(1) 长调用指令。

$$LCALL \ addr16 \quad ; PC \leftarrow (PC) + 3$$
$$; SP \leftarrow (SP) + 1, (SP) \leftarrow (PC)_{7 \sim 0}$$
$$; SP \leftarrow (SP) + 1, (SP) \leftarrow (PC)_{15 \sim 8}$$
$$; PC \leftarrow addr16$$

长调用指令是三字节指令,调用地址在指令中直接给出,子程序的入口地址是 16 位,调用范围是 64KB。

例 3.30 已知(SP)=60H,执行指令:

```
0100H  START:  LCALL    MIR
                  ⋮
1000H  MIR:           …
```

运算结果:(SP)=62H;(61H)=03H;(62H)=01H;(PC)=1000H。

(2) 绝对调用指令。

$$
\begin{aligned}
&\text{ACALL addr11}\quad ; PC \leftarrow (PC)+2\\
&\qquad\qquad\qquad\ ; SP \leftarrow (SP)+1,(SP) \leftarrow (PC)_{7\sim0}\\
&\qquad\qquad\qquad\ ; SP \leftarrow (SP)+1,(SP) \leftarrow (PC)_{15\sim8}\\
&\qquad\qquad\qquad\ ; PC_{10\sim0} \leftarrow addr11
\end{aligned}
$$

绝对调用指令是双字节指令,其机器码如下:

$$A_{10}\ A_9\ A_8\ 1\ \ 0\ 0\ 0\ 1$$

$$A_7\ A_6\ A_5\ A_4\ \ A_3\ A_2\ A_1\ A_0$$

调用地址的低 11 位在指令中给出,调用范围为 2KB。

例 3.31　程序中有绝对调用指令:

$$1000H\quad ACALL\quad 485H$$

解　addr11 的高三位 $A_{10}A_9A_8-100$,因此指令的机器代码第一字节为 10010001B,第二字节为 10000101B。PC 加 2 后为(PC)=1002H,即 0001000000000010B。

指令提供的 11 位地址是 10010000101B,替换 PC 的低 11 位后,形成的目的地址为:0001010010000101B(1485H)。即被调用子程序的入口地址为 1485H,或者说主程序到 1485H 处调用子程序。

(3) 子程序返回指令。

子程序返回指令执行子程序返回功能,通常放在子程序的最后一条指令。执行该指令就是从堆栈中自动取出断点地址送给程序计数器 PC,使程序在主程序断点处继续向下执行。

$$
\begin{aligned}
&RET\quad ; PC_{15\sim8} \leftarrow ((SP)),SP \leftarrow (SP)-1\\
&\qquad\quad\ ; PC_{7\sim0} \leftarrow ((SP)),SP \leftarrow (SP)-1
\end{aligned}
$$

例 3.32　已知(SP)=62H,(62H)=07H,(61H)=30H,执行指令:

$$RET$$

解　指令执行后,(SP)=60H,(PC)=0730H,CPU 返回到 0730H 执行程序。

(4) 中断返回指令。

中断返回指令与 RET 类似,用于实现中断程序的返回,通常放在中断程序的最后一条指令。

$$
\begin{aligned}
&RETI\quad ; PC_{15\sim8} \leftarrow ((SP)),SP \leftarrow (SP)-1\\
&\qquad\quad\ \ ; PC_{7\sim0} \leftarrow ((SP)),SP \leftarrow (SP)-1
\end{aligned}
$$

只是 RETI 在执行后,在返回之前将先清除中断响应时被置位的优先级状态、开放较低级中断和恢复中断逻辑等功能。

例 3.33　从片外数据存储器 1000H 单元开始有 10 个 0~9 的数,请求出相应数的平方,并存入片内 RAM 50H 开始的存储单元,试编程实现。

解　主程序编程:

```
MAIN:MOV DPTR , #1000H
     MOV R0 , #50H
```

```
            MOV R7 , #10              ；循环 10 次
    LOOP：MOVX A , @DPTR
            ACALL QPF                 ；调用求平方的子程序
            MOV @R0 , A
            INC R0
            INC DPTR
            DJNZ R7 , LOOP
            SJMP $
```

子程序编程：

```
    QPF： MOV B , A
          MUL AB
          RET
```

4. 空操作指令

$$NOP \quad ; PC \leftarrow (PC) + 1$$

空操作指令也算是一条控制指令，即控制 CPU 不作任何操作，只消耗一个机器周期的时间。空操作指令是单字节指令，因此执行后 PC 内容加 1，时间延续一个机器周期。NOP 指令常用于较短时间的等待或延迟。

3.3.5 位操作类指令

前面介绍的指令的操作数均是字节，位操作类指令的操作数是字节中的某个位。这些位只能取 0 或 1，也称为布尔变量或开关变量，因此位操作指令也称为布尔变量操作指令，共有 17 条指令。

允许进行位操作的位空间是：内部 RAM 位寻址区(20H～2FH)的 128 位和 SFR 中可以位操作的 11 个特殊功能寄存器中的 83 位。其中累加器 A 中的进位标志 CY 也称为位累加器，在指令中写成 C。

1. 位传送指令

位传送指令用于实现可寻址位与位累加器 CY 之间的相互传送，共有 2 条指令：

$$MOV C , bit \quad ; CY \leftarrow (bit)$$
$$MOV bit , C \quad ; bit \leftarrow (CY)$$

任意两个可寻址位的传送，必须借助于 CY 实现，因没有相应的指令无法直接传送。

例 3.34 例如将 30H 位的内容传送到 40H 位，试编程。

解

```
    MOV  10H , C   ；暂存 CY 内容
    MOV   C , 30H  ；30H 位送 CY
    MOV  40H , C   ；CY 送 40H
    MOV   C , 10H  ；恢复 CY 内容
```

2. 位置位与清零指令

位置位与清零指令对 CY 及可寻址位进行置位或复位操作,共有 4 条指令:

$$
\begin{array}{lll}
\text{SETB} & \text{C} & ; CY \leftarrow 1 \\
\text{SETB} & \text{bit} & ; bit \leftarrow 1 \\
\text{CLR} & \text{C} & ; CY \leftarrow 0 \\
\text{CLR} & \text{bit} & ; bit \leftarrow 0
\end{array}
$$

3. 位运算指令

位运算都是逻辑运算,有与、或、非三种,共 6 条指令:

$$
\begin{array}{lll}
\text{ANL} & \text{C , bit} & ; CY \leftarrow (CY) \wedge (bit) \\
\text{ANL} & \text{C , /bit} & ; CY \leftarrow (CY) \wedge (\overline{bit}) \\
\text{ORL} & \text{C , bit} & ; CY \leftarrow (CY) \vee (bit) \\
\text{ORL} & \text{C , /bit} & ; CY \leftarrow (CY) \vee (\overline{bit}) \\
\text{CPL} & \text{C} & ; CY \leftarrow (\overline{CY}) \\
\text{CPL} & \text{bit} & ; bit \leftarrow (\overline{bit})
\end{array}
$$

与字节逻辑运算指令相比,位运算指令只有位与、位或指令,没有位异或指令。

例 3.35　设 D、E、F 代表位地址,试编程将位 D、E 的内容相异或,并把结果送到 F 中。

解　位 D、E、F 的关系为 $F = D \oplus E = D\overline{E} + \overline{D}E$,编制程序如下:

$$
\begin{array}{lll}
\text{MOV} & \text{C , D} & \\
\text{ANL} & \text{C , /E} & ; CY \leftarrow D\overline{E} \\
\text{MOV} & \text{F , C} & \\
\text{MOV} & \text{C , /D} & \\
\text{ANL} & \text{C , E} & ; CY \leftarrow \overline{D}E \\
\text{ORL} & \text{C , F} & ; D\overline{E} + \overline{D}E \\
\text{MOV} & \text{F , C} & ; 异或结果送 F 位
\end{array}
$$

此外,通过位逻辑运算还可以对各种组合逻辑电路进行模拟,即用软件方法来获得组合电路的逻辑功能。

4. 位控制转移指令

位控制转移指令是以位的状态作为实现程序转移的判断条件,分为以 C 为条件的位转移指令和以位地址内容为条件的位转移指令,共 5 条。

(1) 以 C 为条件的位转移指令。

$$
\begin{array}{ll}
\text{JC rel} & ; 若 (CY) = 1, 则 PC \leftarrow (PC) + 2 + rel \\
& ; 若 (CY) = 0, 则 PC \leftarrow (PC) + 2 \\
\text{JNC rel} & ; 若 (CY) = 0, 则 PC \leftarrow (PC) + 2 + rel \\
& ; 若 (CY) = 1, 则 PC \leftarrow (PC) + 2
\end{array}
$$

这是 2 条双字节指令,当条件满足时,程序转移;否则程序顺序执行。

（2）以位地址内容为条件的转移指令。

$$\text{JB bit , rel} \qquad ;若(\text{bit})=1,则 PC \leftarrow (PC)+3+\text{rel}$$
$$;若(\text{bit})=0,则 PC \leftarrow (PC)+3$$
$$\text{JNB bit , rel} \qquad ;若(\text{bit})=0,则 PC \leftarrow (PC)+3+\text{rel}$$
$$;若(\text{bit})=1,则 PC \leftarrow (PC)+3$$
$$\text{JBC bit , rel} \qquad ;若(\text{bit})=1,则 PC \leftarrow (PC)+3+\text{rel},\text{bit} \leftarrow 0$$
$$;若(\text{bit})=0,则 PC \leftarrow (PC)+3$$

这是 3 条三字节指令,当条件满足时,程序转移;否则程序顺序执行。JB 指令和 JBC 指令功能类似,不同的是,若满足条件,JB 指令实现转移,而 JBC 指令在转移时还将位地址的内容清零。

习　题

（1）简述 MCS-51 单片机的指令格式及每部分的作用。

（2）MCS-51 单片机有哪几种寻址方式？各有什么特点？每种寻址方式的寻址范围是什么？

（3）对片内 RAM 可以用哪几种寻址方式？对片外 RAM 可以用哪几种寻址方式？

（4）在对片外 RAM 单元的寻址中,用 Ri 间接寻址与用 DPTR 间接寻址有什么区别？

（5）指出下列指令源操作数的寻址方式：

① MOV A , #00H

② MOV A , 50H

③ MOV A , @R0

④ MOV A , R5

⑤ MOV A , @A+DPTR

⑥ SJMP 70H

⑦ CLR A

（6）已知片内 RAM 中,(30H)=38H,(38H)=40H,(40H)=48H,(48H)=90H。请分析下面指令,说明源操作数的寻址方式以及按顺序执行每条指令的结果。

```
MOV A , 40H
MOV R0 , A
MOV P1 , #F0H
MOV @R0 , 30H
MOV DPTR , #3848H
MOV 40H , 38H
MOV R0 , 30H
MOV P0 , R0
```

$$MOV\ 18H\ ,\ \#30H$$

$$MOV\ A\ ,\ @R0$$

$$MOV\ P2\ ,\ P1$$

(7) 区分下列指令有什么不同?

① MOV A , 00H 和 MOV A , #00H

② MOV A , @R0 和 MOVX A , @R0

③ MOV A , R1 和 MOV A , @R1

④ MOVX A , @R0 和 MOVX A , @DPTR

⑤ MOVX A , @DPTR 和 MOVC A , @A+DPTR

(8) 如果 PSW 的 RS1、RS0 为 0 和 1,那么指令"MOV A, R0"与指令"MOV A, 08H"有何不同?

(9) 已知(A)=7AH,(R0)=30H,(30H)=A5H,(PSW)=80H,(SP)=65H,试分析下面每条指令的执行结果及对标志位的影响。

① ADD A , @R0

② ADD A , #30H

③ ADD A , 30H

④ ADDC A , 30H

⑤ SUBB A , @R0

⑥ DA A

⑦ RLC A

⑧ RR A

⑨ PUSH 30H

⑩ XCH A , 30H

⑪ ANL A , R0

(10) 写出完成如下要求的指令,但是不得改变未涉及位的内容。

① 使 ACC.2、ACC.3 置 1;

② 使累加器高 4 位清 0;

③ 使 ACC.3、ACC.4、ACC.5、ACC.6 清 0。

(11) 写出完成下列要求的指令。

① 累加器 A 的低 2 位清 0,其余位不变;

② 累加器 A 的高 2 位置 1,其余位不变;

③ 累加器 A 的高 4 位取反,其余位不变;

④ 累加器 A 的第 0、2、4、6 位取反,其余位不变。

(12) 已知(A)=78H,(R1)=78H,(B)=04H,CY=1,片内 RAM (78H)=0DDH,(80H)=6CH,试分别写出下列指令执行后目标单元的结果和相应标志位的值。

① ADD　A , @R1

② SUBB　A , #77H

③ MUL　AB

④ DIV　　AB

⑤ ANL　　78H，♯78H

⑥ ORL　　A，♯0FH

⑦ XRL　　80H，A

（13）写出下列指令执行的结果：

$$
\begin{aligned}
&\text{MOV}\quad\text{A，}\sharp\text{7FH}\\
&\text{CPL}\quad\text{A}\\
&\text{RR}\quad\text{A}\\
&\text{SWAP}\quad\text{A}
\end{aligned}
$$

执行结果：(A)=(　　　)

（14）说明 LJMP 指令与 AJMP 指令的区别？

（15）设当前指令"CJNE A，♯10H，20H"的地址是 0FFEH，若累加器 A 的值为 12H，则该指令执行后的 PC 值为多少？若累加器 A 的值为 10H 呢？

（16）用位处理指令实现 P1.4＝P1.0∧(P1.1∨P1.2)∨/P1.3 的逻辑功能。

（17）试编写程序将片内 RAM 从 INBUF 开始存放的 10 个数据传送到片外 RAM 以 OUTBUF 开始的区域。

（18）在外部数据存储器首地址为 TABLE 的数据表中存有 10B 的数据，编程将每个字节的最高位置 1，并送回原来的单元。

第4章 MCS-51单片机汇编语言程序设计

用于程序设计的语言大体上可分为三种:机器语言、汇编语言和高级语言。

(1)机器语言:采用二进制代码表示指令、数字和符号,是计算机唯一能够识别并执行的最原始的程序设计语言。

(2)汇编语言:采用指令助记符进行描述的程序设计语言。

(3)高级语言:采用面向过程且接近于人的自然语言,而独立于机器的通用语言。

高级语言最大的特点是不受具体机器的限制,可以使用许多数学公式和数学计算上的习惯用语,便于科学计算。常用的有 BASIC、FORTRAN 和 C 语言等。高级语言优点:通用性强,直观、易懂、易学,可读性好。在 MCS-51 单片机的应用程序设计中,可以使用 C 语言(C51)、PL/M 语言来进行设计,但对于程序空间和时间要求很高的场合,汇编语言仍是必不可缺的。

支持写入单片机或仿真调试的目标程序有两种文件格式:BIN 文件和 HEX 文件。BIN 文件是由编译器生成的二进制文件,是程序的机器码;HEX 文件是由 Intel 公司定义的一种格式,这种格式包括地址、数据和校验码,并用 ASCII 码来存储,可供显示和打印。HEX 文件需通过符号转换程序 OHS51 进行转换,两种语言的操作过程见图 4.1。现在通常采用 μVision2 集成开发环境可将 A51 汇编、C51 编译、L51 连接、OHS51 转换一次完成。

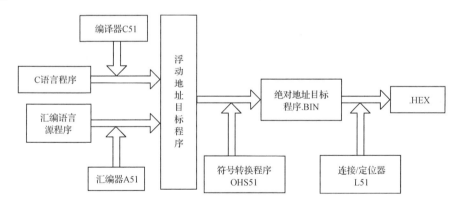

图 4.1　两种语言源程序转换成目标程序

4.1　汇编语言的概述

计算机的汇编语言指令以助记符表示,每一条指令就是汇编语言的一条语句。一方面,汇编语言指令是用一些具有相应含义比较直观的助忆符来表达的,它要比机器语言容易掌握和运用;另一方面,它要直接使用 CPU 的资源,相对于高级程序设计语言来说,它又显得难以掌握。

4.1.1　汇编语言的特点

归纳起来汇编语言程序大概有以下几个主要特性：

（1）汇编语言是面向机器的语言，程序设计人员须对 MCS-51 单片机的硬件有相当深入的了解。

（2）助记符指令和机器指令一一对应，用汇编语言编写的程序效率高，占用存储空间小，运行速度快，用汇编语言能编写出最优化的程序。

（3）汇编语言能直接管理和控制硬件设备（功能部件），它能处理中断，也能直接访问存储器及 I/O 接口电路。

汇编语言和机器语言都离不开具体机器硬件，都是面向"机器"的语言，因此缺乏通用性。第 3 章已经给出了汇编语言的语句格式。

4.1.2　汇编语言的伪指令

各种汇编程序都提供了一些特殊的指令供编程时使用，方便编程和对汇编语言程序进行汇编。这些指令通常称为伪指令，由伪指令确定的操作称为伪操作。伪指令又称汇编程序控制译码指令。"伪"体现在汇编时不产生任何机器指令代码，也不影响程序的执行，仅仅指出在汇编时执行一些特殊的操作。例如，为程序指定一个存储区，将一些数据、表格常数存放在指定的存储单元，说明源程序结束等。不同的单片机开发装置所定义的伪指令不全相同，下面简单介绍 MSC-51 单片机汇编程序中常用的几类伪指令语句。

1. ORG——指示程序起始地址的伪指令

格式：ORG［绝对地址或标号］。

作用：在汇编时由绝对地址或标号确定此语句后面第一条指令（或第一个数据）的地址。

注意：常用于标注程序或数据块的起始地址。

例 4.1

```
ORG 1000H
MOV R0,#50H    ；将这条指令存放在地址 1000H 开始的单元中。
MOV A, R4
ADD A,@R0
```

2. DB——字节定义伪指令

格式：［标号：］DB 字节常数或字符或表达式。

作用：把字节常数或字节串存入程序存储连续的单元中。

注意：①标号区段可选；②字节常数或字符是指一个字节数据，或用逗号分开的字节串，或用引号括起来的 ASCII 码字符串（一个 ASCII 字符对应一个字节）；③常用于定义一个数据块（区）。

例 4.2

$$ORG\ 1600H$$

DATA1:	DB 73H,01H,90H
DATA2:	DB 02H

运行结果：

存储器地址	内容
1600H	73H
1601H	01H
1602H	90H
1603H	02H

DATA1 的地址为 1600H；DATA2 的地址为 1603H。

例 4.3

$$ORG\ 1200H$$

ADDR1：DB "Hellow！"

运行结果：

存储器地址	内容	ASCII
1200H	53H	H
1201H	65H	e
1202H	6CH	l
1203H	6CH	l
1204H	6FH	o
1205H	76H	w
1206H	21H	！

ADDR1 的地址为 1200H。

3. DW——字定义伪指令

格式：[标号：]DW 字或字串。

作用：用于定义字数据，与 DB 相似，区别仅在于从指定地址开始存放的是指令中的 16 位数据。

注意：①DW 主要用来定义地址；②存放时一个字需两个单元；③高 8 位先存，低 8 位后存。

例 4.4

$$ORG\ 1000H$$
$$DW\ 1234H,90H$$

运行结果：

存储器地址	内容
1000H	12H
1001H	34H
1002H	00H
1003H	90H

4. EQU——等值伪指令

格式：标号 EQU 操作数。

作用：将操作数赋值于标号,使两边的两个量等值。

注意：①标号不可省略;②该标号只能被赋值一次,即不可重复赋值;③标号可作数值使用,也可作数据地址、位地址使用;④先定义后使用,放在程序开头。

例如：

    AREA EQU 1000H ;给标号 AREA 赋值为 1000H

    STK EQU AREA   ;相当于 STK ＝ AREA

5. END——结束汇编伪指令

格式：[标号:] END [地址或标号]。

作用：用来指示汇编程序,源程序段在此结束。

注意：在源程序中只允许出现一个 END 语句,且必须放在整个程序(包括伪指令)的最后面。

6. DATA——数据地址赋值伪指令

格式：字符名称 DATA 表达式。

作用：表达式指定的数据地址赋予规定的字符名称。

注意：该指令与 EQU 指令相似,不同的是 DATA 可先使用后定义,可放于程序开头或结尾。

7. DS——定义空间伪指令

格式：[标号:] DS 表达式。

作用：从指定地址(标号)开始,保留由表达式指定的若干字节空间作为备用空间。

注意：DB、DW、DS 只能用于程序存储器,而不能用于数据存储器。

例 4.5

    ORG 1000H

    DS 07H

    DB 20H,25H,33H,46H

运行结果：

存储器地址	内容
1007 H	20 H
1008 H	25 H
1009 H	33 H
100 A H	46 H

8. BIT——位地址赋值伪指令

格式：字符名 BIT 位地址。

作用：将位地址赋予字符名，经赋值后就可用指令中 BIT 左面的字符名来代替 BIT 右边所指出的位。

例如：

```
FLG    BIT    20 H    ;标志位 FLG 定义在位地址 20 H
AI     BIT    P1.0    ;把 P1.0 的位地址赋给位标志 AI
```

4.2　汇编语言源程序的编辑和汇编

汇编——将汇编语言源程序转换成机器语言目标程序的过程。

汇编程序——将汇编语言源程序转换成机器语言目标程序的系统软件。

4.2.1　手工编程和汇编

先用助记符指令写出程序，然后通过查指令编码表，逐个把助记符指令"翻译"成机器码，最后再把该机器码程序输入单片机进行调试和运行。通常把这种查表翻译指令的方法称为手工汇编。这种纯手工作业方式的编程对汇编后的目标程序，如需增加、删除或修改指令，就会引起其后各条指令地址的改变，转移指令的偏移量也要随之重新计算，不但麻烦而且容易出错。一般不使用，通常只有小程序或受条件限制时才可能使用。

4.2.2　机器编辑和交叉汇编

机器编辑是指借助于微型机或开发器进行单片机的程序设计。通常都是使用编辑软件进行源程序的编辑，编辑完成后，生成一个由汇编指令和伪指令组成的 ASCII 码文件，其扩展名为". ASM"，机器编辑可以大大减轻手工编辑的烦琐劳动。

交叉汇编是指使用一种计算机的汇编程序去汇编另一种计算机的源程序，具体说就是运行汇编程序进行汇编的是一种计算机，而通过汇编得到目标程序的则是另一种计算机。单片机的源程序产生后，通常由于其软硬件资源所限，无法直接进行机器汇编，为此只能在计算机上采用交叉汇编方法对源程序进行汇编。

交叉汇编后，再使用串行通信方法，把汇编得到的目标程序传送到单片机，进行程序调试和运行。

目前很多公司将编辑器、汇编器、编译器、连接/定位器、符号转换程序做成集成软件包,用户进入该集成环境,编辑好程序后,只需点击相应菜单就可以完成上述的各步,如Wave、Keil。其 Keil 集成软件的使用见第 10 章。

下面是一个小程序的汇编结果:

地址	机器码	标号	助记符指令
1000H	7820	SORT:	MOV R0,♯20H
1002H	7F07		MOV R7,♯07H
1004H	C28C		CLR TR0
1006H	E6	LOOP:	MOV A,@R0
1007H	F52B		MOV 2BH,A
1009H	08		INC R0
100AH	862A		MOV 2AH,@R0
100CH	C3		CLR C
100DH	96		SUBB A,@R0
100EH	4008		JC NEXT
1010H	A62B		MOV @R0,2BH
1012H	18		DEC R0
1013H	A62A		MOV @R0,2AH
1015H	08		INC R0
1016H	D28C		SETB TR0
1018H	DAEC	NEXT:	DJNZ R2,LOOP
101AH	208CE3		JB TR0,SORT
101DH	80FE	HERE:	SJMP $

4.3　汇编语言程序设计

汇编语言程序设计的步骤:

(1) 拟订设计任务书。

(2) 建立数学模型。

(3) 确定算法。

(4) 分配内存单元,编制程序流程图。

(5) 编制源程序进一步合理分配存储器单元和了解 I/O 接口地址;按功能设计程序,明确各程序之间的相互关系;用注释行说明程序,便于阅读和修改调试和修改。

(6) 上机调试。

(7) 程序优化。

编制程序流程图是指用各种图形、符号、指向线等来说明程序设计的过程。国际通用的图形和符号说明如下。

(1) 椭圆框:开始和结束框,在程序的开始和结束时使用。

(2) 矩形框:处理框,表示要进行的各种操作。

(3) 菱形框:判断框,表示条件判断,以决定程序的流向。

(4) 流向线:流程线,表示程序执行的流向。

(5) 圆圈:连接符,表示不同页之间的流程连接。

4.3.1　简单程序设计

简单程序也叫顺序结构程序,是最简单、最基本的程序。程序按编写的顺序依次往下执行每一条指令,直到最后一条。它能够解决某些实际问题,或成为复杂程序的子程序。

例 4.6　将片内 RAM 35H 单元中的两位压缩 BCD 码转换成二进制数送到片内 RAM 40H 单元中。

解　两位压缩 BCD 码转换成十进制数的算法为:
$(a_1 a_0)_{BCD} = 10 \times a_1 + a_0$。

程序流程图如图 4.2 所示。

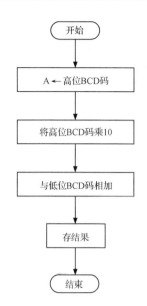

图 4.2　例 4.6 的程序流程图

程序如下:

```
        ORG   0800H
        BCD   EQU 35H     ;将35H单元定义为压缩BCD码地址
        BIN   EQU 40H     ;将40H单元定义为二进制数地址
START:  MOV   A, BCD      ;取两位BCD压缩码 a₁a₀ 送A
        ANL   A, #0F0H    ;取高4位BCD码 a₁
        SWAP  A           ;高4位与低4位换位
        MOV   B, #0AH     ;将十进制数10送入B
        MUL   AB          ;将10×a₁ 送入A中
        MOV   R0, A       ;结果送入R0中保存
        MOV   A, BCD      ;再取两位BCD压缩码 a₁a₀ 送A
        ANL   A, #0FH     ;取低4位BCD码 a₀
        ADD   A, R0       ;求和10×a₁ + a₀
        MOV   BIN, A      ;结果送入40H保存
        SJMP  $           ;程序执行完,"原地踏步"
        END
```

例 4.7　将内部 RAM 中 20H 单元的压缩 BCD 码拆开,转换成相应的 ASCII 码,存入 21H、22H 中,高位存在 22H。

解　BCD 码的 0~9 对应的 ASCII 码为 30H~39H,先将 BCD 码拆分,将拆分后的 BCD 码送入 A,再加上 30H 即得结果,然后存入 21H、22H 中。

程序如下:

```
        ORG   1000H
        BCD   EQU 20H     ;将20H单元定义为压缩BCD码地址
        ASC   EQU 21H     ;将21H定义为ASCII码低地址
START:  MOV   A, BCD      ;取压缩BCD码
        ANL   A, #0FH     ;取低位BCD码
        ADD   A, #30H     ;转换为低位ASCII码
```

```
        MOV     ASC,A        ; 保存低位 ASCII 码
        MOV     A,BCD        ; 重新取压缩 BCD 码
        ANL     A,#0F0H      ; 分离高位 BCD 码
        SWAP    A            ; 得到高位 BCD 码
        ADD     A,#30H       ; 转换为高位 ASCII 码
        MOV     ASC+1,A      ; 保存高位 ASCII 码
        SJMP    $
        END
```

4.3.2　分支程序设计

分支程序有三种基本形式：即单分支、双分支、多分支，流程图如图 4.3 所示。

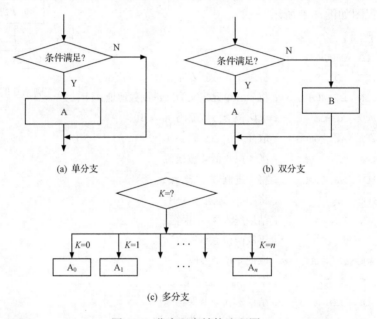

(a) 单分支　　　　　　　　　　　　　　(b) 双分支

(c) 多分支

图 4.3　分支程序结构流程图

分支程序设计的要点如下：

(1) 先建立可供条件转移指令测试的条件。

(2) 选用合适的条件转移指令。

(3) 在转移的目的地址处设定标号。

1. 单(双)分支程序

单(双)分支程序是根据已经执行的程序对标志位、ACC 或内部 RAM 某些位的影响结果决定程序的流向。

可以实现单(双)分支的单片机相关的指令有：JZ、JNZ、CJNE、DJNZ，还有位控制转移类指令：JC、JNC、JB、JNB、JBC 等。

注意，使用条件转移指令形成分支前，必须安排可供条件转移指令进行判别的条件，

并且正确选定转移目标地址。

　　例 4.8　求符号函数的值。已知片内 RAM 的 40H 单元内有一个自变量 X,编制程序按如下条件求函数 Y 的值,并将其存入片内 RAM 的 41H 单元中。

$$Y = \begin{cases} 1, & X > 0 \\ 0, & X = 0 \\ -1, & X < 0 \end{cases}$$

　　解　此题有三个条件,所以有三个分支程序。这是一个三分支归一的条件转移问题。X 是有符号数,判断符号位是 0 还是 1 可利用 JB 或 JNB 指令。判断 X 是否等于 0 则直接可以使用累加器 A 的判 0 指令。

　　程序流程图如图 4.4 所示。

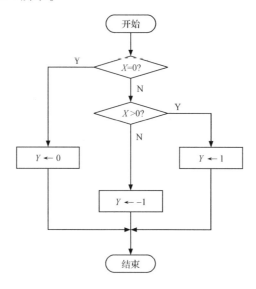

图 4.4　例 4.8 的程序流程图

　　程序如下:

```
        ORG  1000H
START:  MOV  A, 40H          ;将 X 送入 A 中
        JZ   DONE            ;若 A 为 0,转至 DONE 处
        JNB ACC.7, POST      ;若 A 第 7 位不为 1(X 为正数),则程序转到
                             ;POST 处,否则(X 为负数)程序往下执行
        MOV  A, #0FFH        ;将-1(补码)送入 A 中
        SJMP  DONE           ;程序转到 DONE 处
POST:   MOV  A, #01H         ;将+1 送入 A 中
DONE:   MOV  41H, A          ;结果存入 Y
        SJMP  $              ;程序执行完,"原地踏步"
        END
```

2. 多分支程序

　　多分支程序是一种并行分支程序,也叫散转程序,它是根据某种输入或运算结果,分别转向各个处理程序。在 MCS-51 单片机中用"JMP @A＋DPTR"指令来实现程序的散转,转移的地址最多为 256 个。散转程序的设计方法如下。

(1) 应用转移指令表实现的散转程序。

直接利用转移指令(AJMP 或 LJMP)将欲散转的程序组形成一个转移表,然后将标志单元内容读入累加器 A,转移表首址送入 DPTR 中,再利用散转指令"JMP @A＋DPTR"实现散转。

(2) 应用地址偏移量表实现的散转程序。

直接利用地址偏移量形成转移表,特点是程序简单、转移表短,转移表和处理程序可位于程序存储器的任何地方。

(3) 应用转向地址表的散转程序。

直接使用转向地址表。其表中各项即为各转向程序的入口。散转时,使用查表指令,按某单元的内容查找到对应的转向地址,将它装入 DPTR,然后清累加器 A,再用"JMP @A＋DPTR"指令直接转向各个分支程序。

(4) 应用 RET 指令实现散转程序。

用子程序返回指令 RET 实现散转。其方法是:在查找到转移地址后,不是将其装入 DPTR 中,而是将它压入堆栈中(先低位字节,后高位字节,即模仿调用指令)。然后通过执行 RET 指令,将堆栈中的地址弹回到 PC 中实现程序的转移。

例 4.9 编制程序用单片机实现四则运算。

解 在单片机的键盘上设置"＋、－、×、÷"四个运算按键。其键值存放在寄存器 R2 中,当(R2)＝00H 时做加法运算,当(R2)＝01H 时做减法运算,当(R2)＝02H 时做乘法运算,当(R2)＝03H 时做除法运算。

P1 口输入被加数、被减数、被乘数、被除数,输出商或运算结果的低 8 位;P3 口输入加数、减数、乘数、除数,输出余数或运算结果的高 8 位。程序简化流程图如图 4.5 所示。

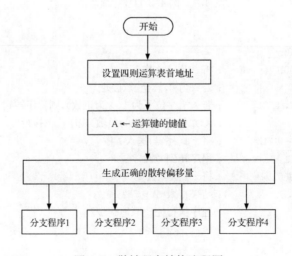

图 4.5　散转程序结构流程图

程序如下：

```
            ORG 1000H
START：     MOV P1，#DATA1        ；给 P1 口送入数据 DATA1，用于计算
            MOV P3，#DATA2        ；给 P3 口送入数据 DATA2，用于计算
            MOV DPTR，#TABLE      ；将基址 TABLE 送 DPTR
            CLR C                ；CY 清 0
            MOV A，R2             ；将运算键键值送 A
            SUBB A，#04H          ；将键值和 04H 相减，用于产生 CY 标志
            JNC ERROR            ；若输入按键不合理，程序转 ERROR 处
                                 ；否则，按键合理，程序继续执行
            ADD A，#04H           ；还原键值
            CLR C                ；CY 清 0
            RL  A                ；将 A 左移，即键值×2，形成正确的散转偏移量
            JMP @A+DPTR          ；程序跳到(A)+(DPTR)形成的新地址
TABLE：     AJMP PRG0            ；程序跳到 PRG0 处，将要做加法运算
            AJMP PRG1            ；程序跳到 PRG1 处，将要做减法运算
            AJMP PRG2            ；程序跳到 PRG2 处，将要做乘法运算
            AJMP PRG3            ；程序跳到 PRG3 处，将要做除法运算
ERROR：     (按键错误的处理程序)(略)
PRG0：      MOV A，P1             ；被加数送 A
            ADD A，P3             ；做加法运算，结果送入 A，并影响进位 CY
            MOV P1，A             ；和的低 8 位结果送 P1
            CLR A                ；A 清 0
            ADDC A，#00H          ；将进位 CY 送入 A，作为和的高 8 位
            MOV P3，A             ；和的高 8 位结果送 P3
            RET                  ；返回开始程序
PRG1：      MOV A，P1             ；被减数送 A
            CLR C                ；CY 清 0
            SUBB A，P3            ；做减法运算，结果送入 A，并影响借位 CY
            MOV P1，A             ；差的低 8 位结果送 P1
            CLR A                ；A 清 0
            RLC A                ；将借位 CY 左移进 A，作为差的高 8 位(负号)
            MOV P3，A             ；差的高 8 位(负号)结果送 P3
            RET                  ；返回开始程序
PRG2：      MOV A，P1             ；被乘数送 A
            MOV B，P3             ；乘数送 B
            MUL AB               ；做乘法运算，积的低 8 位送入 A，高 8 位送入 B
            MOV P1，A             ；积的低 8 位结果送 P1
            MOV P3，B             ；积的高 8 位结果送 P3
            RET                  ；返回开始程序
PRG3：      MOV A，P1             ；被除数送 A
            MOV B，P3             ；除数送 B
```

```
DIV AB              ;做除法运算,商送入 A,余数送入 B
MOV P1,A            ;商送入 P1
MOV P3,B            ;余数送入 P3
RET                 ;返回主程序
```

4.3.3　循环程序设计

顺序程序、分支程序的共同点是每条指令至多执行一次,而实际中有时要求某程序段多次重复执行,就需要采用循环程序结构。

循环程序一般由下面四部分组成。

(1) 循环初始化。位于循环程序开头,用于完成循环前的准备工作,如设置各工作单元的初始值及循环次数。

(2) 循环体。循环程序的主体,位于循环体内,是循环程序的工作程序,在执行中会被多次重复使用。要求编写得尽可能简练,以提高程序的执行速度。

(3) 循环控制。位于循环体内,一般由循环次数修改、循环修改和条件语句等组成,用于控制循环次数和修改每次循环时的参数。

(4) 循环结束。用于存放执行循环程序所得的结果,以及恢复各工作单元的初值。

循环程序的结构有两种:

(1) 先循环处理,后循环控制(即先处理后控制)。如图 4.6(a) 所示。

(2) 先循环控制,后循环处理(即先控制后处理)。如图 4.6(b) 所示。

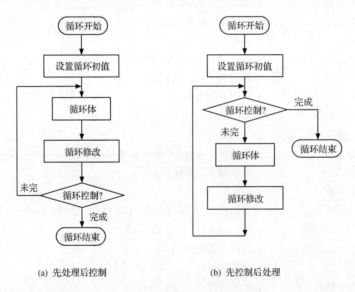

(a) 先处理后控制　　　　　　(b) 先控制后处理

图 4.6　循环程序结构形式

循环程序按结构形式,可以分为单重循环与多重循环。

1. 单重循环程序

循环体内部不包括其他循环的程序称为单重循环程序。

例 4.10　已知片内 RAM 38H～47H 单元中存放了 16 个二进制无符号数,编制程序求它们的累加和,并将其和数存放在 R4、R5 中。

解　每次求和的过程相同,可以用循环程序实现。16 个二进制无符号数求和,循环程序的循环次数应为 16 次(存放在 R2 中),它们的和放在 R4、R5 中(R4 存高 8 位,R5 存低 8 位)。程序流程图如图 4.7 所示。

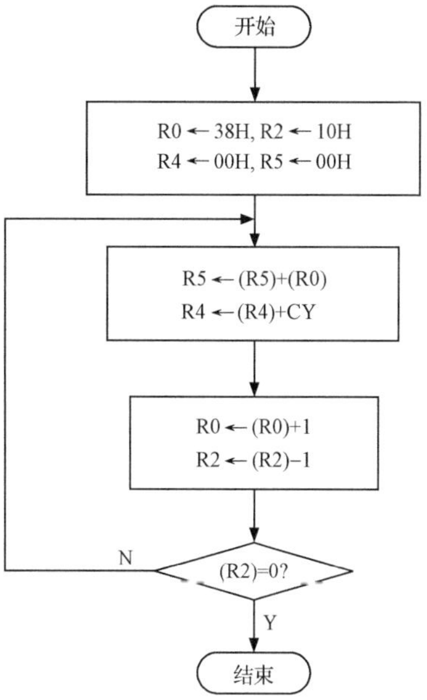

程序如下:

```
        ORG 0800H
START:  MOV R0, #38H        ;16 个无符号数的首地址
        MOV R2, #10H        ;设置循环次数(16)
        MOV R4, #00H        ;和高位单元 R4 清 0
        MOV R5, #00H        ;和低位单元 R5 清 0
LOOP:   MOV A, R5           ;和低 8 位的内容送 A
        ADD A, @R0          ;将 @R0 与 R5 的内容相加
                            ;并产生进位 CY
        MOV R5, A           ;低 8 位的结果送 R5
        CLR A               ;A 清 0
        ADDC A, R4          ;将 R4 的内容和 CY 相加
        MOV R4, A           ;高 8 位的结果送 R4
        INC R0              ;地址递增(加 1)
        DJNZ R2, LOOP       ;若循环次数减 1 不为 0,则转到 LOOP 处循环
                            ;否则,循环结束
        SJMP $
        END
```

图 4.7　例 4.10 单重循环程序框图

例 4.11　编制程序将片内 RAM 的 30H～4FH 单元中的内容传送至片外 RAM 的 1800H 开始的单元中。

解　每次传送数据的过程相同,可以用循环程序实现。30H～4FH 共 32 个单元,循环次数应为 32 次(保存在 R2 中),为了方便每次传送数据时地址的修改,片内 RAM 数据区首地址送 R0,片外 RAM 数据区首地址送 DPTR。程序流程图如图 4.8 所示。

程序如下:

```
        ORG 1000H
START:  MOV R0, #30H        ;数据源首地址
        MOV DPTR, #1800H    ;数据转移目标首地址
        MOV R2, #20H        ;设置循环次数
LOOP:   MOV A, @R0          ;将片内 RAM 数据区内容送 A
        MOVX @DPTR, A       ;将 A 的内容送片外 RAM 数据区
        INC R0              ;源地址递增
        INC DPTR            ;目的地址递增
```

```
        DJNZ R2, LOOP          ;若 R2 的内容不为 0,则转到 LOOP 处继续循环
                               ;否则循环结束
        SJMP $
        END
```

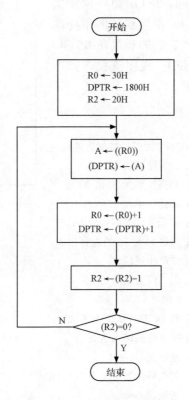

图 4.8　例 4.11 单重循环程序框图

2. 多重循环程序

对于一些复杂问题或者循环控制数超过 256,需采用多重循环的程序结构,即循环程序中包含循环程序或一个大循环中包含多个小循环程序,称多重循环程序结构,又称循环嵌套。循环的重数不限,但必须每个循环的层次分明,不能有相互交叉。图 4.9 给出了多重循环示意图。

例 4.12　编制程序设计 50ms 延时程序。

解　延时程序与 MCS-51 单片机指令执行时间(机器周期数)和晶振频率 f_{osc} 有直接的关系。当 $f_{osc}=12\text{MHz}$ 时,机器周期($1T$)为 $1\mu s$,执行一条 DJNZ 指令需要 2 个机器周期($2T$),即时间为 $2\mu s$。$50\text{ms}/2\mu s=25000>255$,因此单重循环程序无法实现,可采用双重循环的方法编写 50ms 延时程序。

程序如下:

```
        ORG 0800H
DELAY:  MOV R7, #200      ;设置外循环次数(1T)
```

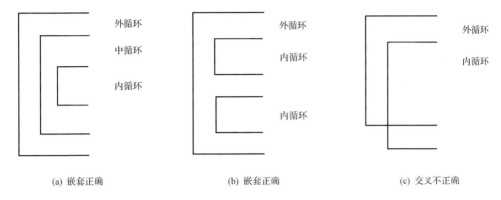

(a) 嵌套正确　　　　　　　　(b) 嵌套正确　　　　　　　(c) 交叉不正确

图 4.9　多重循环示意图

```
DLY1：   MOV R6，♯123    ；设置内循环次数（1 T）
DLY2：   DJNZ R6，DLY2    ；(R6)−1−0，则顺序执行，否则转回 DLY2 继续循环
                         ；(2 T)，内循环的延时时间为 2μs×123＝246μs
         NOP             ；延时时间为（1 T）
         DJNZ R7，DLY1    ；(R7)−1=0，则顺序执行，否则转回 DLY1 继续循环
                         ；(2 T)
         RET             ；子程序结束（2 T）
```

总延时时间为（246＋2＋1＋1）T×200＋2T＋1T＝50.003ms

3. 循环程序时应注意的问题

（1）循环程序是一个有始有终的整体，它的执行是有条件的，所以要避免从循环体外部直接转到循环体内部。

（2）多重循环程序是从外层向内层一层一层进入，循环结束时是由内层到外层一层一层退出的。在多重循环中，只允许外重循环嵌套内重循环。不允许循环相互交叉，也不允许从循环程序的外部跳入循环程序的内部。

（3）编写循环程序时，首先要确定程序结构，处理好逻辑关系。一般情况下，一个循环体的设计可以从第一次执行情况入手，先画出重复执行的程序框图，然后再加上循环控制和置循环初值部分，使其成为一个完整的循环程序。

（4）循环体是循环程序中重复执行的部分，应仔细推敲，合理安排，应从改进算法、选择合适的指令入手对其进行优化，以达到缩短程序执行时间的目的。

4. 循环程序设计举例

（1）多分支循环程序：可用于内部数据形式的变换，如取绝对值、变为显示码等。

例 4.13　有一数据块从片内 RAM 的 30H 单元开始存入，设数据块长度为 10 个单元。根据下式：

$$Y = \begin{cases} X+3, & X>0 \\ 100, & X=0 \\ |X|, & X<0 \end{cases}$$

求出 Y 值,并将 Y 值放回原处。

解　程序流程图如图 4.10 所示。

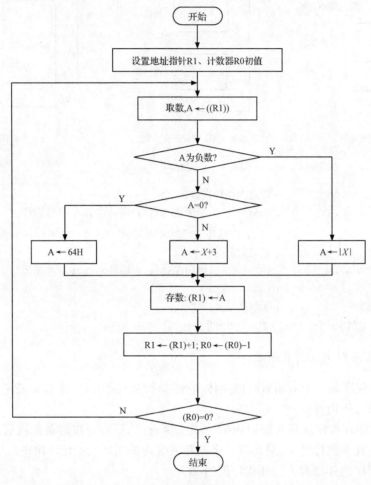

图 4.10　例 4.13 的程序流程图

程序如下:

```
        ORG   2000H
        MOV   R0,#10
        MOV   R1,#30H
START:  MOV   A,@R1          ;取数
        JB    ACC.7,NEG      ;负数转 NEG
        JZ    ZERO           ;为零转 ZERO
        ADD   A,#03H         ;正数求 X+3
        AJMP  SAVE           ;转到 SAVE
ZERO:   MOV   A,#64H         ;为零 Y=100
        AJMP  SAVE           ;转到 SAVE
NEG:    DEC   A
```

```
        CPL   A                ;求 | X |
SAVE:   MOV   @R1,A            ;保存数据
        INC   R1               ;地址指针指向下一个地址
        DJNZ  R0,START         ;数据未处理完,继续处理
        SJMP  $                ;暂停
```

（2）长数运算循环程序：可用于两个多字节数的加减运算。

例 4.14　两个三字节无符号数,数据存于内部 RAM 中,起始地址为 50H;将两数相加,并将结果存于 50H 起始的单元中(数据均低位在前)。

解　程序流程图如图 4.11 所示。

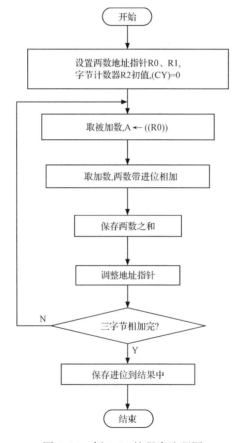

图 4.11　例 4.14 的程序流程图

程序如下：

```
Data1     EQU    50H
Data2     EQU    53H
Bnum      EQU    03H
          ORG    0100H
          MOV    R0, ♯Data1
          MOV    R1, ♯Data2
          MOV    R2, ♯Bnum
```

```
              CLR     C
     LOOP:    MOV     A, @R0
              ADDC    A, @R1
              MOV     @R0, A
              INC     R0
              INC     R1
              DJNZ    R2, LOOP
              JNC     END0
              MOV     @R0, #01H
     END0:    LJMP    $
```

（3）数组运算循环程序：可用于一维数组的相关运算，包括累加、倍数、偏移等。

例 4.15　10 个三字节无符号数，数据存于内部 RAM 中，起始地址为 30H；将两数相加，并将结果存于 30H 起始的单元中（数据均低位在前）。

解　程序流程图如图 4.12 所示。

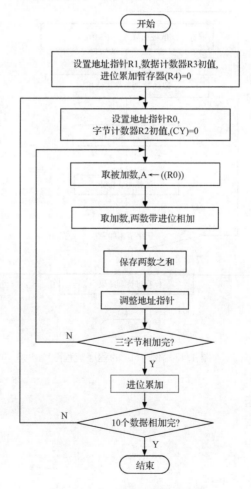

图 4.12　例 4.15 的程序流程图

程序如下：

```
Data1      EQU       30H
Data2      EQU       33H
Bnum       EQU       03H
num        EQU       0AH—01H
           ORG       0100H
           MOV       R1，#Data2
           MOV       R3，#num
           MOV       R4，#00H
NEXT:      MOV       R0，#Data1
           MOV       R2，#Bnum
           CLR       C
LOOP:      MOV       A，@R0
           ADDC      A，@R1
           MOV       @R0，A
           INC       R0
           INC       R1
           DJNZ      R2，LOOP
           JNC       NEXT0
           INC       R4
NEXT0：     DJNZ      R3，NEXT
           MOV       @R0，R4
           LJMP      $
```

（4）数据检索循环程序：可用于数组内的数据检索、分类等。

例 4.16　200 名学生参加考试，成绩放在 8031 外部 RAM 的一个连续存储单元中，95～100 分颁发 A 级证书，90～94 分颁发 B 级证书，编一程序，统计获 A、B 级证书的人数，并将结果存入内部 RAM 的两个单元。

解　本例的程序流程图如图 4.13 所示。

程序如下：

```
           ScoreTab   EQU 1000H
           GradeA     EQU 20H
           GradeB     EQU 21H
           Num        EQU 200
           ORG        0060H
START：     MOV        GradeA，#00H
           MOV        GradeB，#00H
           MOV        DPTR，#ScoreTab
           MOV        R2，#Num
LOOP：      MOVX       A，@DPTR
           CJNE       A，#95，LOOP1
LOOP1：     JNC        NEXT1
```

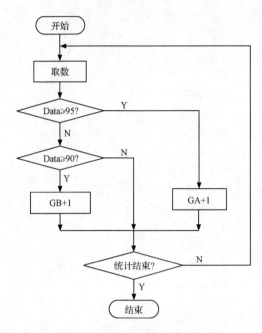

图 4.13　例 4.16 的程序流程图

```
         CJNE    A, ♯90, LOOP2
LOOP2：  JC      NEXT
         INC     GradeB
         SJMP    NEXT
NEXT1：  INC     GradeA
NEXT：   INC     DPTR
         DJNZ    R2, LOOP
         SJMP    $
```

（5）数据排序循环程序：可用于数组内数据的排序、统计等。

常用冒泡法对数据进行排序，其特点是两两比较。如有 n 个数先将 D_n 和 D_{n-1} 进行比较，若 $D_n > D_{n-1}$，则两数交换，然后 D_{n-1} 和 D_{n-2} 进行比较，按同样的原则，决定是否交换，一直比较下去，最后完成 D_2 和 D_1 的比较及交换。经过 $n-1$ 次比较后，D_1 位置必然得到数组中的最大值。最多经过 $n-1$ 次这样的比较过程，便完成 n 个数据的排序。

例如，将下列 $n=8$ 个数据 47,38,5,13,62,44,78,22 排序，如下所示：

数据排序情况	冒泡次数	比较次数
38,5,13,47,44,62,22,78	1	$8-1=7$
5,13,38,44,47,22,62	2	6
5,13,38,44,22,47	3	5
5,13,38,22,44	4	4
5,13,22,38	5	3
5,13,22	6	2

例 4.17 将起始地址为 20H 的 100 个数据,从小到大进行排序。

解 程序流程图如图 4.14 所示。

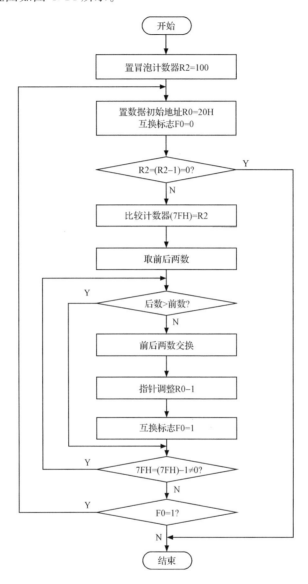

图 4.14 例 4.17 的程序流程图

程序如下:

```
SORT:   MOV R2,#100        ;共 100 个数据
CHANG:  MOV R0,#20H        ;数据起始地址
        CLR F0             ;互换标志清 0
        DEC R2             ;R2 冒泡计数器
        CJNE R2,#0,GO
        LJMP BACK
```

```
GO:       MOV 7FH,R2        ;比较计数器
CONT:     MOV A,@R0         ;取前数
          INC R0
          MOV B,@R0         ;取后数
          CJNE A,B,LOOP
LOOP:     JC NEXT           ;后数>前数,CY=1
          MOV @R0,A
          DEC R0
          MOV @R0,B
          INC R0            ;指针+1
          SETB F0           ;互换标志置1
NEXT:     DJNZ 7FH,CONT
          JB F0,CHANG
BACK:     SJMP $
```

4.3.4　数制转换程序

在单片机应用程序中,存在各种形式的数据,数制的变换是十分普遍的,下面列举一些数制转换程序。

1. 二进制数码转换成 BCD 码

例 4.18　将双字节二进制数转换成 BCD 码(十进制数)。

解　将二进制数转换成 BCD 码的数学模型为

$$(a_{15}a_{14}\cdots a_1 a_0)_2 = (a_{15}\times 2^{15} + a_{14}\times 2^{14} + \cdots + a_1\times 2^1 + a_0\times 2^0)_{10}$$

式中右侧即为欲求的 BCD 码。它可作如下变换:

$$(a_{15}\times 2^{14} + a_{14}\times 2^{13} + \cdots + a_1)\times 2 + a_0$$

上式括号里的内容可以变为

$$(a_{15}\times 2^{13} + a_{14}\times 2^{12} + a_{13}\times 2^{11} + \cdots + a_2)\times 2 + a_1$$

同样,上式括号里的内容可以变为

$$(a_{15}\times 2^{12} + a_{14}\times 2^{11} + a_{13}\times 2^{10} + \cdots + a_3)\times 2 + a_2$$

经过 16 次的变换后,括号里的内容可变为

$$(0\times 2 + a_{15})\times 2 + a_{14}$$

所以括号里内容的通式为 $a_{i+1}\times 2 + a_i$,即为二进制数转换成 BCD 码的公因式。

在程序设计中,可利用左移指令(乘以 2)实现 $a_{i+1}\times 2$,采用循环计算 16 次公因式的方法来完成二进制数转换成 BCD 码。

入口参数:16 位无符号数送 R3、R2。

出口参数:共有 5 位 BCD 数,万位→R6;千、百位→R5;十、个位→R4 位。

程序流程图如图 4.15 所示。

程序如下：

```
BINBCD:   CLR A           ；A 清 0
          MOV R4，A        ；清 0 出口参数寄存器
          MOV R5，A
          MOV R6，A
          MOV R7，#10H     ；设置循环次数 16
LOOP:     CLR C           ；标志位 CY 清 0,为二进制数
                          ；乘 2 做准备
          MOV A，R2        ；a(i+1)×2
          RLC A
          MOV R2，A
          MOV A，R3
          RLC A
          MOV R3，A
          MOV A，R4
          ADDC A，R4       ；带进位自身相加,相当于乘 2
          DA A            ；十进制调整
          MOV R4，A
          MOV A，R5
          ADDC A，R5
          DA A
          MOV R5，A
          MOV A，R6
          ADDC A，R6
          MOV R6，A        ；双字节十六进制数的万位数不超过 6,不用调整
          DJNZ R7，LOOP    ；若 16 位未循环完,转向 LOOP 继续循环,
                          ；否则继续执行
          RET
```

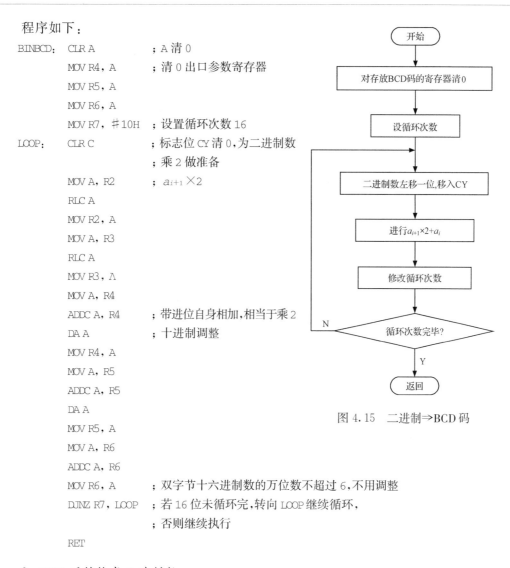

图 4.15　二进制⇒BCD 码

2. BCD 码转换成二进制数

例 4.19　4 位 BCD 码整数转换成二进制整数。

入口参数：BCD 码字节地址指针 R0,位数存于 R2 中。

出口参数：二进制数存于 R3、R4 中。

算法：$A = 10^3 a_3 + 10^2 a_2 + 10 a_1 + a_0$。

程序如下：

```
BCDBIN:   PUSH PSW        ；现场保护
          PUSH ACC
          PUSH B
          MOV R3，#00H
          MOV R2，#3       ；BCD 码 D 的位数
          MOV A，@R0       ；a0→R4
```

```
          MOV R4,A
BCD1:     MOV A,R4          ;(R3R4)×10
          MOV B,♯10         ;R4
          MUL AB
          MOV R4,A
          XCH A,B
          MOV B,♯10
          XCH A,R3
          MUL AB
          ADD A,R3
          MOV R3,A
          XCH A,R4
          INC R0            ;(R0)+1→R0,即地址增加 1
          ADD A,@R0         ;(R3R4)+((R0))→R3R4
          XCH A,R4
          MOV A,R3
          ADDC A,♯0
          MOV R3,A
          DJNZ R2,BCD1      ;循环 n-1 次
          POP B             ;恢复现场
          POP ACC
          POP PSW
          RET               ;返回
```

本例中 R2 的内容为 BCD 码的位数,$n=4$,即两个字节 4 位 BCD 码,在程序中作为循环控制寄存器的计数值为 $n-1=4-1=3$,即循环 3 次即完成二字节的 BCD 码转换。本例采用乘 10 运算,也可采用除 2 运算进行转换。

3. ASCII 码与二进制数的互相转换

例 4.20　编程实现十六进制数表示的 ASCII 代码转换成 4 位二进制数(1 位十六进制数)。

分析:对于这种转换,只要注意到下述关系便不难编写出转换程序。

(1) 字符"0"~字符"9"的 ASCII 码值为"30H"~"39H",它们与 30H 之差恰好为"00H"~"09H",结果均小于 0AH。

(2) 字符"A"~字符"F"的 ASCII 码值为"41H"~"46H",它们各自减去 37H 后恰好为"0AH"~"0FH",结果均大于 0AH。

根据这个关系可以编出转换程序如下,程序以 R1 作为入口和出口。

```
ASCBIN:   MOV  A,R1         ;取操作数
          CLR  C            ;清进位标志位 C
          SUBB A,♯30H       ;ASCII 码减去 30H,实现 0~9 的转换
          MOV  R1,A         ;暂存结果
```

```
        SUBB  A,♯0AH      ;结果是否>9?
        JC    LOOP        ;若≤9 则转换正确
        XCH   A,R1
        SUBB  A,♯07H      ;若>9 则减 37H
        MOV   R1,A
LOOP:   RET
```

4.3.5　查表程序设计

预先将相关的数据以表格的形式存放在程序存储区中,然后用程序将其读出,这种能将表格数据读出的程序称为查表程序。查表程序主要应用于数码显示、打印字符的转换、数据转换、复杂函数的计算等场合。MCS-51 单片机有两条专用的查表指令:

$$MOVC \quad A, \quad @A+DPTR$$
$$MOVC \quad A, \quad @A+PC$$

这两条指令的共同之处是不改变 PC 和 DPTR 的数据,不同点是前一条能在 64KB 空间任意查表,后一条指令只能在该条指令后的 256 个单元内查表。

1. 采用"MOVC A,@A+DPTR"指令查表程序的设计方法

(1) 在程序存储器中建立相应的函数表(设自变量为 X)。

(2) 计算出这个表中所有的函数值 Y。将这群函数值按顺序存放在起始(基)地址为 TABLE 的程序存储器中。

(3) 将表格首地址 TABLE 送入 DPTR,X 送入 A,采用查表指令"MOVC A,@A+DPTR"完成查表,就可以得到与 X 相对应的 Y 值于累加器 A 中。

2. 采用"MOVC A,@A+PC"指令查表程序的设计方法

当使用 PC 作为基址寄存器时,由于 PC 本身是一个程序计数器,与指令的存放地址有关,查表时需要将表头与该指令的下条指令地址的偏移量加上去。

(1) 在程序存储器中建立相应的函数表(设自变量为 X)。

(2) 计算出这个表中所有的函数值 Y。将这群函数值按顺序存放在起始(基)地址为 TABLE 的程序存储器中。

(3) X 送入 A,使用"ADD A,♯data"指令对累加器 A 的内容进行修正,偏移量 data 由公式 data=函数数据表首地址-PC-1 确定,即 data 值等于查表指令和函数表之间的字节数。

(4) 采用查表指令"MOVC A,@A+PC"完成查表,就可以得到与 X 相对应的 Y 值于累加器 A 中。

例 4.21　利用查表的方法编写 $Y=X^2 (X=0, 1, \cdots, 9)$ 的程序。

解　设变量 X 的值存放在内存 30H 单元中,求得的 Y 的值存放在内存 31H 单元中。平方表存放在首地址为 TABLE 的程序存储器中方法一：采用"MOVC A，@A+DPTR"指令实现，查表过程如图 4.16 所示。

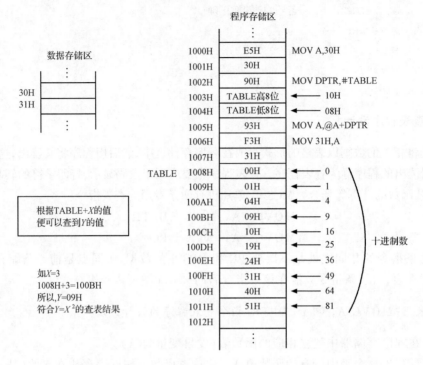

图 4.16 采用"MOVC A，@A+DPTR"指令实现的查表过程

程序如下：

```
        ORG   1000H
START:  MOV   A, 30H        ;将查表的变量 X送入 A
        MOV   DPTR, #TABLE  ;将查表的 16 位基地址 TABLE 送 DPTR
        MOVC  A, @A+DPTR    ;将查表结果 Y送 A
        MOV   31H, A        ;Y值最后放入 31H 中
TABLE:  DB 0, 1, 4, 9, 16
        DB 25, 36, 49, 64, 81
        END
```

方法二：采用"MOVC A，@A+PC"指令实现，查表过程如图 4.17 所示。

程序如下：

```
        ORG  1000H
START:  MOV A, 30H         ;将查表的变量 X送入 A
        ADD A, #02H        ;定位修正
        MOVC A, @A+PC      ;将查表结果 Y送 A
        MOV 31H, A         ;Y值最后放入 31H 中
TABLE:  DB 0, 1, 4, 9, 16
        DB 25, 36, 49, 64, 81
        END
```

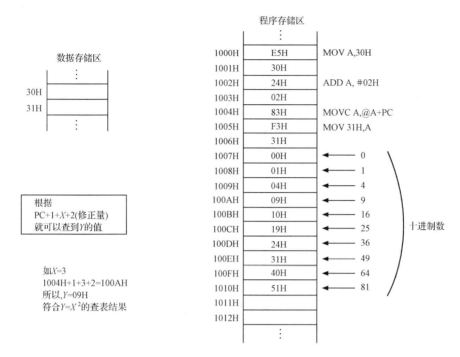

图 4.17　采用"MOVC A，@A＋PC"指令实现的查表过程

习　　题

（1）编程将片内 35H～55H 单元中内容送到以 3000H 为首的存储区中。

（2）设内部 RAM 5AH 单元中有一个变量 X，请编写计算下述函数式的程序，结果存入 5BH 单元。

$$Y = \begin{cases} X^2 + 8, & 10 \leqslant X \leqslant 15 \\ X^2 - 1, & X < 10 \\ 41, & X > 15 \end{cases}$$

（3）编程设计计算片内 RAM 区 50H～57H 八个单元中数的算术平均值，结果存放于 54H 开始的单元中。

（4）编写对一个多字节数作乘以 10 的运算子程序。

（5）设有两个长度均为 15 的数组，分别存放在以 2000H 和 2100H 为首的存储区中，试编程求其对应项之和，结果存放到以 2200H 为首的存储区中。

（6）试编程把以 2000H 为首地址的连续 50 个单元的内容按升序排列，存放到以 3000H 为首地址的存储区中。

（7）设有 100 个无符号数，连续存放在以 2000H 为首地址的存储区中，试编程统计奇数和偶数的个数。

（8）将片外数据存储器地址为 1000H～1030H 的数据块，全部搬迁到片内 RAM 30H～60H 中，并将原数据块区域全部清 0。

(9) 从 20H 单元开始有一无符号数据块,其长度在 20H 单元中。求出数据块中最小值,并存入 21H 单元。

(10) 在以 2000H 为首地址的存储区中,存放着 20 个用 ASCII 码表示的 0～9 的数,试编程将它们转换成 BCD 码,并以压缩 BCD 码(即一个单元存放 2 位 BCD 码)的形式存放在 3000H～3009H 单元中。

(11) 试编写一个双字节有符号数除法子程序。

(12) 试编写一个多字节 BCD 码加法子程序。

第 5 章　单片机 C51 程序设计基础

使用 C 语言进行单片机程序设计,与使用汇编语言的主要区别在于程序的可读性和可维护性。因为 C 语言有很好的结构性和模块化特点,用 C 编写的单片机程序不仅更容易阅读和维护,而且程序的可移植性较好,开发时间也相应缩短,所以 C 语言也成了单片机程序开发的一种主流语言。由于单片机开发软件对 C 语言的支持略有不同,本章 C51 介绍主要以 Keil 公司的 C51 为主。

5.1　C51 数据与运算

5.1.1　C51 的数据类型

变量与常量是程序中的两种基本数据对象,一个对象的类型决定着该对象可取值的集合以及可以对该对象施行的运算。变量或常量的类型在声明时由数据类型关键字来指定。在 C 语言中有如下几个基本数据类型。

char:单字节,可以存放一个字符。

int:整数,对大多数单片机开发软件而言是双字节大小。

float:单精度浮点数。

double:双精度浮点数。

此外,还有一些关键字用于限定这些基本类型,如

$$short\ int\ data;$$
$$long\ int\ adder;$$

short 和 long 用于限定整数类型,在上述说明中,int 也可以省去。short 对象一般为 16 位,long 对象一般为 32 位。

关键字 signed 与 unsigned 可用于限定 char 类型或任何整数类型。unsigned 关键字限定的数只能是一个大于等于 0 的非负数,其最大数值 $2^n - 1$(n 为该类型的位宽)。例如,unsigned char 类型变量的取值范围为 0~255,而 signed char 类型变量的取值范围则为 -128~$+127$。普通 char 类型一般是有符号的,常见可打印字符的数值总是正的。

除了 C 语言中的所有标准数据类型,为了更加有效地利用 MCS-51 单片机的结构,C51 还加入了以下特殊的数据类型。

bit:位变量,值为 0 或 1。

sbit:声明可位寻址空间的一个位。

sfr:特殊功能寄存器,8 位。

sfr16:特殊功能寄存器,16 位。

表 5.1 中列出了 C51 所支持的数据类型。

表 5.1　C51 数据类型

数据类型	位宽	字节数	数值范围
bit	1		0~1
char	8	1	−128~+127
unsigned char	8	1	0~255
short	16	2	−32768~+32767
unsigned short	16	2	0~65535
int	16	2	−32768~+32767
unsigned int	16	2	0~65535
long	32	4	−2147483648~+2147483647
unsigned long	32	4	0~4294967295
float	32	4	$\pm1.175494\times10^{-38}\sim\pm3.402823\times10^{38}$
double	32	4	$\pm1.175494\times10^{-38}\sim\pm3.402823\times10^{38}$
sbit	1		0~1
sfr	8	1	0~255
sfr16	16	2	0~65535

C51 中,当使用 enum 关键字声明枚举类型时,enum 类型的取值范围可能根据枚举数值的大小有所变化。enum 取值范围最小可以是−128~+127,最大则为−32768~+32767。

5.1.2　C51 数据的存储类型

C51 中,变量或参数的存储类型可以由存储模式默认指定,也可以用关键字直接声明指定。存储模式决定了没有明确指定存储类型的变量、函数参数等的缺省存储区域,共有三种:

(1) Small 模式,所有缺省变量参数均装入内部 RAM。优点是方位速度快;缺点是空间有限,仅适用于小规模程序设计。

(2) Compact 模式,所有缺省变量均位于外部 RAM 区的一页(256B),具体哪一页可由 P2 口指定(在 STARTUP.a51 文件中说明,也可用 pdata 指定)。优点是可用空间较 Small 宽裕,速度比 Small 慢但比 Large 要快。

(3) Large 模式,所有缺省变量可放在多达 64KB 的外部 RAM 区。优点是空间大,可存变量多;缺点是速度较前两种模式要慢。

一般而言,C51 编译器都可以设置存储模式,Keil 软件中可在编译器选项中选择存储模式。

直接使用关键字声明变量数据的存储类型时,可用的关键字如表 5.2 所示,各个关键字分别对应 MCS-51 单片机的某个存储区。

表 5.2　MCS-51 单片机存储类型及存储区

类型关键字	存储区	描述
data	DATA	单片机内部 RAM 空间的低 128B,可在一个周期内直接寻址。
bdata	BDATA	DATA 区中可以字节、位混合寻址的 16B 位地址区。
idata	IDATA	RAM 区高 128B,必须采用间接寻址。
xdata	XDATA	外部存储区,地址范围 0000H～FFFFH,使用 DPTR 间接寻址。
pdata	PDATA	外部存储区的 256B,可通过 P0 口的地址对其寻址。
code	CODE	程序存储区,内容只读,使用 DPTR 寻址。

在上述存储区中,DATA 区的寻址速度最快,所以应该把经常使用的变量放在 DATA 区;不过 DATA 区的空间有限,其内不仅包含程序变量,还包含堆栈和寄存器组,因此声明变量时要注意 DATA 区内的可用空间大小。data 关键字声明的变量,通常指低 128 字节的内部数据区存储的变量。

BDATA 区实际就是 DATA 区中的位寻址区,在这个区内声明变量就可以进行位寻址。而位变量在状态寄存器的应用中十分常见,因为它可能仅仅需要使用某一位而非整个字节数据。bdata 作为 BDATA 区中的存储类型标识符,是指内部可位寻址的 16B 存储区(20H～2FH)可位寻址变量的数据类型。bdata 和 data 不同之处还在于,编译器不允许在 BDATA 区中声明 float 和 double 型的变量。因此用 bdata 不能直接声明一个浮点数类型变量。

IDATA 区也可存放使用比较频繁的变量,其访问方法是使用寄存器作为指针进行寻址,即在寄存器中设置 8 位地址进行间接寻址。idata 作为 IDATA 区中的存储类型标识符,是指其内部的 256B 存储区,但是只能间接寻址,速度比直接寻址慢,但与外部存储器寻址相比,其指令执行周期和代码长度都较短。

PDATA 和 XDATA 区都属于外部存储区,外部存储区最大可有 64KB,因其访问方式是通过数据指针加载地址间接访问实现的,所以外部数据区的访问速度比内部数据存储区慢。对 PDATA 区寻址比对 XDATA 区的寻址要快,因为 PDATA 区只有 256B,寻址时只需装入 8 位地址,而 XDATA 区可达 65536B,对其寻址时需要装入 16 位地址,所以要尽量把外部数据存储在 PDATA 段中。

除了用 pdata 或 xdata 关键字声明外部存储区变量,还可以用指针或 C51 提供的宏对外部器件寻址,使用宏对外部器件寻址更具有可读性。用宏(XBYTE、XWORD)声明使得存储区看上去更像 char 或 int 类型的数组,如

```
in_byte = XBYTE[0x8000];          // 从地址 8000H 读一个字节
in_word = XWORD[0x4200];          // 从地址 4200H 读一个字节
cp = * ((char xdata * ) 0x0010);  // 从地址 0010H 读一个字节
XBYTE[0x6500] = out_byte;         // 写一个字节到 6500H
```

采用以上方法可以对 BDATA 和 BIT 段之外的其他数据区寻址,编写程序时要注意包含头文件 absacc.h。

CODE 程序存储区中的数据是不可更改的,编译时需要对程序存储区中的对象进行

初始化,否则就会产生错误。CODE 区内数据的访问时间和 XDATA 区的访问时间相同。程序存储区 CODE 声明变量时用的标识符为 code,通常可以将程序中固定不变的数码管编码、字符点阵等等声明为 code 类型变量。以下是共阳七段数码管显示字符"0"～"9"的声明:

　　　unsigned char code seg[]＝{0xc0,0xf9,0xa4,0xb0,0x99,0x92,0x82,0xf8,0x80,0x90}

5.1.3　8051 特殊功能寄存器的 C51 定义

　　MCS-51 单片机中,除了程序计数器 PC 和 4 组通用寄存器组,其他所有寄存器都为特殊功能寄存器,其地址范围 0x80～0xFF。特殊功能寄存器可由以下关键字说明。

　　(1) sfr:声明字节寻址的特殊功能寄存器,如

$$\text{sfr P0} = 0x80;$$

　　这条语句表示 P0 口地址为 0x80。"sfr"关键字后面必须跟上一个特殊寄存器名;"＝"后面的地址必须是常数,不允许带有运算符的表达式。还要注意的是,sfr 关键字定义的寄存器地址范围必须在特殊功能寄存器地址范围内(位于 0x80～0xFF)。

　　(2) sfr16:该关键字对于一些 8051 派生系列单片机,可以声明其内两个连续地址的特殊功能寄存器,如

$$\text{sfr16 T2} = 0xCC;$$

　　这条语句表示 8052 单片机地址 0xCC 和 0xCD 上的定时/计数器 2 的低字节和高字节。定时器 2 的计数寄存器 T2 低地址 T2L ＝ 0xCC,高地址 T2H ＝ 0xCD。

　　(3) sbit:声明可位寻址的特殊功能寄存器和别的可位寻址目标。"＝"后面将绝对地址赋给变量名,其声明形式又有以下三种。

　　① 用已声明的 sfr 寄存器名^整数常量。例如
sfr KEYS＝0x80;　　　　　　　// 声明 KEYS 为特殊功能寄存器,地址为 0x80。
sbit KEY_UP＝KEYS＾1;　　　// 指定 KEYS 的第 1 位连接 UP 按键。
sbit KEY_DOWN＝KEYS＾2;　// 指定 KEYS 的第 2 位连接 DOWN 按键。
sbit KEY_SET＝KEYS＾3;

　　② 用一个整数常量作为基地址,"＾"后一个整数常量作为指定位。例如,地址 0x88 对应的是 TCON 寄存器,第 5 位表示定时器 0 计数溢出标志位,第 4 位表示定时器 0 计数允许位,第 1 位表示定时器 0 中断允许位:
　　sbit TF0 ＝ 0x88＾5;
　　sbit TR0 ＝ 0x88＾4;
　　sbit IE0 ＝ 0x88＾1;
　　sbit EA ＝ 0xA8＾7;　　// 指定 0xA8 的第 7 位为 EA,即全局中断允许。
　　③ 直接用一个整数常量作为绝对地址。例如
　　　　　　sbit TF0 ＝ 0x8D;
　　　　　　sbit TR0 ＝ 0x8C;
　　　　　　sbit IE0 ＝ 0x89;
　　一般而言,不是所有的 SFR 都可位寻址,只有地址可被 8 整除的 SFR 可位寻址。因

此上述三种 sbit 的声明形式中,SFR 地址的低半字节必须是 8 或 0。例如,0xA8 和 0x90 是可位寻址的 SFR,而 0xC7 和 0xEB 的 SFR 则不能位寻址。

5.1.4　8051 并行接口及位变量的 C51 定义

8051 提供的 4 个并行接口 P0～P3,其地址分别是 0x80、0x90、0xA0 和 0xB0。一般而言,单片机的 C51 开发软件中已经提供有定义这 4 个并行接口的通用头文件供开发人员使用。如 Keil 公司的 C51 开发软件就提供有 REG51.h 和 REG52.h 这两个头文件,其中的并行接口定义如下:

$$sfr\ P0\ =\ 0x80;$$
$$sfr\ P1\ =\ 0x90;$$
$$sfr\ P2\ =\ 0xA0;$$
$$sfr\ P3\ =\ 0xB0;$$

如果要使用这些并行接口中的某一个端口,那么可以引入 REC51.h 头文件后,再使用 sbit 声明相应的特殊功能寄存器位变量来对其进行操作。

有的 C51 开发软件还提供有对应各大器件生产商 MCS-51 单片机的专用头文件,如 Keil C51 软件中提供的 AT89X51.h 头文件,就是对应 Atmel 公司的 89 系列单片机器件。AT89X51.h 中除了有 P0～P3 这 4 个并行端口的定义,还对每个并行端口的各个位也作了定义,示例如下:

$$sbit\ P0\_0\ =\ 0x80;$$
$$sbit\ P0\_1\ =\ 0x81;$$
$$sbit\ P0\_2\ =\ 0x82;$$

如果编写程序的时候引入了 AT89X51.h,就可以直接使用 P0_0、P0_1 这样的并行端口位进行 I/O 操作了。

在编写 C51 程序时,为了提高程序可读性,方便用户对程序功能的理解,有时候设计人员并不直接使用 P0、P1、P0_0 等已有的并行接口名称。例如,在一个简单的数字钟设计中,单片机的 P0 端口输出 8 位数据给数码管的 a,b,c,…,h 这 8 段数码显示,P1_0、P1_1、P1_2、P1_3 连接 4 个数码管的片选端口,P1_4、P1_5、P1_6、P1_7 分别连接四个独立按键。在编写该数字钟的 C51 程序时,设计人员通常使用如下语句进行端口定义:

```
sfr SEGDATA = P0;        /* 数码管数据端口 */
sbit SEL0 = P1^0;        /* 数码管 0 片选端口 */
sbit SEL1 = P1^1;        /* 数码管 1 片选端口 */
...
sbit KEY_SET = P1^7;    /* 设置按键 */
```

由此可见,位变量的定义除了直接使用地址指定变量内容,还可以使用"^"操作符指定并行端口变量中的对应位而来。

5.2　C51运算符、表达式及其规则

无论是加减乘除还是数值比较,都需要用到运算符,运算符包括赋值运算符、算术运算符、逻辑运算符、位逻辑运算符、位移运算符、关系运算符、自增自减运算符。大多数运算符都是双目运算符,即运算符位于两个表达式之间。单目运算符的意思是运算符作用于单个表达式。

运算符用于指定要对变量与常量进行的操作,表达式则用于把变量与常量组合起来产生新的值。

按其在表达式中所起的作用,运算符可分为赋值运算符、算术运算符、增量与减量运算符、关系运算符、逻辑运算符、位运算符、复合赋值运算符、逗号运算符、条件运算符、指针和地址运算符、强制类型转换运算符、sizeof 运算符等。

运算符按其在表达式中与运算对象的关系,又可分为单目运算符、双目运算符、三目运算符等。单目运算符需要一个运算对象,双目运算符要求两个运算对象,三目运算符要求三个运算对象。

5.2.1　(复合)赋值运算符

赋值语句的作用是把某个常量或变量或表达式的值赋值给另一个变量,符号为"="。这里并不是等于的意思,只是赋值,等于用"=="表示。

注意:赋值语句左边的变量在程序的其他地方必须要声明。

被赋值的变量被称为左值,因为它们出现在赋值语句的左边;产生值的表达式被称为右值,因为它们出现在赋值语句的右边。常数只能作为右值。例如

$$count = 5;$$
$$total1 = total2 = 0;$$

其中,第一条赋值语句很容易理解;第二条赋值语句的意思是把 0 同时赋值给两个变量。这是因为赋值语句是从右向左运算的,也就是说从右端开始计算。这样它先执行 total2 =0,然后执行 total1=total2。

再看下面这条语句:

$$(total1 = total2) = 0;$$

这样是不可以的,因为先要算括号里面的,这时 total1=total2 是一个表达式,而赋值语句的左边是不允许表达式存在的。

在赋值运算符当中,还有一类复合赋值运算符。它们实际上是一种缩写形式,使得程序写法更为简洁,同时提高 C 程序编译效率。例如

$$Total = Total + 3;$$

这行代码的意思是变量 Total 的值加 3,然后再赋值给 Total 自身。为了简化,上面的代码也可以写为

$$Total += 3;$$

复合赋值运算符如下所示:

符号	功能	示例
+=	加法赋值	$a+=b$ 相当于 $a=a+b$
-=	减法赋值	$a-=b$ 相当于 $a=a-b$
*=	乘法赋值	$a*=b$ 相当于 $a=a*b$
/=	除法赋值	$a/=b$ 相当于 $a=a/b$
%=	模运算赋值	$a\%=b$ 相当于 $a=a\%b$
<<=	左移赋值	$a<<=8$ 相当于 $a=a<<8$
>>=	右移赋值	$a>>=8$ 相当于 $a=a>>8$
&=	位逻辑与赋值	$a\&=0x7F$ 相当于 $a=a\&0x7F$(清零)
|=	位逻辑或赋值	$a\|=0x80$ 相当于 $a=a\|0x80$(置位)
^=	位逻辑异或赋值	$a\verb|^|=0xFF$ 相当于 $a=a\verb|^|0xFF$

5.2.2　算术运算符

在 C51 中有两个单目和五个双目运算符。

符号	+	-	*	/	%	+	-
功能	单目正	单目负	乘法	除法	取模	加法	减法

下面两条语句,在赋值运算符右侧的表达式中就使用了上面的算术运算符:

$$Area = Height * Width;$$

$$num = num1 + num2/num3 - num4;$$

运算符也有个运算顺序问题,先算乘除再算加减。单目正和单目负最先运算。

取模运算符(%)用于计算两个整数相除所得的余数。例如

$$a = 7\%4;$$

最终 a 的结果是 3,因为 7%4 的余数是 3。

还要注意除法运算符(/):

$$b = 7/4;$$

b 就是 7/4 的商,结果为 1。这是因为当两个整数相除时,所得到的结果仍然是整数,没有小数部分。要想也得到小数部分,可以这样写 7.0/4 或者 7/4.0,也即把其中一个数变为非整数。

如果要由一个实数得到它的整数部分,需要用强制类型转换。例如

$$a = (int)(7.0/4);$$

因为 7.0/4 的值为 1.75,如果在前面加上(int)就表示把结果强制转换成整型,这就得到了 1。

单目减运算符(-)相当于取相反值,若是正值就变为负值,若是负数就变为正值。

单目加运算符(+)没有意义,纯粹是和单目减构成一对用的。

5.2.3　自增和自减运算符

这是一类特殊的运算符,自增运算符++和自减运算符--对变量的操作结果是增

加 1 和减少 1。例如

$$--\text{Couter};$$
$$\text{Couter}--;$$
$$++\text{Amount};$$
$$\text{Amount}++;$$

上述语句中,运算符在变量前还是后对变量本身的影响都一样,都是加 1 或者减 1,但是当把它们作为其他表达式的一部分,两者就有区别了。运算符放在变量前面,那么在运算之前,变量先完成自增或自减运算;如果运算符放在后面,那么自增自减运算是在变量参加表达式的运算后再运算。看下面的例子:

$$\text{num1} = 4;$$
$$\text{num2} = 8;$$
$$a = ++\text{num1};$$
$$b = \text{num2}++;$$

第三条语句"a＝++num1;"总的来看是一个赋值,把++num1 的值赋给 a,因为自增运算符在变量的前面,所以 num1 先自增加 1 变为 5,然后赋值给 a,最终 a 也为 5。第四条语句"b＝num2++;"是把 num2++的值赋给 b,因为自增运算符在变量的后面,所以先把 num2 赋值给 b,b 应该为 8,然后 num2 自增加 1 变为 9。

那么如下语句:

$$c = \text{num1}+++\text{num2};$$

到底是"c＝(num1++)＋num2;"还是"c＝num1＋(++num2);",要根据编译器来决定,不同的编译器可能有不同的结果。所以在通常的编程当中,应该尽量避免出现这种复杂的情况。

5.2.4　关系运算符

关系运算符是对两个表达式进行比较,返回一个真/假值,如下所示:

符号	＞	＜	＞＝	＜＝	＝＝	！＝
功能	大于	小于	大于等于	小于等于	等于	不等于

这些运算符都很容易理解,主要问题就是＝＝(等于)和＝(赋值)的区别了。

如下代码中:

$$\text{if}(\text{Amount} = 123)$$
$$\vdots$$

很多初学者都理解为"如果 Amount 等于 123,就怎么样"。其实这行代码的意思是先赋值 Amount＝123,然后判断这个表达式是不是真值,所以无论 Amount 原先的值是多少,其结果都为 123,是真值。如果想让"当 Amount 等于 123 才运行时",应该为 if(Amount ＝＝123)……

5.2.5　逻辑运算符

逻辑运算符是根据表达式的值来返回真值或是假值。其实在 C 语言中没有所谓的真值和假值,只是认为非 0 为真值,0 为假值。

符号	&&	‖	!
功能	逻辑与	逻辑或	逻辑非

例如

$$0‖-2\&\&5;　　// 结果为真$$
$$!4;　　　　　　// 结果为假$$

当表达式进行 && 运算时,左右两边只要有一个为假,总的表达式就为假,只有当所有都为真时,总的表达式才为真。当表达式进行 ‖ 运算时,只要有一个为真,总的值就为真,只有当所有的都为假时,总的表达式才为假。逻辑非(!)运算是把相应的变量数据转换为相应的真/假值。若原先为假,则逻辑非以后为真;若原先为真,则逻辑非以后为假。

5.2.6　位运算符

一般而言,在计算机中,一个字节占 8 位,这样表示的数值范围为 0~255,即 00000000~11111111。位就是里面的 0 和 1。例如以下这条赋值语句:

$$char\ c = 100;$$

语句执行后 c 为 01100100,正好是 64H。其中高位在前,低位在后。

01100100

| |

第 7 位　第 0 位

位操作运算符包括位逻辑运算和位移运算,如下所示:

符号	~	&			^	<<	>>
功能	取补	位逻辑与	位逻辑或	位逻辑异或	左移	右移

除去第一个运算符是单目运算符,其他都是双目运算符。这些运算符只能用于整型表达式。位逻辑运算符通常用于对整型变量进行位的设置、清零、取反,以及对某些选定的位进行检测。在程序中一般被程序员用来作为开关标志。位操作在 C51 程序中经常用于单片机外接硬件端口的输入输出操作。

& 运算的规则是当两个位都为 1 时,结果为 1,否则为 0;| 运算的规则是当两个位都为 0 时,结果为 0,否则为 1;^ 运算的规则是当两个位相同时,结果为 0,否则为 1;~ 运算的规则是当为 1 时结果为 0,当为 0 时,结果为 1。

最常见的位操作包括设置位和清除位两种。

(1) 设置位:设置某位为 1,而其他位保持不变,可以使用位逻辑或运算。

$$char\ c;$$
$$c = c | 0x40;$$

不论 c 原先是多少,和 01000000 或操作以后,总能使第 6 位为 1,而其他位不变。

(2) 清除位:设置某位为 0,而其他位保持不变。可以使用位逻辑与运算。

$$c = c \,\&\, 0xBF;$$

c 和 10111111 与操作以后,总能使第 6 位为 0,其他位保持不变。

位移运算符作用于其左侧的变量,其右侧的表达式的值就是移动的位数,运算结果就是移动后的变量结果。如下所示:

$$b = a << 2;$$

就是 a 的值左移两位并赋值给 b。a 本身的值并没有改变。

向左移位就是在最低位上补 0。右移时可以保持结果的符号位,也就是右移时,如果最高位为 1,是符号位,则补 1 而不是补 0。

程序员常常运用右移运算符来实现整数除法运算,运用左移运算符来实现整数乘法运算。其中用来实现乘法和除法的因子必须是 2 的幂次。

5.2.7　条件运算符

条件运算符(?:)是 C 语言中唯一的一个三目运算符,它是对第一个表达式作真/假检测,然后根据结果返回后面两个表达式中的一个。

〈表达式 1〉?〈表达式 2〉:〈表达式 3〉

在运算中,首先对第一个表达式进行检验,如果为真,则返回表达式 2 的值;如果为假,则返回表达式 3 的值。例如

$$a = (b > 0)?b: -b;$$

当 b>0 时,a=b;当 b 不大于 0 时,a=-b。这就是条件表达式。其实上面的意思就是把 b 的绝对值赋值给 a。

5.2.8　指针和地址运算符

指针数据类型是一种存放指向另一个数据的地址的变量类型。指针是 C 语言中一个十分重要的概念,也是学习 C 语言中的一个难点。C 语言中提供两个专门用于指针和地址的运算符,如下所示:

符号	*	&
功能	取内容	取地址

取内容和地址的一般形式分别为

变量 = * 指针变量　　(将指针变量所指向的目标变量的值赋给等号左边的变量)

指针变量 = & 目标变量　　(将目标变量的地址赋给等号左边的变量)

要注意的是,指针变量中只能存放地址(即是指针类型数据),一般情况下不要将非指针类型的数据赋值给一个指针变量。

以下是几个指针和地址运算符的运用示例(_at_关键字用于指定变量存放的绝对地址):

```
unsigned int data A _at_ 0x0028;      // 变量 A 存放在地址 0x0028
```

```
unsigned int data B _at_ 0x002A;      // 变量 B 存放在地址 0x002A
unsigned int data * P _at_ 0x002C;    // 指针变量 P 存放在地址 0x002C
A = 10;        // 变量 A 初值为 10
B = 20;        // 变量 B 初值为 20
P = &B;        // 指针 P 现在指向变量 B
*P = 100;      // 指针 P 所指变量(变量 B)存放内容更改为 100
P = &A;        // 指针 P 现在指向变量 A
B = *P;        // 变量 B 的值现在更改为 10
```

5.2.9　优先级和结合性

　　运算符计算时都有一定的顺序,就如先要算乘除后算加减一样。优先级和结合性是运算符两个重要的特性,结合性又称为(运算符优先级相同时)计算顺序,它决定组成表达式的各个部分是否参与计算以及什么时候计算。

　　表 5.3 是 C51 中所使用的运算符的优先级和结合性。

表 5.3　C51 运算符的优先级和结合性

优先级	运算符	结合性
最高	( ) [ ] -> .	自左向右
	! ~ ++ -- + - * & sizeof	自右向左
	* / %	自左向右
	+ -	自左向右
	<< >>	自左向右
	< <= > >=	自左向右
	== !=	自左向右
	&	自左向右
	^	自左向右
	|	自左向右
	&&	自左向右
	||	自左向右
	?:	自右向左
	= += -= *= /= %= &= ^= |= <<= >>=	自右向左
最低	,	自左向右

　　运算符的优先级一般不用强记,初学者开始时只需记住"单目运算符高于双目运算符,算术运算符高于关系运算符,关系运算符高于逻辑运算符"这几条粗略规则即可。如果碰到不熟悉优先级的运算符,尽可能加括号明确指定操作优先顺序。而且从代码可读性方面考虑,建议初学者不要将表达式写的过于复杂,以免由于优先级和结合性的问题导致程序代码中的隐含缺陷。

5.3　C51 流程控制语句

5.3.1　C51 程序的基本结构及其流程图

C 语言是一种结构化、模块化的编程语言。模块是程序的一部分,只有一个出口和一个入口。一个 C51 程序由若干个模块组成,每个模块中包含着若干个基本结构,每个基本结构由若干条语句组成。C 语言归纳起来有三种基本结构:顺序结构、选择结构和循环结构。

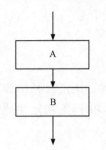

图 5.1　顺序结构流程图

　　1. 顺序结构及其流程图

　　顺序结构中,程序由低地址向高地址顺序执行代码。如图 5.1 所示,程序先执行 A 操作,再执行 B 操作,两者是顺序执行的关系。

　　2. 选择结构及其流程图

　　选择结构通常出现在程序的功能决策、操作判断等位置。如图 4.3(b)所示,程序首先对一个条件进行测试。当条件为真(TRUE)时,执行另一个 A 方向上的程序流程;当条件为假(FALSE)时,执行 B 方向上的程序流程。A、B 两者只能选择其一,不可同时执行,两个方向上的程序流程最终将汇集到一起,从一个出口中退出。

　　选择结构还有两种派生结构:串行多分支结构和并行多分支结构。

　　如图 5.2 所示,以单选择结构中的某一分支方向作为串行多分支方向继续进行选择结构的操作。最终程序在若干种选择之中选出一种操作来执行,并从一个共用的出口退出。这种串行多分支结构可以由若干条"if"、"else if"语句嵌套构成。

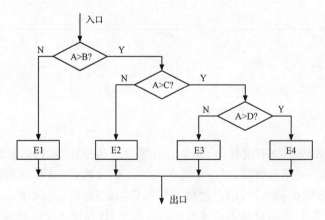

图 5.2　串行多分支结构流程图

并行多分支结构常见于"switch-case"语句中。如图 4.3(c)所示,在并行多分支结构中,根据 K 值的不同,程序可以选择 A_0,A_1,…,A_n 等不同操作中的一种来执行。

3. 循环结构及其流程图

不同于顺序结构和选择结构的单次操作特点,循环结构可以使分支流程重复执行。构成循环结构的常见语句主要有:"while"、"do while"和"for"语句。循环结构又有 while 型和 do while 型两类区分。

如图 5.3 所示,while 型循环结构中,当判断条件 P 成立(值为真)时,反复执行操作 A,直到 P 条件不成立(值为假)时,才退出循环。

do while 型循环结构如图 5.4 所示,先执行操作 A,再判断条件 P。若 P 成立,则再执行操作 A,然后再判断条件 P,如此反复执行,直到 P 条件不成立时退出循环。

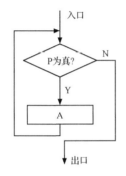

图 5.3　while 型循环结构流程图

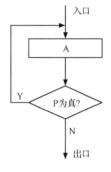

图 5.4　do while 型循环语句结构流程图

关于程序流程图,要注意这几点:

(1) 开始编写程序代码之前,应该先画出程序的流程图。

(2) 程序的流程图不是一个程序的细节,而只是这个程序关于解决问题的方法概述。一般而言,一个程序模块的代码长度应该不超过一页,其相应的程序流程图也应该能够画在一张单页纸上。

(3) 流程图应使用功能命名,而不应以特定的变量名作参考。

5.3.2　选择语句

C 语言中的选择语句有三种:if 语句、switch/case 语句和条件表达式。

1. if 语句

if 语句作为 C 语言的一个基本判定语句,其基本结构为

　　if (表达式)

　　{语句;}　　　　// 如果表达式成立(值为真),则程序执行花括号内的语句。

第二种 if 语句是带有 else 的子句:

　　if (表达式)

　　{语句;}　　　　// 如果表达式成立,则程序执行该行花括号内的语句。

　　else

```
{语句;}          // 表达式不成立时执行该行花括号内的。
```

当 if 语句中又含有一个或多个 if 语句时,这种情况成为 if 语句的嵌套。这时,要特别注意 if 与 else 的对应关系。当出现 else 语句悬空时,如下面的例子:

```
if (y != 0)
  if (x != 0)
    result = x / y;
  else  // 该 else 语句究竟和上面哪个 if 语句对应?
    printf("Error: y is equal to 0 \n");
```

对这种情况,else 子句属于离它最近的且还未和其他 else 匹配的 if 语句,正确的使用 else 的方法是对符合语句加上大括号,例如

```
if (y != 0)
{
  if (x != 0)
    result = x / y;
}
else // 该 else 语句和 if (y != 0) 语句对应
  printf("Error: y is equal to 0 \n");
```

一般而言,如果 if 语句花括号内只有一条语句,那么花括号可以省略。但是如果花括号内不只一条语句,则必须使用花括号将这些语句括起来。

有时候,程序中常常要判定一系列的条件,一旦其中一个条件为真就立刻停止,这种情况下可以使用 if 语句的级联方式:

```
if (表达式 1)
  { 语句; }
else if (表达式 2)
  { 语句; }
else if (表达式 3)
  { 语句; }
    ⋮
else if (表达式 n)
  { 语句; }
else
  { 语句; }
```

2. 条件表达式

条件表达式是使用"?"、":"三目操作符的一种决策代码书写方法:

$$表达式 1 ? 表达式 2 : 表达式 3$$

条件表达式的求值步骤是:首先计算表达式 1 的值,如果表达式 1 成立(结果为真,或者值不为 0),则计算表达式 2 的值,该值即为整个表达式的值;如果表达式 1 的值为 0 (假),那么计算表达式 3 的值,且该值为整个表达式的值。

3. switch/case 语句

switch/case 语句常用于处理并行多分支选择问题,其将一个变量或表达式的值作为判断条件,将此变量的值域范围分成几段,每一段对应一种选择或操作,当判断值处在某个段中时,程序就会选择执行该段相应的操作。

switch 语句一般形式如下:

switch (表达式)

{

  case 常量表达式 1 : {多条语句 1;} break;

  case 常量表达式 2 : {多条语句 2;} break;

   ⋮

  case 常量表达式 n : {多条语句 n;} break;

  default : {多条语句;} break;

}

使用 switch 语句要注意以下四点:

(1) 当 switch 括号中表达式的值与所有 case 中的常量表达式值都不匹配时,程序默认执行 default 后面的语句。如果 default 不存在,且表达式的值和任何一种 case 情况都不匹配,程序将退出 switch 语句,继续执行其后的语句。

(2) 每个 case 的常量表达式必须各不相同,否则将出现同一个值对应两种或两种以上操作的选择,产生逻辑混乱,从而导致编译失败或程序错误。

(3) 各个 case 和 default 在代码中出现的顺序,不影响程序执行结果。例如,可以把上述例子中的 default 语句行移到 case 常量表达式 2 行之前,程序功能是相同的。

(4) 程序在选择执行了某行 case 语句后,如果 case 语句中遗忘了 break,那么程序不会立即退出 switch 语句,而是继续执行后续的 case 语句,直到碰上 break 语句或执行到 switch 语句末尾。

由于 switch 语句中持续执行的特性存在,switch 语句中必须特别小心 break 语句的使用。如下示例:

```
switch (c)   // 假定变量 c 为 char 类型
{
  case '0': case '1': case '2': case '3': case '4':
  case '5': case '6': case '7': case '8': case '9': c -= '0';
  case 'a': case 'b': case 'c': case 'd': case 'e': case 'f':
          c = 10 + c - 'a';  break;
  case 'A': case 'B': case 'C': case 'D': case 'E': case 'F':
          c = 10 + c - 'A';  break;
  default:  break;
}
```

上述代码中,当 c 为字符 0～9 时,将其值转化为整数 0～9;当 c 为字母 A～F 或 a～f 时,将其值转化为十进制整数 10～15。这段代码中就利用了省略 break 语句实现多个

case 共用同一操作。不过因为在 c－＝′0′语句后遗忘了 break 语句，上述代码将导致 c 值为 0～9 时程序多执行 c＝10＋c－′a′一句的错误。

5.3.3　循环语句

C51 提供三种基本的循环语句：for 语句、while 语句和 do-while 语句。

1. for 循环语句

其一般形式为

for (〈初始化〉；〈条件表达式〉；〈增量〉)

　　｛语句；｝　　// 循环体

for 语句中，初始化部分一般是一个赋值语句，它用来给循环控制变量赋初值；条件表达式部分是一个关系表达式，它决定什么时候退出循环；增量部分定义循环控制变量每循环一次后按什么方式变化。这三个部分之间用“；”分开。例如

for (i ＝ 0；i ＜ 10；＋＋i)

　　｛语句；｝

上例中先给 i 赋初值 0，判断 i 是否小于 10，若是则执行语句，之后值增加 1。再重新判断，直到条件为假，即 i＞＝10 时，结束循环。

for 循环语句应该注意以下几点：

(1) for 循环中的循环体可以包含多条语句，但要用花括号将参加循环的语括起来。

(2) for 循环中的初始化、条件表达式和增量部分都可以缺省，但其中的分号“；”不能缺省。省略了初始化，表示不对循环控制变量赋初值；省略了条件表达式，则不做其他处理时便成为死循环；省略了增量，则不对循环控制变量进行操作，这时可在语句体中加入修改循环控制变量的语句。请注意下列语句：

for (　；　) 语句；

for (i ＝ 1；；i ＋＝ 2) 语句；

for (j ＝ 5；　) 语句；

这些 for 循环语句都是正确的。

(3) for 循环可以有多层嵌套。例如

unsigned char i, j;

for (i ＝ 0；i ＜ 250；＋＋i)

　for (j ＝ 0；j ＜ 200；＋＋j)

　　｛语句；｝　　// 循环体

由上述程序代码可以看出，该循环语句内部的有两层循环，循环体共执行了 250×200＝50000 次，如果循环体每次执行时间为 $1\mu s$，可以大致估计出上述代码执行时间约为 $50000\mu s$，即 50ms。

2. while 循环语句

其一般形式为

```
                    while（条件）
                      ｛语句；｝    ∥ 循环体
```

while 循环表示当条件为真时,便执行语句,直到条件为假时才结束循环,并继续执行循环程序外的后续语句。例如

```
    main()
    ｛
      int i, sum;
      i ＝ sum ＝ 0;        ∥ 初始化 i, sum 为 0
      while(i++ ＜ 100)   ∥ 循环 100 次,i 每次递增 1
        sum ＋＝ i;         ∥ 计算 1～100 累加和
    ｝
```

上例中,while 循环是以检查 i 是否小于 100 开始,因 i 事先被初始化为 0,所以条件为真,i 递增 1 后进入循环,每次循环 sum 累加上 i;一旦 i 大于等于 100,条件为假,循环便告结束。与 for 循环一样,while 循环总是在循环的头部检验条件,这就意味着循环可能什么也不执行就退出。

while 循环还有以下三点要注意:

（1）在 while 循环体内也允许空语句,例如

```
                    while（P1_0 ！＝ 0）;
```

这个循环直到单片机 P1 端口第 0 位输入低电平为止。

（2）while 循环也可以有多层循环嵌套。

（3）循环体可以由多条语句组成,此时必须用花括号括起来。

3. do-while 循环语句

其一般形式为

```
                    do
                    ｛
                        语句块;      ∥ 循环体
                    ｝
                    while(条件);
```

这个循环与 while 循环的不同在于:它先执行循环中的语句,然后再判断条件是否为真,如果为真则继续循环;如果为假,则终止循环。因此,do-while 循环至少要执行一次循环语句。以下是用 do-while 循环实现求解 $1＋2＋\cdots＋100$。

```
    main()
    ｛
      int i, sum;
      i ＝ 1;    sum ＝ 0;    ∥ 初始化 i 为 1, sum 为 0
      do
      ｛
        sum ＋＝ i;              ∥ 计算 1～100 累加和
```

```
      }
   while(i++ < 100);      // 循环100次,i每次递增1
   }
```

从上面几个程序看出,使用 for、while 和 do-while 语句求解同样的问题,基本思路都差不多,只是要注意循环条件和在第一次计算时,注意初值。

4. 循环语句中的 break

break 语句通常用在循环语句和 switch 语句中。当 break 语句用于 do-while、for、while 循环语句中时,可使程序终止循环而执行循环后面的语句。通常 break 语句总是与 if 语句联在一起,即满足条件时便跳出循环。例如

```
main()
{
   int sn = 0, i;
   for(i = 1; i <= 100; i++)
   {
      if(i == 51) break;      // 如果 i 等于51,则跳出循环
      sn += i;
   }
}
```

可以看出,上述程序最终的结果是 sn = 1+2+…+50。因为在 i=51 时,程序就跳出循环了。break 语句有两点需要注意:

(1) break 语句对 if-else 的条件语句不起作用。

(2) 在多层循环中,一个 break 语句只向外跳一层。

5. 循环语句中的 continue

continue 语句的作用是跳过循环体中剩余的语句而强行执行下一次循环。continue 语句只用在 for、while、do-while 等循环体中,常与 if 条件语句一起使用,用来加速循环。例如

```
main()
{
   int sn = 0, i;
   for(i = 1; i <= 100;i++)
   {
      if(i == 51) continue;   // 如果 i 等于51,则结束本次循环
      sn += i;
   }
}
```

以上程序中,continue 语句只是当 i=51 时执行,也就是说 sn 从 1 加到 100,除了 51 跳过去了,其他的值都累加到 sn 上了。

综合本小节程序可以看出,顺序结构、选择结构和循环语句一起共同作为各种复杂程序的基本构造单元。因此熟练地掌握和运用这三种基本语句结构是程序设计的最基本要求。

5.4 C51 构造数据类型

5.4.1 数组

数组是一组具有固定数目和相同类型成分分量的有序集合,顾名思义就是一组同类型的数。数组有一维、二维、三维和多维数组之分,C51 中常用的有一维和字符数组。

1. 数组的声明

声明数组的语法为在数组名后加上用方括号括起来的维数说明。这里先介绍一维数组,下面是一个整型数组的例子:

$$\text{int array}[10];$$

这条语句定义了一个名为 array 的数组,该数组由 10 个整型元素组成。这些整数在内存中是连续存储的。数组的大小等于每个元素的大小乘上数组元素的个数,假如 int 型整数占 2 个字节,那么数组 array 就占 20 个字节。方括号中的维数表达式可以包含运算符,但其计算结果必须是一个长整型值。这个数组是一维的。

下面这些声明是合法的:

$$\text{int addata}[5+3];$$
$$\text{float count}[5*2+3];$$

这样是不合法的:

int n = 10; int addata[n]; // 在声明时,变量不能作为数组的维数

2. 用下标访问数组元素

$$\text{int buffer}[10];$$

表明该数组是一维数组,里面有 10 个数,它们分别为 buffer[0],buffer[1],…,buffer[9]。需要注意,数组的第一个元素下角标从 0 开始。

buffer[3] = 25; // 把 25 赋值给整型数组 buffer 的第四个元素。

在赋值的时候,可以使用变量作为数组下角标。

```
main()
{
  int i, t, buffer[10];
  for (i = 0; i < 10; ++i) buffer[i] = i;
  for (i = 0; i < 5; ++i)
  {
    t = buffer[i];
    buffer[i] = buffer[9 - i];
    buffer[9 - i] = t;
  }
}
```

以上程序意思是先给数组 buffer 赋值为 $0,1,2,\cdots,9$，然后又将 buffer 数组中的内容前后交换，变成了 $9,8,7,\cdots,0$。

3. 数组的初始化

变量可以在定义的时候初始化，数组也可以，如下示例：

$$\text{int array}[5] = \{1, 2, 3, 4, 5\};$$

在定义数组时，可以用放在一对大括号中的初始化表对其进行初始化。初始化值的个数可以和数组元素个数一样多。如果初始化的个数多于元素个数，将产生编译错误；如果少于元素个数，其余的元素被初始化为 0。

如果定义数组中括号内为空时，那么将用初始化值的个数来隐式地指定数组元素的个数，如下所示：

$$\text{int array}[] = \{1, 2, 3, 4, 5\};$$

这也表明数组 array 元素个数为 5。

4. 字符数组

整数和浮点数数组很好理解，在一维数组中，还有一类字符型数组，如下所示：

$$\text{char array}[5] = \{'H', 'E', 'L', 'L', 'O'\};$$

对于单个字符，必须要用单引号括起来。又由于字符和整型是等价的，所以上面的字符型数组也可以表示为

$$\text{char array}[5] = \{72, 69, 76, 76, 79\}; \ // \ 用对应的 \ ASCII \ 码$$

举一个例子：

```
#include <stdio.h>
main()
{
    int i;
    char array[5] = {'H', 'E', 'L', 'L', 'O'};
    for(i = 0; i < 5; i++)
        printf("%d", array[i]);
}
```

最终的输出结果为：72 69 76 76 79。

但是字符型数组和整型数组也有不同的地方，如下所示：

$$\text{char array}[] = "HELLO";$$

编译器会自动将上述语句转换为

$$\text{char array}[] = \{'H', 'E', 'L', 'L', 'O', '\backslash 0'\};$$

最后一个字符'\0'，它是一个字符常量，一般而言，编译器会在字符型数组的最后自动加上一个\0，这是字符的结束标志。所以虽然 HELLO 只有 5 个字符，但存入到数组的个数却是 6 个，不过数组的长度仍然是 5。

5.4.2　指针

规范地使用指针，可以使程序达到简单明了，因此不但要学会如何正确地使用指针，

而且要学会在各种情况下正确地使用指针变量。

1. 指针基本概念及其指针变量的定义

所谓变量的指针,实际上指变量的地址。变量的地址虽然在形式上类似于整数,但在概念上不同于整数类型,它属于一种新的数据类型,即指针类型。

一般用指针来指明表达式 &x 的类型,而用地址作为它的值,也就是说,若 x 为一整型变量,则表达式 &x 的类型是指向整数的指针,而它的值是变量 x 的地址。同样,对于语句"double d;",&d 的类型是指向双精度数 d 的指针,而 &d 的值是双精度变量 d 的地址。所以,指针和地址是用来叙述一个对象的两个方面。虽然 &x、&d 的值分别是整型变量 x 和双精度变量 d 的地址,但 &x、&d 的类型是不同的,一个是指向整型变量 x 的指针,而另一个则是指向双精度变量 d 的指针。在习惯上,很多情况下指针和地址这两个术语混用了。

可以用下述方法定义一个指针类型的变量:

$$int *ip;$$

首先说明了它是一指针类型的变量,注意在定义中不要漏写符号 * ,否则它为一般的整型变量了。另外,在定义中的 int 表示 ip 为指向整数类型的指针变量,有时也可称 ip 为指向整数的指针。ip 是一个变量,专门存放整型变量的地址。

指针变量的一般定义为

类型标识符 * 标识符;

其中,标识符是指针变量的名字;标识符前加 * 号,表示该变量是指针变量;而最前面的类型标识符表示该指针变量所指向的变量的类型。一个指针变量只能指向同一种类型的变量,也就是不能定义一个指针变量,既指向一整型变量又指向双精度变量。

指针变量在定义中允许带初始化项,如

$$int i, *ip = \&i;$$

注意,这里是用 &i 对 ip 初始化,而不是对 * ip 初始化。与一般变量一样,对于外部或静态指针变量在定义中若不带初始化项,指针变量被初始化为 NULL,它的值为 0。C51 中规定,当指针值为 0 时,指针不指向任何有效数据,有时也称 NULL 指针为空指针。

既然在指针变量中只能存放地址,那么在使用中就不要将一个整数赋给一指针变量。一般而言,直接把一个整数值赋给指针变量是不合法的。

下面两条语句:

$$int i = 200, x;$$
$$int *ip;$$

定义了两个整型变量 i 和 x,还定义了一个指向整型数的指针变量 ip。i 和 x 中可存放整数,而 ip 中只能存放整型变量的地址。可以把 i 的地址赋给 ip:

$$ip = \&i;$$

此时指针变量 ip 指向整型变量 i,假设变量 i 的地址为 1800H,这个赋值可以形象地理解为图 5.5 所示的联系。

以后便可以通过指针变量 ip 间接访问变量 i,如

$$x = *ip;$$

运算符 * 访问以 ip 为地址的存储区域,而 ip 中存放的是变量 i 的地址,因此 * ip 访问的是地址为 1800H 的存储区域(因为是整数,实际上是从 1800H 开始的两个字节),它就是 i 所占用的存储区域,所以上面的赋值表达式等价于 x=i。

另外,指针变量和一般变量一样,存放在它们之中的值是可以改变的,也就是说可以改变它们的指向,假设:

$$int\ i,\ j,\ *p1,\ *p2;$$
$$i = 'a';$$
$$j = 'b';$$
$$p1 = \&i;$$
$$p2 = \&j;$$

则建立如图 5.6 所示的联系。

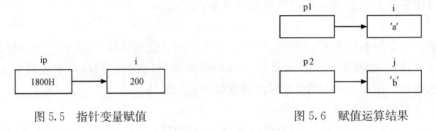

图 5.5　指针变量赋值　　　　　　　图 5.6　赋值运算结果

这时,赋值表达式为

$$p2 = p1;$$

就使 p2 与 p1 指向同一对象 i,此时 * p2 就等价于 i,而不是 j,图 5.6 就变成如图 5.7 所示。

如果对图 5.6 执行如下表达式:

$$*p2 = *p1;$$

则表示把 p1 指向的内容赋给 p2 所指的区域,此时图 5.6 就变成如图 5.8 所示。

图 5.7　p2 = p1 时的情形　　　　　　图 5.8　* p2 = * p1 时的情形

通过指针访问它所指向的一个变量是以间接访问的形式进行的,所以比直接访问一个变量要费时间,而且不直观,因为通过指针要访问哪一个变量,取决于指针的值(即指向)。例如,"* p2 = * p1;"实际上就是"j=i;",前者不仅速度慢而且目的不明。但由于指针是变量,可以通过改变它们的指向,以间接访问不同的变量,这给程序员带来灵活性,也使程序代码编写得更为简洁和有效。

指针变量可出现在表达式中,设

$$int\ x,\ y,\ *px\ =\ \&x;$$

指针变量 px 指向整数 x,则 * px 可出现在 x 能出现的任何地方。例如

y ＝ * px＋5;　// 表示把 x 的内容加 5 并赋给 y

y ＝ ＋＋ * px;　// px 的内容加上 1 之后赋给 y,＋＋ * px 相当于＋＋(* px)

y ＝ * px＋＋;　// 相当于 y＝ * px; px＋＋;两条语句连用

2. 指向数组元素的指针

指针和数组有着密切的关系,任何能由数组下角标完成的操作也都可用指针来实现,但程序中使用指针可使代码更紧凑、更灵活。

下面是定义一个整型数组和一个指向整型的指针变量:

$$int\ a[10],\ *p;$$

现在使整型指针 p 指向数组中任何一个元素,假定给出赋值运算:

$$p\ =\ \&a[0];$$

此时,p 指向数组中的第 0 号元素,即 a[0],指针变量 p 中包含了数组元素 a[0]的地址。由于数组元素在内存中是连续存放的,因此,可以通过指针变量 p 及其有关运算间接访问数组中的任何一个元素。

C51 中,数组名是数组的第 0 号元素的地址,因此下面两个语句是等价的:

$$p\ =\ \&a[0];$$

$$p\ =\ a;$$

根据地址运算规则,a＋1 为 a[1]的地址,a＋i 就为 a[i]的地址。

下面用指针给出数组元素的地址和内容的几种表示形式:

(1) p＋i 和 a＋i 均表示 a[i]的地址,它们均指向数组第 i 号元素,即指向 a[i]。

(2) * (p＋i)和 * (a＋i)都表示 p＋i 和 a＋i 所指对象的内容,即为 a[i]。

(3) 指向数组元素的指针,也可以表示成数组的形式,也就是说允许指针变量带下标,如 p[i]与 * (p＋i)等价。例如

$$p\ =\ a＋5;$$

则 p[2]就相当于 * (p＋2),由于 p 指向 a[5],所以 p[2]就相当于 a[7]。而 p[－3]就相当于 * (p－3),它表示 a[2]。

3. 地址运算

指针允许的运算方式有:

(1) 指针在一定条件下,可以进行比较。这里所说的一定条件,是指两个指针指向同一个对象才有意义。例如,两个指针变量 p 和 q 指向同一数组,则＜、＞、＞＝ 、＜＝ 、＝＝ 等关系运算符都能正常进行。若 p＝＝q 为真,则表示 p 和 q 指向数组的同一元素;若 p ＜ q为真,则表示 p 所指向的数组元素在 q 所指向的数组元素之前(对于指向数组元素的指针在下面将作详细讨论)。

（2）指针和整数可进行加、减运算。设 p 是指向某一数组元素的指针，开始时指向数组的第 0 号元素，设 n 为一个整数，则 p＋n 就表示指向数组的第 n 号元素（下角标为 n 的元素）。不论指针变量指向何种数据类型，指针和整数进行加、减运算时，编译程序总根据所指对象的数据长度对 n 放大。在一般计算机上，char 放大因子为 1，int、short 放大因子为 2，long 和 float 放大因子为 4，double 放大因子为 8。对于下面讲述到的结构或联合，也仍然遵守这一原则。

（3）两个指针变量在一定条件下，可以进行减法运算。设 p 和 q 指向同一数组，则 p－q 的绝对值表示 p 所指对象与 q 所指对象之间的元素个数。其相减的结果遵守对象类型的字节长度进行缩小的规则。

5.4.3 结构体

结构是由基本数据类型构成的，并用一个标识符来命名的各种变量的组合。结构中可以使用不同的数据类型。

1. 结构说明和结构变量定义

在 C 语言中，结构体也是一种数据类型，可以使用结构变量。因此，同其他类型的变量一样，在使用结构变量时要先对其定义。

定义结构变量的一般格式为

```
struct 结构名
{
    类型 变量名；
    类型 变量名；
    …
} 结构变量；
```

其中，结构名是结构的标识符不是变量名；类型为 C 语言中的五种数据类型（整型、浮点型、字符型、指针型和无值型）。

构成结构的每一个类型变量称为结构成员，它与数组的元素一样，但数组中元素是以下标来访问的，而结构是按变量名字来访问成员的。

下面举一个例子来说明怎样定义结构变量。

```
struct string
{
    char name[8];
    int age;
    char sex[4];
    char depart[20];
    float wage1,wage2,wage3;
}person;
```

这个例子定义了一个结构名为 string 的结构变量 person，如果省略变量名 person，则变成对结构的说明。用已说明的结构名也可定义结构变量，如

```
                    struct string per;
```

如果需要定义多个具有相同形式的结构变量时用这种方法比较方便,它先作结构说明,再用结构名来定义变量。例如

```
                struct string Tianyr, Liuqi, ...;
```

如果省略结构名,则称为无名结构,这种情况常常出现在函数内部,用这种结构时前面的例子变为

```
struct
{
  char name[8];
  int age;
  char sex[4];
  char depart[20];
  float wage1,wage2,wage3;
} Tianyr, Liuqi;
```

2. 结构变量的使用

结构是一个新的数据类型,因此结构变量也可以像其他类型的变量一样赋值、运算,不同的是结构变量以成员作为基本变量。结构成员的表示方式为

                        结构变量. 成员名

如果将"结构变量. 成员名"看成一个整体,则这个整体的数据类型与结构中该成员的数据类型相同,这样就可以像前面所讲的变量那样使用。

下面这个例子定义了一个结构变量,其中每个成员都从键盘接收数据,然后对结构中的浮点数求和,并显示运算结果。请注意这个例子中不同结构成员的访问:

```
struct Employ
{
  char name[8];
  int age;
  char sex[4];
  char depart[20];
  float wage1,wage2,wage3;
}a;        // 定义一个结构变量
main()
{
  strcpy(a.name, "Feng Yu");
  a.age = 20;
  strcpy(a.sex, "M");
  strcpy(a.depart, "Resource");
  a.wage1 = 100.5;
  a.wage2 = 300.2;
  a.wage3 = 450.0;
```

```
    }
```

3. 结构指针

结构指针是指向结构的指针。它由一个加在结构变量名前的"＊"操作符来定义,用结构定义一个结构指针如下：

```
    struct SIU
    {
        char name[8];
        char sex[4];
        int age;
        char addr[40];
    } * student;
```

也可以省略结构指针名只作结构说明,然后再用下面的语句定义结构指针：

$$\text{struct STU } * \text{ student;}$$

使用结构指针对结构成员的访问,与结构变量对结构成员的访问在表达方式上有所不同。结构指针对结构成员的访问表示为

结构指针名 —> 结构成员

其中,"—>"是两个符号"—"和">"的组合,好像一个箭头指向结构成员。例如,要给上面定义的结构中 name 和 age 赋值,可以用下面语句：

$$\text{strcpy(student } \text{—> name, "Feng Yu");}$$
$$\text{student } \text{—> age } = 18;$$

实际上,student—>name 就是(＊student).name 的缩写形式。

需要指出的是,结构指针是指向结构的一个指针,即结构中第一个成员的首地址,因此在使用之前应该对结构指针初始化,即分配整个结构长度的字节空间,这可用下面函数完成, 仍以上例来说明如下：

$$\text{student } = \text{ (struct STU } * \text{)malloc(sizeof (struct STU));}$$

其中,sizeof (struct STU)将自动求取 STU 结构的字节长度；malloc()函数定义了一个大小为结构长度的内存区域,然后将其地址作为结构指针返回。

对结构指针,要注意以下两点：

(1) 结构作为一种数据类型,因此定义的结构变量或结构指针变量同样有局部变量和全程变量,视定义的位置而定。

(2) 结构变量名不是指向该结构的地址,这与数组名的含义不同,因此若需要求结构中第一个成员的首地址应该是 &[结构变量名]。

5.4.4　共用体

共用体又称联合(union),是 C 语言的构造类型数据结构之一。它与数组、结构等一样,也是一种比较复杂的构造数据类型。

1. 共用体说明和共用体变量定义

共用体说明和共用体变量定义与结构十分相似。其形式为

```
union 共用体类型名
{
    数据类型 成员名；
    数据类型 成员名；
    …
}共用体变量名；
```

共用体表示几个变量共用一个内存位置，在不同的时间保存不同的数据类型和不同长度的变量。

下例表示说明一个共用体类型 a_bc：

```
union a_bc
{
    int i;
    char mm;
};
```

然后用已说明的共用体类型可定义共用体变量。例如，用上面说明的共用体定义一个名为 lgc 的共用体变量，可以写成

$$union\ a\_bc\ lgc;$$

在共用体变量 lgc 中，整型量 i 和字符 mm 共用同一内存位置。

当一个共用体被说明时，编译程序自动地产生一个变量，其长度为共用体中最大的变量长度。

共用体访问其成员的方法与结构相同。同样共用体变量也可以定义成数组或指针，但定义为指针时，也要用"—＞"符号，此时共用体访问成员可以表示成

$$共用体名 —＞ 成员名$$

另外，共用体既可以出现在结构内，它的成员也可以是结构。例如

```
struct
{
    int age;
    char * addr;
    union
    {
        int i;
        char * ch;
    }x;
}y[10];
```

若要访问结构变量 y[1]中共用体 x 的成员 i，可以写成

$$y[1].x.i;$$

若要访问结构变量 y[2]中共用体 x 的字符串指针 ch 的第一个字符，可以写成

$$* y[2].x.ch;\quad // 若写成 "y[2].x. * ch;" 是错误的$$

2. 结构和共用体的区别

（1）结构和共用体都是由多个不同的数据类型成员组成，但在任何同一时刻，共用体中只存放了一个被选中的成员，而结构的所有成员都存在。

（2）对于共用体的不同成员赋值，将会对其他成员重写，原来成员的值就不存在了，而对于结构的不同成员赋值互不影响的。

下面举一个例子来加深对共用体的理解。

```
main()
{
  union
  {                        // 定义一个共用体
    int i;
    struct
    {                      // 在共用体中定义一个结构
      char first;
      char second;
    }half;
  }number;
  number.i = 0x4241;       // 共用体成员赋值
  // i赋值后,结构体成员half内容变化为A和B
  number.half.first = 'a'; // 共用体中结构成员赋值
  number.half.second= 'b';
  // 结构体成员赋值后,共用体内i成员的值变化为0x6261
}
```

从上例结果可以看出，当给 i 赋值后，其低八位也就是 first 和 second 的值；当给 first 和 second 赋字符后，这两个字符的 ASCII 码也将作为 i 的低八位和高八位。

简单地说，就是共用体里面的所有变量共用一个内存区域，区域大小是所有变量中最大的那个。改动某一个变量的值，其他的值也会随之改变。

5.4.5　枚举

枚举是一个被命名的整型常数的集合，枚举在日常生活中很常见。例如表示星期的 Sunday，Monday，Tuesday，Wednesday，Thursday，Friday，Saturday，就是一个枚举。

枚举的说明与结构和联合相似，其形式为

```
enum 枚举名
{
  标识符[＝整型常数],
  标识符[＝整型常数],
  …
  标识符[＝整型常数],
```

}枚举变量;

如果枚举没有初始化,即省掉"=整型常数"时,则从第一个标识符开始,顺次赋给标识符 0,1,2,…。但当枚举中的某个成员赋值后,其后的成员按依次加 1 的规则确定其值。

例如下列枚举说明后,x1、x2、x3、x4 的值分别为 0、1、2、3。

$$\text{enum SX\{x1, x2, x3, x4\}x;}$$

当定义改变成

```
enum SX
{
    x1,
    x2 = 0,
    x3 = 50,
    x4,
}x;
```

则 x1=0、x2=0、x3=50、x4=51。

注意:

(1) 枚举中每个成员(标识符)结束符是逗号,不是分号,最后一个成员可以省略逗号。

(2) 初始化时可以赋负数,以后的标识符仍依次加 1。

(3) 枚举变量只能取枚举说明结构中的某个标识符常量。

例如:

```
enum SX
{
    x1 = 5,
    x2,
    x3,
    x4,
};
enum SX x_t = x3;
```

此时,枚举变量 x_t 实际上是 7。

5.5 函   数

在高级语言中,函数和另外两个名词"子程序"、"过程"用来描述同样的事情,都含有以同样的方法重复地完成某件事情的意思。C51 中使用"函数"这个述语,主程序可以根据需要来调用函数,当函数执行完毕时,发出 return 指令,而主程序则继续执行函数调用后面的指令。同一个函数可以在不同的地方被调用,并且函数可以重复使用。

C 语言程序采用函数结构,每个 C 语言程序由一个或多个函数组成,在这些函数中至少应包含一个主函数 main(),也可以包含一个 main() 函数和若干个其他的功能函数。不管 main() 函数放于何处,程序总是从 main() 函数开始执行,执行到 main() 函数结束则结束。在 main()函数中调用其他函数,其他函数也可以相互调用,但 main()函数只能调用其他的功能函数,而不能被其他的函数所调用。功能函数可以是 C 语言编译器提供的库函数,也可以是由用户定义的自定义函数。在编制 C 程序时,程序的开始部分一般是预处理命令、函数说明和变量定义等。C 语言程序的一般组成结构如下所示:

```
include <stdio.h>        // 预处理命令
long  fun1();            // 函数说明
float fun2();
int x,y;                 // 全程变量说明
float z;
func1()                  // 功能函数1
{
    局部变量说明;
    函数体;
}
main()                   //主函数
{
    局部变量说明;
    主函数体;
}
func2()                  //功能函数2
{
    局部变量说明;
    函数体;
}
```

从 C 语言程序的结构上划分,C 语言函数分为主函数 main()和普通函数两种;从用户使用的角度划分,函数有标准库函数和用户自定义函数两种。

5.5.1　函数的定义

函数有三种形式:无参数函数、有参数函数和空函数。下面简单介绍这三种函数的定义方法。

1. 无参数函数的定义

无参数函数的定义形式为

```
返回值类型标识符 函数名()
{
    函数体语句;
}
```

说明:无参数函数一般不带返回值,因此函数返回值类型识别符可以省略。例如

```
void print_function()
{
```

```
    printf("Hello World !");
  }
```

2. 有参数函数的定义

有参数函数的定义形式为

```
    返回值类型标识符 函数名(形式参数列表)
    形式参数说明;
    {
        函数体语句;
    }
```

下面为最小公约数函数的例子：

```
    hcf(u, v)
    int u, v;
    {
      int a, b, t, r;
      if(u > v)
      {
        t = u; u = v; v = t;
      }
      a = u; b = v;
      while((r = b%a) ! = 0)
      {
        b = a; a = r;
      }
      return(a);
    }
```

3. 空函数的定义

空函数的定义形式为

```
    返回值类型标识符 函数名()
    {
    }
```

例如：

```
    int empty()
    {
    }
```

5.5.2　函数的调用

1. 函数调用的一般形式

函数调用的一般形式为

函数名（实际参数列表）；

说明：对于有参数型函数，若包含多个实际参数，则应将各参数之间用逗号分隔开。主调用函数的数目于被调用函数的形式参数数目应该相等。实际参数与形式参数按实际顺序一一对应传递数据。如果调用的是无参数函数，则实际参数表可以省略，但函数名后面必须有一对空的小括号。

2. 函数调用的方式

主调用函数对被调用函数的调用可以有以下三种方式：

（1）函数调用语句：把被调用函数名作为主调用函数中的一个语句。例如

print_function();　　// 此时不要求被调用函数返回数值，只求完成某种操作即可。

（2）函数结果作为表达式的一个运算对象。例如

$$sum = 3 + hcf(a,b);$$

此时被调用函数以一个运算对象的身份出现在一个表达式中。这要求被调用函数带有 return 语句，以便返回一个明确的数值参加表达式的运算。被调用函数 hcf 为表达式的一部分。它的返回值与 3 相加后在赋给变量 sum。

（3）函数参数。例如

$$m = max(a,hcf(u,v));$$

其中，hcf(u,v)是一次函数调用。它的值作为另一个函数调用 max()的实际参数之一，最好的 m 变量值为 a 和 u,v 的最大公约数两者之中最大的一个。

3. 对被调用函数的说明

在一个函数中调用另一个函数必须具有以下条件：

（1）被调用函数必须已经存在(库函数或用户自定义函数)；

（2）如果程序中使用了库函数，或使用了不在同一文件中的自定义函数，则应该在程序的开头处使用"♯include"包含语句，将所调用函数的信息包括到程序中来。例如

♯include "stdio. h"// 将标准输入、输出头文件(在函数库中)包含到程序中，该文件中包含 printf()等库函数。

♯include "math. h"// 将函数库中专用数学库的函数包含到程序中。

说明：这样在程序编译时，系统会自动将函数库中的有关函数调入到程序中来，编译出完整的程序代码。

（3）如果程序使用自定义函数，且该函数与调用它的函数同在一个文件中，则应根据主调函数与被调函数在文件中的位置，决定是否对被调用函数作出说明。此处又有三种情况：

① 如果被调用函数出现在主调用函数之后，一般应在主调用函数中，在对被调用函数调用之前，对被调用函数的返回值类型做出说明。一般形式为

返回值类型说明符 被调用函数的函数名()；

② 如果被调用函数的定义出现在主调用函数之前，可以不对被调用函数加以说明。因为 C 编译器在编译主调用函数之前，已经预先知道已定义了被调用函数的类型，并自

动加以处理。

③ 如果在所有函数定义之前,在文件的开头处,在函数的外部已经说明了函数的类型,则在主调用函数中不必对所调用的函数再作返回值类型说明。

5.5.3　函数的嵌套调用与递归调用

C 语言中,函数的定义都是相互独立的,所以在定义函数时,一个函数的内部不能包含另一个函数。尽管 C 语言中函数不能嵌套定义,但允许嵌套调用函数和递归调用。

1. 函数的嵌套调用

所谓函数的嵌套调用,即在调用一个函数的过程中,允许调用另外一个函数。有些 C 编译器对嵌套的深度有一定限制,就 8051 单片机而言,对函数嵌套调用层次的限制是由于片内 RAM 中缺少大型堆栈空间所致。每次调用都将使 8051 系统把 2 字节(调用指令的下一条指令地址)压入内部堆栈,而 C 编译器通常依靠堆栈来频繁地进行参数传递。所以在一个函数内应将嵌套调用的层次限制在四五层以内。

2. 函数的递归调用

所谓函数的递归调用,即在调用一个函数的过程中,又直接或间接地调用该函数本身。例如,利用函数的递归调用计算一个数的阶乘" !"。

```
int factorial(int n)
{
  int result;
  if (n == 0)
  {
    result = 1;
  }
  else
    result = n * factorial(n—1);   // factorial 函数的递归调用
  return(result);
}
```

5.5.4　中断服务函数

1. 中断服务函数的定义

中断服务函数的定义形式为

返回值类型标识符 函数名() interrupt 中断号 using 寄存器组号
{
　　函数体语句;
}

编写 MCS-51 单片机中断函数应该注意如下几点。

（1）中断函数不能进行参数传递，如果中断函数中包含任何参数声明都将导致编译出错。

（2）中断函数没有返回值，如果企图定义一个返回值将得不到正确的结果，建议在定义中断函数时将其定义为 void 类型，以明确说明没有返回值。

（3）在任何情况下都不能直接调用中断函数，否则会产生编译错误。因为中断函数的返回是由 8051 单片机的 RETI 指令完成的，RETI 指令影响 8051 单片机的硬件中断系统。如果在没有实际中断情况下直接调用中断函数，RETI 指令的操作结果会产生一个致命的错误。

（4）如果在中断函数中调用了其他函数，则被调用函数所使用的寄存器必须与中断函数相同；否则会产生不正确的结果。

（5）C51 编译器对中断函数编译时会自动在程序开始和结束处加上相应的内容，具体如下：在程序开始处对 ACC、B、DPH、DPL 和 PSW 入栈，结束时出栈。如中断函数未加 using 修饰符的，开始时还要将 R0、R1 入栈，结束时出栈；如中断函数加 using 修饰符，则在开始将 PSW 入栈后还要修改 PSW 中的工作寄存器组选择位。

（6）C51 编译器从绝对地址 8×中断号＋3 处产生一个中断向量，中断号即是修饰符 interrupt 后面的数字。该向量包含一个到中断函数入口地址的绝对跳转。

（7）中断函数最好写在文件的尾部，并且禁止使用 extern 存储类型说明。防止其他程序调用。

2. 修饰符 interrupt

interrupt 是 C51 中非常重要的一个修饰符，这是因为中断函数必须通过它进行修饰。在 C51 程序设计中，当函数定义时用了 interrupt 修饰符，系统编译时把对应函数转化为中断函数，自动加上程序头段和尾段，并按 MCS-51 系统中断的处理方式自动把它安排在程序存储器中的相应位置。

在该修饰符后，中断号的取值为 0～31，8051 系统对应的中断情况如下：

（1）0 —— 外部中断 0；

（2）1 —— 定时/计数器 T0；

（3）2 —— 外部中断 1；

（4）3 —— 定时/计数器 T1；

（5）4 —— 串行口中断；

（6）5 —— 定时/计数器 T2；

（7）其他值预留。

3. 修饰符 using

using 用于指定本函数内部使用的工作寄存器组，其后寄存器组号的取值为 0～3，表示本函数使用的工作寄存器组号。

对于 using 修饰符的使用，注意以下几点：

（1）加入 using 后，C51 在编译时将自动在函数的开始处和结束处加入以下指令。

```
PUSH    PSW       ; 标志寄存器入栈
MOV     PSW, X    ; X 是与寄存器组号相关的常量
…
POP     PSW       ; 标志寄存器出栈
```

（2）using 修饰符不能用于有返回值的函数,因为 C51 函数的返回值是放在寄存器中的。如果寄存器组改变了,返回值就会出错。例如,编写一个用于统计外中断 1 的中断次数的中断服务程序：

```
void int1( ) interrupt 2 using 1
{
    count ++;   // count 为全局变量
}
```

5.5.5　指向函数的指针变量

在 5.4 节学习了指针的概念,知道指针变量可以指向变量、字符串和数组。除此之外,指针变量还可以指向函数,即可以用函数的指针变量来调用函数。

一个函数在编译时,C 编译器会给它分配一个入口地址,该地址就称为函数的指针。可以用一个指针变量指向函数,然后通过该指针变量调用此函数。例如,用函数的指针变量调用函数：

```
int hcf(u,v);
main( )
{
    int sum;
    int ( * func_pointer)( );   // 函数指针变量定义
    func_pointer=hcf;   // 将函数 hcf 的入口地址赋给指针变量 func_pointer
    sum = 3 + ( * func_pointer)(a,b);   // 用函数指针变量调用函数
    …
}
```

在上例中,"int (* func_pointer)( );"这一行说明 func_pointer 是一个指向函数的指针变量,指向函数的返回值类型为 int 型。要特别注意"(* func_pointer)( )"不能写成" * func_pointer( )",因为" * func_pointer( )"表示"func_pointer"为一个函数,该函数的返回值类型是指针。"(* func_pointer)(a,b);"这一句即是用函数指针变量调用 hcf 函数,其等价于调用 hacf(a,b)函数。

5.5.6　局部变量和全局变量

在讨论函数的形参变量时曾经提到,形参变量只在被调用期间才分配内存单元,调用结束立即释放。这一点表明形参变量只有在函数内才是有效的,离开该函数就不能再使用了。这种变量有效性的范围称变量的作用域。不仅对于形参变量,C 语言中所有的量都有自己的作用域。变量说明的方式不同,其作用域也不同。C 语言中的变量,按作用域范围可分为两种,即局部变量和全局变量。

1. 局部变量

局部变量也称为内部变量。局部变量是在函数内作定义说明的。其作用域仅限于函数内,离开该函数后再使用这种变量是非法的。

如下代码中,函数 f1 内定义了三个变量:a 为形参,b、c 为一般变量。在 f1 的范围内 a、b、c 有效,或者说 a、b、c 变量的作用域限于 f1 内:

```
int f1(int a)
{
  int b,c;
  …
}
```

函数 f2 内定义了三个变量:x 为形参,y、z 为一般变量。在 f2 的范围内 x、y、z 有效,或者说 x、y、z 变量的作用域限于 f2 内:

```
int f2(int x)
{
  int y,z;
  …
}
```

main 中定义了变量 m 和 n,这两个变量的作用域限于 main 函数内:

```
main()
{
  int m, n;
  …
}
```

关于局部变量的作用域还要说明以下几点:

(1) 主函数中定义的变量也只能在主函数中使用,不能在其他函数中使用。同时,主函数中也不能使用其他函数中定义的变量。因为主函数也是一个函数,它与其他函数是平行关系。这一点是与其他语言不同的,应予以注意。

(2) 形参变量是属于被调函数的局部变量,实参变量是属于主调函数的局部变量。

(3) 允许在不同的函数中使用相同的变量名,它们代表不同的对象,分配不同的单元,互不干扰,也不会发生混淆。如在前例中,形参和实参的变量名都为 n,是完全允许的。

(4) 在复合语句中也可定义变量,其作用域只在复合语句范围内。

以下是一个简单的局部变量程序示例:

```
main()
{
  int i=2,j=3,k;
```

```
    k=i+j;
    {
      int k=8;
      if(i==2)
      {
        i=3;
        printf("k1=%d\n",k);
      }
    }
    printf("i=%d\nk2=%d\n",i,k);
}
```

其运行结果为

```
    k1=8
    i=3
    k2=5
```

程序在 main 中定义了 i、j、k 三个变量,其中 k 未赋初值。而在复合语句内又定义了一个变量 k,并赋初值为 8。应该注意这两个 k 不是同一个变量。在复合语句外由 main 定义的 k 起作用,而在复合语句内则由在复合语句内定义的 k 起作用。因此程序第 4 行的 k 为 main 所定义,其值应为 5。第 7 行输出 k 值,该行在复合语句内,由复合语句内定义的 k 起作用,其初值为 8,故输出值为 8,第 9 行输出 i、k 值。i 是在整个程序中有效的,第 7 行对 i 赋值为 3,故输出也为 3。而第 9 行已在复合语句之外,输出的 k 应为 main 所定义的 k,此 k 值由第 4 行已获得为 5,故输出也为 5。

2. 全局变量

全局变量也称为外部变量,它是在函数外部定义的变量。它不属于哪一个函数,它属于一个源程序文件。其作用域是整个源程序。在函数中使用全局变量,一般应作全局变量说明。只有在函数内经过说明的全局变量才能使用。全局变量的说明符为 extern。但在一个函数之前定义的全局变量,在该函数内使用可不再加以说明。例如

```
int a, b;        // 外部变量
void f1()        // 函数 f1
{
  …
}
float x, y;      // 外部变量
int f2()         // 函数 f2
{
  …
}
main()           // 主函数
{
```

```
        …
    }
```

从上例可以看出 a、b、x、y 都是在函数外部定义的外部变量,都是全局变量。但 x、y 定义在函数 f1 之后,而在 f1 内又无对 x、y 的说明,所以它们在 f1 内无效。a、b 定义在源程序最前面,因此在 f1、f2 及 main 内不加说明也可使用。

举例:输入正方体的长宽高 l、w、h,求体积及三个面 x * y、x * z、y * z 的面积。

```
    int s1, s2, s3;
    int vs( int a, int b, int c)
    {
        int v;
        v = a * b * c;
        s1 = a * b;
        s2 = b * c;
        s3 = a * c;
        return v;
    }
    main()
    {
        int v, l, w, h;
        printf("\ninput length,width and height \n");
        scanf("%d%d%d",&l,&w,&h);
        v = vs(l, w, h);
        printf("\nv=%d,s1=%d,s2=%d,s3=%d\n",v,s1,s2,s3);
    }
```

如果同一个源文件中,外部变量与局部变量同名,则在局部变量的作用范围内,外部变量被"屏蔽",即它不起作用。

5.6　C51 的库函数

C51 提供了 100 多个预定义函数,用户可以在自己的 C51 程序中使用这些函数。利用这些函数可以提高嵌入式软件的开发效率。C51 的库函数大多都遵循 ANSI C 标准,但有些与 ANSI C 标准库稍有不同。例如,函数 isdigit 的返回值是 bit 类型,而非 ANSI C 标准库中的 int 类型。下面来认识一下 C51 标准库函数的主要类别,关于函数句法和使用方法的完整信息可参考 Keil C 软件中的帮助文件。

5.6.1　一般 I/O 函数 stdio. h

流输入和流输出函数(见表 5.4)声明包含在头文件 stdio. h 中,这类函数允许用户通过 8051 单片机串口或用户定义 I/O 口读写数据。

表 5.4　流输入和流输出函数

函数	说明
getchar	使用 _getkey 和 putchar 读入和回应一个字符
_getkey	通过 8051 串口读入一个字符
gets	使用 getchar 函数读入和回应一个字符
printf/printf517	使用 putchar 函数输出格式化的数据
putchar	使用 8051 串口输出一个字符
puts	使用 putchar 函数输出字符串和换行符"\n"
scanf/scanf517	使用 getchar 函数读取格式化数据
sprintf/sprintf517	将格式化数据输出到字符串
sscanf/sscanf517	从字符串中读入格式化数据
ungetchar	将字符放回 getchar 输入缓冲区
vprintf	使用 putchar 函数输出格式化数据
vsprintf	将格式化数据输出到字符串中

用户如果使用现有的 _getkey 和 putchar 函数,就必须初始化 8051 串行口,若串行口没有正常的初始化,则默认的流函数不会起作用。表中的大多数函数在 stdio. h 头文件中有原型,而 printf517、scanf517、sprintf517 和 sscanf517 函数在 80C517. h 头文件中有原型。

5.6.2　字符函数库 string. h

字符串函数的原型(见表 5.5)都在 string. h 头文件中,且都以函数形式实现。

表 5.5　字符串操作函数

函数	说明
strcat	连接两个字符串
strchr	返回指向字符串中指定字符首次出现位置的指针
strcmp	比较两个字符串
strcpy	将一个字符串内容复制到另一个字符串中
strcspn	返回字符串第一个匹配另一字符串中字符的字符索引值
strlen	返回字符串的长度
strncat	将一个字符串中指定的字符连接到另一个字符串中
strncmp	比较两个字符串中指定数目的字符
strncpy	将一个字符串中指定数目的字符复制到另一个字符串中
strpbrk	返回一个指针,指向字符串中第一个匹配另一个字符串中任一字符的位置
strops	返回指定字符在字符串中首次出现的位置
strrchr	返回指向指定字符在字符串中最后出现的位置的指针
strrpbrk	返回一个指针,指向搜索字符串中最后一个匹配另一字符串中任一字符的位置
strrpos	返回指定字符在字符串中最后出现的位置
strspn	返回字符串中第一个不匹配另一字符串中任一字符的索引
strstr	返回一个指针,指向字符串中与另一字符串相同的字符

5.6.3　标准函数库 stdlib. h 及其他头文件

（1）标准函数库（stdlib. h）头文件中包含类型转换和存储器分配函数的原型和定义，如下所列：

atof atoi atol calloc init_mempool malloc rand realloc strtod strtol strtoul free rand

（2）数学函数库（math. h）头文件中包含所有浮点运算函数的定义和原型，其他的数学运算函数也包含在该文件中，所有的数学运算函数如下：

abs acos asin stan stan2 cabs cos cosh exp fabs floorfmod fprestore fpsaave labs log log10 modf pow sin sinh sqrt tan tanh

（3）绝对地址访问（absacc. h）头文件中包含的宏定义允许用户直接访问 8051 单片机的不同存储区，所有的宏定义如下：

CBYTE CWORD DBYTE DWORD FARRAY FCARRAY FCVAR FVAR PBYTE PWORD XBYTE XWORD

（4）内部函数库（intrins. h）包含有诸如"_nop_"一类的单片机内部操作函数：

chkfloat _crol_ _cror_ _irol_ _iror_ _lrol_ _lror_ _nop_ _testbit_

（5）访问 SFR 和 SFR_bit 地址头文件（reg×××. h）

C51 库提供了一些头文件 reg×××. h，在 8051 单片机中，这些头文件用来定义一些指向特殊功能寄存器常量。这些文件如下：

reg151S. h	reg152. h	reg320. h	reg410. h	reg451. h
reg452. h	reg509. h	reg51. h	reg515. h	reg515A. h
reg515C. h	reg517. h	reg517A. h	reg51F. h	reg51G. h
reg51GB. h	reg52. h	reg552. h	reg592. h	reg781. h

5.7　C51 模块化程序设计

前面章节中，已经学习了 C51 语言的一些基本知识。如何把这些内容有机地结合起来，开发一个实用的 C51 程序呢？本节将介绍使用 C51 开发应用程序所需要掌握的一些基本知识。

5.7.1　基本概念

1. 程序的组成

一个程序可分为两大部分，即数据说明部分和数据操作部分。数据说明部分主要对程序所用到的数据结构进行定义和赋初值；数据操作部分则通过一定的语句和流程对数据进行加工以达到设计的目的。在实际应用程序开发中，从结构化编程的角度来说，为了便于开发和扩展，程序应由可独立完成若干特定功能的函数组成。

2. 常用名词

(1) 文件。

文件是计算机的基本存储单位,不同文件可以通过文件名后的扩展名来区分。C51 文件扩展名如表 5.6 所示。

表 5.6　C51 文件扩展名

扩展名	说　　　明
. asm 或 . a51	汇编语言源文件
. c 或 . c51	C51 语言源文件
. h	编译时源文件中的头文件
. lst	汇编/编译的程序和错误列表文件
. err	错误报告文件
. obj	可重定位的目标模块文件
. lib	库文件
. lnk	连接/定位器使用的文件
. map 或 . m51	连接/定位后产生的映像文件
. hex	连接/定位后产生的目标文件

(2) 源程序文件。

源程序文件是由用户编制的由一个或多个函数组成的完成特定功能的程序代码。

(3) 目标文件。

目标文件是单片机可执行的程序文件,它包含着用户开发的运行在单片机上的机器代码。

(4) 汇编/编译器。

汇编器是针对汇编语言程序的,而编译器是针对高级语言(如 C 语言)程序的。它们被用来将源程序翻译成单片机可执行的目标代码,从而产生一个目标文件。

(5) 段。

段与数据或者程序存储器有关,即程序段和数据段。一个段有段名、类型及属性,它们在存储器中的位置由用户指定或者由连接器/定位器确定。

(6) 模块。

模块是包含一个或多个段的文件。一个模块通常为显示、计算或与下层接口有关的函数或子程序,能够单独完成一定的功能。

(7) 库。

库是包含一个或者多个模块的文件。库中的这些模块通常是由编译或者汇编得到的可重定位的目标模块。连接器仅从库中选取与其他模块相关的模块进行连接。

(8) 连接/定位器。

连接器将一个程序的多个源文件产生的各个目标文件按照一定规则与用户自定义库文件和标准库文件连接起来。定位器将地址分配给程序中的各个段。经过连接、定位后,生成绝对目标文件(单片机可执行的文件)和映像文件(提供给程序员的最终个空间映像表)。

（9）应用程序。

应用程序是整个开发过程的最终结果，并最终在单片机用户系统中运行，完成设计功能。

5.7.2　模块化程序开发过程

模块化程序设计方法：在设计程序求解问题时，首先要对问题从整体的角度进行分析，将其分解成几个有机的组成部分，如果某些部分还比较复杂可再分解，经过逐步分解和细化后，将一个大而复杂的问题，从总体到局部，逐步分解为若干个小的可解的基本问题；然后通过求解这些基本问题最终求解得原问题的解。

模块化程序设计方法反映了结构化程序设计的"自顶而下，逐步求精"的基本思想。目前，在单片机程序开发过程中仍主要采用模块化编程，将一个大的程序分成若干功能独立的模块分别开发，最后将各个模块进行整合。

模块划分原则：使每个模块都容易解释。设计程序系统时使用按功能划分模块的方法，使模块的独立性比较高。

一般而言，一个大型的单片机程序往往包含很多模块，整个程序可以这样组织：

（1）每一个 C 源文件都建立一个与之名字一样的 H 文件（头文件），其中仅包括该 C 文件中的函数的声明。

（2）建立一个所有的文件都要共同使用的头文件（文件名可取为 common.h），该头文件可以包含单片机管脚使用的定义，还有那些必需的编译器系统头文件，如 reg52.h、absacc.h 等。

（3）每个 C 源文件应该包含自己的头文件以及 common.h，C 文件内可以定义该文件内部使用的全局变量，如果在其他文件中还要访问这个全局变量，可以在其头文件中以 extern 再次定义该全局变量。

（4）主文件 main.c 里面包含所有 C 源文件对应的头文件和 common.h，main.c 中的函数可以再建一个头文件 main.h 声明，也可以直接放在 main.c 文件的开头部分声明，中断服务程序一般也放在 main.c 文件中。

（5）对于那些贯穿整个工程的变量，可以先在 main.c 文件中定义，然后在 common.h 文件中用 extern 关键字再次声明一遍，哪个文件要使用就只需包含 common.h 文件即可。

（6）建立工程的时候，只要把 C 源文件加到工程中，把 H 文件直接放到相应的工程目录下，不需要加到工程里面。

习　　题

（1）编写函数 htoi(s)，把由十六进制数字组成的字符串（前面可能包含 0x 或 0X）转换成等价的整数值。字符串中允许的数字为 0～9、a～f 和 A～F。

（2）编写函数 bitcount(x)，用于统计整数变量 x 中值为 1 的位的个数。

（3）编写函数 strend(s,t)，如果字符串 t 出现在字符串 s 的尾部，则返回 1；否则返回 0。

（4）利用定时/计数器 T1 产生定时时钟,由 P1 口控制 8 个发光二极管,使 8 个指示灯依次一个一个闪动,闪动频率为 8 次/s(8 个灯依次亮一遍为一个周期),循环。

（5）已知"int a＝12;"请计算以下表达式运算后 a 的值:

　　　　a＋＝a

　　　　a＜＜＝2

　　　　a|＝2&3

　　　　a/＝a＋a

　　　　a%＝(a%＝2)

　　　　a＋＝a－＝a * ＝a

　　　　a－＝(a&0x01)? 1;0

（6）华氏温度 F 与摄氏温度 C 的转换公式为:C＝(F－32) * 5/9,则用以下语句:

　　　　float c, F;

　　　　c＝5/9 * (F－32);

是其对应的 C 语言表达式吗? 如果不是,为什么?

（7）简述 C51 中 bit 和 sbit 的区别,unsigned char 和 sfr 又有何不同?

（8）C51 中断函数和普通的 C 语言函数的区别在哪里? 中断函数主要用于什么操作?

第6章 单片机内部资源及编程

MCS-51单片机芯片内部提供了一些非常实用的内部资源,主要包括:定时/计数器、中断系统,以及串行接口。这些功能单元是构成单片机的硬件核心,也是各型号单片机共有的单元。单片机的大部分功能就是通过对这些资源的利用来实现的,下面分别对其介绍,并用汇编语言和C语言分别给出相应例子。

6.1 中断系统

6.1.1 中断概述

单片机正常工作时,按用户程序逐条执行指令,如果系统中出现某些急需处理的事件,CPU暂时终止执行当前的程序,转去执行服务程序,以对发生的更紧迫的事件进行处理,待服务程序结束后,CPU自动返回原来的程序继续执行,这个过程就称为中断,如图6.1所示。

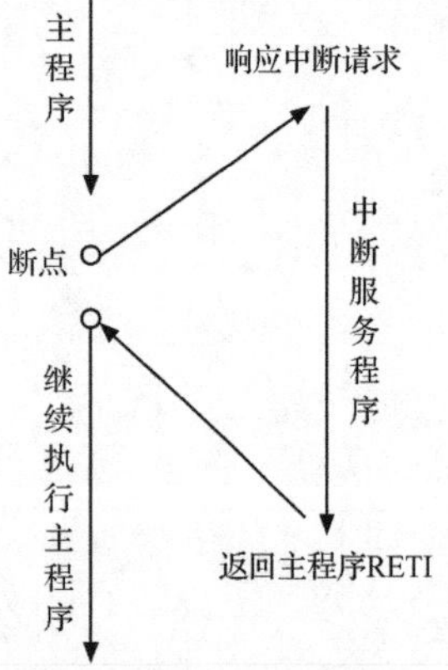

单片机的中断服务流程如图6.2所示。从流程图开始可以看出,只有在一条指令执行完毕,才可以响应中断请求,以确保指令的完整执行,这是通过中断查询都是放在每条指令的最后一个机器周期来保证的。

对图6.2说明如下:

(1)中断源提出申请,并建立相应的标志位(由片内硬件自动设置中断标志)。

(2)CPU结束当前的工作,响应中断申请,同时把运行的当前程序的断点地址压入堆栈,即保护断点。这由片内硬件自动完成。

(3)保护现场,把断点处的有关信息(如工作寄存器、累加器、程序状态字PSW、数据指针等)压入堆栈,即保护现场。这由用户软件完成。

(4)中断服务程序是进行中断处理的具体过程,以子程序的形式出现。

(5)恢复现场,将断点处保护的有关信息从堆栈中弹出,以确保返回原来程序后继续使用这些信息。这由用户程序完成。

(6)中断服务程序结束后要返回原来程序。返回用RETI指令实现。

在中断服务流程图中有开中断和关中断的操作。单片机响应中断后并不能自动关中断,因此中断处理时可能又有新的中断请求,但现场保护和恢复操作是不允许打扰的,否则将破坏现场信息。为此在现场保护和恢复之前要先关中断,以屏蔽其他中断请求。待现场保护和恢复操作之后,为使系统具有中断嵌套功能,再开中断系统。开中断和关中断

图6.1 中断过程

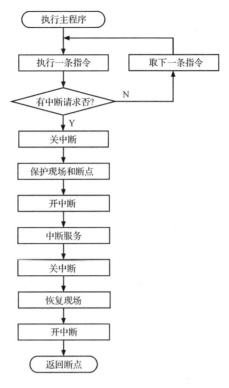

图 6.2　中断服务流程图

操作由用户程序完成。

　　中断技术可以使多项任务共享一个资源,使 CPU 不需要在查询上浪费大量时间,极大地提高了 CPU 的工作效率。中断技术在实际应用中主要有以下几方面:

　　(1) 实现 CPU 与外部设备的速度配合。许多外部设备的速度较慢,因此可以用中断的方式完成它与 CPU 数据的交换。CPU 和外部设备交换信息时,可以先行启动这些设备,使其做好交换信息的准备工作。然后 CPU 又去执行原来程序。待外部设备准备工作就绪,即可向 CPU 发出中断申请。CPU 响应中断,在中断服务程序中与外部设备交换信息。待交换信息完成后,CPU 再返回断点处,继续执行原程序。

　　(2) 实现实时控制。所谓实时控制,就是被控对象可以随时向 CPU 发出请求,要求及时处理,以确保对象保持在最佳状态。这种要求 CPU 做出快速响应的实时处理功能,可应用中断技术完成。

　　(3) 实现故障的及时处理。借助中断技术可以对单片机系统运行中的某些故障(如断电故障、运算出错等)及时发现,并迅速处理。

　　(4) 实现人机对话。单片机系统运行中需要通过键盘、按钮等来进行人工干预。一般由键盘、按钮等发出中断请求,当 CPU 响应中断后,在中断服务程序中完成人机对话。

6.1.2 中断源

中断源就是向 CPU 发出中断请求的来源。在 MCS-51 单片机中,单片机类型不同,其中断源的个数也不完全相同。8031、8051 和 8751 单片机有 5 个中断源,AT89C51/S51 共有 6 个中断源,AT89C52/S52 共有 8 个中断源。本章介绍的基本型的单片机的 5 个中断源为:2 个外部中断、2 个定时/计数器中断及 1 个串行口中断。

1. 外部中断源

外部中断源就是由外部信号引起的中断,共有 2 个中断源,即外部中断 0 和外部中断 1,它们的中断请求信号分别由单片机引脚$\overline{INT0}$(P3.2)和$\overline{INT1}$(P3.3)输入。

外部中断请求有两种信号方式:电平方式和脉冲方式。电平方式的中断请求是低电平有效,只要在$\overline{INT0}$或$\overline{INT1}$引脚上出现有效低电平时,就激活外部中断标志;脉冲方式的中断请求则是脉冲的负跳变有效,在两个相邻机器周期内,$\overline{INT0}$或$\overline{INT1}$引脚电平状态发生从高电平到低电平的变化,即在前一个机器周期内为高电平,在后一个机器周期内为低电平,就激活外部中断标志。由于 CPU 对电平的采样是在每个机器周期的 $S_5 P_2$ 时刻,故在脉冲方式下,中断请求信号的高电平和低电平状态都应至少维持 1 个机器周期,以便 CPU 能采样到电平状态的变化。

2. 定时/计数器中断源

单片机芯片内部有两个定时/计数器,对脉冲信号进行计数。若计数脉冲信号为周期固定(周期为一个机器周期)的内部脉冲信号,则计数脉冲的个数反映了时间的长短,被称为定时方式;若脉冲信号来自单片机外部,则由引脚 T0(P3.4)或 T1(P3.5)引入,这时外部脉冲信号的周期往往是不固定的,计数脉冲的个数仅仅反映了外部脉冲输入的多少,被称为计数方式。不管是定时方式还是计数方式,实质都是对脉冲信号进行计数,是同一个计数电路完成的。因此,定时/计数器简称为定时器,用 T 表示。

当计数电路发生计数溢出时,表明定时时间到或计数值已满,这时就以计数溢出信号作为中断请求,去置位溢出标志位,作为单片机接受中断请求的标志。

定时方式中断是在单片机芯片内部发生的,不需要在芯片外部设置引入端。计数方式中断由外部输入脉冲(负跳变)引起,脉冲加在引脚 T0(P3.4)或 T1(P3.5)端。

3. 串行口中断源

串行中断是为串行通信的需要而设置的。每当串行口发送完或接收完一帧信息时,便自动将串行发送或接收中断标志位(TI 或 RI)置 1。当 CPU 查询到这些标志为 1 时,便激活串行中断。串行中断是由单片机芯片内部自动发生的,不需要在芯片外设置引入端。

当上述中断源发出中断请求,CPU 响应中断后便转向中断服务程序。中断源引起的中断服务程序的入口地址是固定的,用户不可改变。中断服务入口地址如表 6.1 所示。

表 6.1 中断源及其入口地址

名称	符号	中断引起的原因	中断入口地址
外部中断 0	$\overline{INT0}$	P3.2 引脚的低电平或负跳变信号	0003H
定时器 0 中断	T0	定时/计数器 0 计数回零溢出	000BH
外部中断 1	$\overline{INT1}$	P3.3 引脚的低电平或负跳变信号	0013H
定时器 1 中断	T1	定时/计数器 1 计数回零溢出	001BH
串行口中断	TI/RI	串行通信完成一帧数据发送或接收	0023H

由于各入口地址间隔只有 8 个字节,一般是容纳不下一个中断服务程序的。通常在中断入口地址处安置一条无条件转移指令(AJMP 或 LJMP),转到中断服务程序指定地址。

6.1.3 中断控制

中断控制是指提供给用户使用的中断控制手段,是由一些特殊功能寄存器实现的,包括定时器控制寄存器 TCON、串行口控制寄存器 SCON、中断允许控制寄存器 IE 和中断优先级控制寄存器。

1. 定时器控制寄存器 TCON

定时器控制寄存器用于保存外部中断请求标志位、定时器溢出标志位和外部中断触发方式的选择。该寄存器的字节地址是 88H,可以位寻址,位地址是 8FH～88H。该寄存器的各位内容及位地址表示如下:

位地址	8FH	8EH	8DH	8CH	8BH	8AH	89H	88H
位符号	TF1	TR1	TF0	TR0	IE1	IT1	IE0	IT0

TCON 既有定时/计数器的控制功能,又有中断控制功能,其中与中断有关的控制位共有 6 位。

(1) IE0 和 IE1:外部中断请求标志位。

当 CPU 采样到 $\overline{INT0}$(或 $\overline{INT1}$)端出现有效中断时,IE0(或 IE1)位由片内硬件自动置 1;在中断响应完成,转到中断服务程序时,再由片内硬件自动清 0。

(2) IT0 和 IT1:外部中断请求信号触发方式控制位。

若 IT0(或 IT1)=0,则 $\overline{INT0}$(或 $\overline{INT1}$)信号为电平触发方式,低电平有效;若 IT0(或 IT1)=1,则 $\overline{INT0}$(或 $\overline{INT1}$)信号为脉冲触发方式,脉冲负跳沿有效。IT0 和 IT1 位可视用户需要,用软件置 1 或清 0。

(3) TF0 和 TF1:定时/计数器溢出标志位。

当 T0(或 T1)发生计数溢出时,TF0(或 TF1)由片内硬件自动置 1;当完成中断响应,并转向中断服务程序时,由片内硬件自动清 0。

TF0 和 TF1 标志位也可用于查询方式,即用户程序查询该位状态,判断是否应转向对应的处理程序段,转入处理程序后,该位必须由软件清 0。关于 TR0 和 TR1 位的意义,将在本章后面讨论。

2. 串行口控制寄存器 SCON

串行口控制寄存器的字节地址是 98H,可以位寻址,位地址是 9FH～98H。该寄存器各位的内容及位地址表示如下:

位地址	9FH	9EH	9DH	9CH	9BH	9AH	99H	98H
位符号	SM0	SM1	SM2	REN	TB8	RB8	TI	RI

其中与中断有关的控制位共有 2 位。

(1) TI:串行口发送中断请求标志位。

当串行口发送完一帧信号后,由片内硬件自动置 1;在转向中断服务程序后,必须由软件清 0。

(2) RI:串行口接收中断请求标志位。

当串行口接收完一帧信号后,由片内硬件自动置 1;在转向中断服务程序后,必须由软件清 0。

串行中断请求由 TI 和 RI 的逻辑或得到。由表 6.1 可知,无论是发送中断还是接收中断,都会产生串行中断请求,中断入口地址是唯一的,即 0023H。待转向中断服务程序后,必须用软件查询 TI 或 RI 的状态,方可判断是串行发送中断还是串行接收中断,从而转向不同的处理程序段。这也是 TI 和 RI 不能由片内硬件自动清 0,而必须由软件清 0 的道理。其他位的功能将在本章后面部分介绍。

3. 中断允许控制寄存器 IE

中断允许控制寄存器的字节地址是 0A8H,可以位寻址,位地址是 0AFH～0A8H。该寄存器的内容及位地址表示如下:

位地址	0AFH	0AEH	0ADH	0ACH	0ABH	0AAH	0A9H	0A8H
位符号	EA	—	—	ES	ET1	EX1	ET0	EX0

其中与中断有关的控制位共有 6 位。

(1) EA:中断允许总控制位。

EA=0,中断总禁止,禁止所有中断;EA=1,中断总允许,总允许后各个中断源的允许与禁止,还取决于各个中断允许位的状态。

(2) EX0 和 EX1:外部中断允许控制位。

EX0(或 EX1)=0,禁止外部中断 $\overline{\text{INT0}}$(或 $\overline{\text{INT1}}$);EX0(或 EX1)=1,允许外部中断 $\overline{\text{INT0}}$(或 $\overline{\text{INT1}}$)。

(3) ET0 和 ET1:定时器中断允许控制位。

ET0(或 ET1)=0,禁止定时器 0(或定时器 1)中断;ET0(或 ET1)=1,允许定时器 0(或定时器 1)中断。

(4) ES:串行中断允许控制位。

ES=0,禁止串行(TI 或 RI)中断;ES=1,允许串行(TI 或 RI)中断。

中断允许控制寄存器对中断的允许(开放)实行两级控制,即以 EA 位作为总控制位,以各中断源的中断允许位作为分控制位。当总控制位为禁止时,关闭整个中断系统,不管分控制位状态如何,整个中断系统为禁止状态;当总控制位为允许时,开放中断系统,这时才能由各分控制位设置各自中断的允许与禁止。

单片机在响应中断后不会自动关闭中断,因此在转到中断服务程序后,应用软件完成关中断或开中断操作。

4. 中断优先级控制寄存器 IP

MCS-51 单片机具有高、低两个中断优先级。各中断源的优先级由中断优先级控制寄存器 IP 进行设定。

IP 寄存器的字节地址为 0B8H,可以位寻址,位地址为 0BFH～0B8H。该寄存器的内容及位地址表示如下:

位地址	0BFH	0BEH	0BDH	0BCH	0BBH	0BAH	0B9H	0B8H
位符号	—	—	—	PS	PT1	PX1	PT0	PX0

其中与中断有关的共有 5 位。

(1) PX0:外部中断 0(INT0)优先级设定位;

(2) PT0:定时器 0(T0)优先级设定位;

(3) PX1:外部中断 1(INT1)优先级设定位;

(4) PT1:定时器 1(T1)优先级设定位;

(5) PS:串行中断优先级设定位。

各中断源优先级的设定,可用软件对 IP 的各个对应位置 1 或清 0 决定,设定为 0 时为低优先级,设定为 1 时为高优先级。

中断优先级是为嵌套服务的,单片机中断优先级的控制原则是:

(1) 低优先级中断请求不能打断高优先级的中断服务,但高优先级的中断请求可以打断低优先级的中断服务,从而实现中断嵌套,如图 6.3 所示。

(2) 如果一个中断请求已被响应,则同级的中断响应将被禁止,即同级不能嵌套。

(3) 如果同级的多个中断请求同时出现,则由单片机内部硬件查询,按自然响应顺序确定执行哪一个中断。各个中断源自然响应的先后顺序为:外部中断 0、定时器 0、外部中断 1、定时器 1、串行口中断。

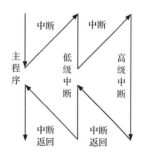

图 6.3　中断嵌套

为使中断系统记忆当前进行的中断服务程序的优先级,以便中断嵌套的判断处理,中断系统内部设置了两个不可寻址的中断"优先级生效触发器":一个是高优先级生效触发器,置 1 表示当前服务的中断是高优先级的,以阻止其他中断的请求;另一个是低优先级的,允许被高优先级的中断响应所中断,但屏蔽其他低优先级的中断。当中断服务程序结束时,执行 RETI 返回指令,这条指令除了使程序返回到断点之外,还使"优先级生效触发器"复位。

单片机复位后,(IP)=×××0 0000B,各中断源均为低优先级,"优先级生效触发器"处于清 0 状态。

6.1.4 中断响应过程

中断响应就是单片机 CPU 对中断源提出的中断请求的接收。下面按顺序说明 MCS-51 单片机中断响应的全过程。

1. 中断采样

中断采样是中断响应过程的第一步,只有 2 个外部中断请求才有采样问题,因为这类中断信号来自单片机芯片的外部,只有采样其信号才能知道有没有外中断请求发生。

CPU 在每个机器周期的 S_5P_2 对中断请求引脚 $\overline{INT0}$(P3.2)和 $\overline{INT1}$(P3.3)进行采样。对于电平方式的外中断请求,若采样到低电平,则表明中断请求有效,将 IE0 或 IE1 置 1;否则继续为 0。对于脉冲方式的外中断请求,若在两个相邻的机器周期采样到先高后低的电平,则说明中断请求有效,将 IE0 或 IE1 置 1;否则继续为 0。

对于电平方式的外中断请求信号,要求低电平的持续时间至少保持一个机器周期,才能保证中断请求能被采样到;对于脉冲方式的外中断请求信号,要求负脉冲的宽度也应至少保持一个机器周期,才能使负脉冲的跳变被采样到。

除外部中断之外,其他中断源发生在单片机芯片内部,不存在中断外部采样问题。这些内部中断源在每个机器周期的 S_5P_2,由片内硬件直接操作相应的中断请求标志位。若中断请求有效,则将其置 1;否则继续为 0。

2. 中断标志位的查询

外部中断源和内部中断源的有效请求信号汇集在 TCON 和 SCON 寄存器的各中断请求标志位中。中断是否响应,还与中断允许控制寄存器 IE 和中断优先级寄存器 IP 各位的状态有关,如图 6.4 所示。

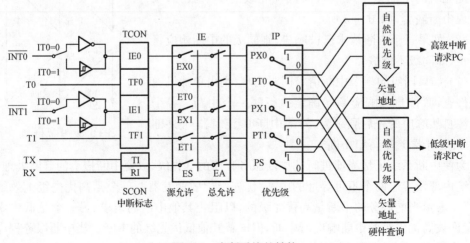

图 6.4　中断系统的结构

单片机在每个机器周期的 $S_5 P_2$ 根据中断请求信号的状态置位 TCON 和 SCON 寄存器中相应的中断请求标志,在下一个机器周期的 S_6 期间,按中断优先级的顺序对中断标志位进行查询,如查询到某个中断标志为 1,将在下一个机器周期 S_1 期间按优先级进行中断处理。

如果遇到下列条件之一时,虽然中断标志位为 1,也不能立即产生中断:

(1) CPU 正在处理同级或高一级的中断。

(2) 查询周期不是执行当前指令的最后一个机器周期。这样是为了使当前指令执行完毕后才响应中断,以确保当前指令的完整执行。

(3) 当前正在执行返回指令(RET 和 RETI)或访问 IE 和 IP 的指令。因为按中断系统的特性规定,在执行完这些指令之后,还应再继续执行一条指令,方可响应中断。

3. 中断响应

中断响应就是对中断源提出的中断请求的接受,当查询到有效的中断请求时,紧接着就进行中断响应。中断响应的主要内容是由硬件自动生成一条长调用指令"LCALL #addr16",其中,#addr16 就是中断源的入口地址,不同中断源的入口地址见表 6.1。长调用指令将程序计数器 PC 内容(断点地址)压入堆栈,以保护断点,然后再将中断入口地址(addr16)装入 PC,使程序转向中断服务程序。通常在中断入口地址处存放一条无条件转移指令,使中断服务程序可在存储器 64KB 地址空间内任意安排。

中断响应周期除了执行长调用指令,还完成如下操作:

(1) 将相应的优先级生效触发器置 1;

(2) 硬件清除相应的中断请求标志(串行中断标志需要用软件清除)。

中断服务程序从相应中断入口地址开始执行,一直到返回指令 RETI 为止,恢复断点,以转到断点处继续执行原来的程序,并将优先级生效触发器清 0。

4. 中断响应时间

中断响应时间是从查询中断标志位的那个机器周期到转向中断入口地址所需要的机器周期数。

MCS-51 单片机的最短响应时间为 3 个机器周期。其中,中断请求标志位查询占 1 个机器周期,而这个机器周期又恰好是指令的最后一个机器周期,在这个机器周期结束后,中断即被响应,产生 LCALL 指令(2 周期指令)。这样就经历了 1 个查询周期和执行 LCALL 的 2 个机器周期,合计为 3 个机器周期。

中断响应的最长时间为 8 个机器周期。该情况发生在中断查询时,刚好执行 RET、RETI 或访问 IE、IP 的指令,则需把当前指令执行完再继续执行一条指令,才能响应中断。执行 RET、RETI 或访问 IE、IP 的指令最长需要 2 个机器周期,而如果继续执行的那条指令恰好是 MUL 或 DIV 指令,则又需要 4 个机器周期,再加上执行 LCALL 的 2 个机器周期,从而使中断响应达到 8 个机器周期的最长时间。

一般的,中断响应时间都是在大于 3 个机器周期而小于 8 个机器周期的两种极端情况之间。当然如果出现有同级或高级中断正在响应或正在执行中断服务程序,那么响应时间就无法计算了。

在一般应用中,中断响应时间的长短无关紧要,只有在精确定时应用的场合,才需要考虑中断响应时间的影响。

6.1.5 中断请求的撤除

中断响应后,TCON 或 SCON 中的中断请求标志应及时撤除(中断请求标志位清 0),否则就意味着中断请求仍然存在,形成中断的重复响应。下面按中断类型分别说明中断请求的撤除方法。

1. 定时/计数器溢出中断的撤除

定时/计数器的溢出中断响应后,硬件自动把标志位 TF0(或 TF1)清 0。因此,定时/计数器溢出中断的中断请求是自动撤除的,不需要用户干预。

2. 外部中断请求的撤除

外部中断的撤除包括两项内容:中断标志位的清 0 和外中断请求信号的撤除。

(1) 脉冲方式外部中断请求的撤除。

脉冲方式外部中断请求标志位 IE0(或 IE1)的清 0 是在中断响应后由硬件电路自动完成的;而外中断请求信号由于是脉冲信号,中断后也就自动撤除了。

(2) 电平方式外部中断请求的撤除。

电平方式外部中断请求标志位 IE0(或 IE1)的清 0 也是在中断响应后由硬件电路自动完成的;但外部中断请求信号的低电平可能继续存在,在以后机器周期采样时,又会把已清 0 的 IE0(或 IE1)标志位重新置 1,为此,还需要在中断响应后把中断请求输入端从低电平强制改成高电平。其电路如图 6.5 所示。

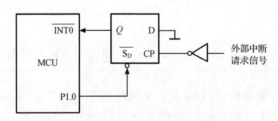

图 6.5　电平方式外部中断请求的撤除电路

由图 6.5 可见,用 D 触发器锁存外来的中断请求信号,由 Q 端送到 $\overline{INT0}$(或 $\overline{INT1}$)引脚。中断响应之后,使 P1.0 端输出一个负脉冲可以将 D 触发器置 1,从而撤除低电平的中断请求。P1.0 的负脉冲在中断服务程序中由下面两条指令实现:

$$
\begin{aligned}
&\text{SETB}\quad \text{P1.0}\quad ;\text{P1.0} = 1\\
&\text{CLR}\quad\ \ \text{P1.0}\quad ;\text{P1.0} = 0
\end{aligned}
$$

所以电平方式的外部中断请求的撤除是通过软硬件相结合的方法实现的。

3. 串行中断的撤除

串行中断标志位 TI 和 RI 在中断响应后,片内硬件不能自动清除。因为这两个中断标志位对应同一个中断入口地址(0023H),中断响应后还须查询这两个标志位的状态,以判定是接收中断,还是发送中断,然后方可撤除。因此,串行中断请求的撤除应使用软件的方法,在中断服务程序中将其清 0。

6.1.6　中断程序设计

单片机中断系统的控制和管理,是由用户对与中断有关的特殊功能寄存器 TCON、SCON、IE 和 IP 进行编程实现的。这几个寄存器在单片机复位时总是清零的,因此必须根据需要对这几个寄存器的有关位进行预置,这就是中断系统的初始化。中断系统初始化内容包括:

(1) CPU 开中断或关中断;

(2) 某中断源中断请求的允许或禁止;

(3) 设定所用中断的中断优先级;

(4) 若为外部中断,则应规定是电平中断触发方式还是脉冲中断触发方式。

例 6.1　试写出 $\overline{\text{INT1}}$ 为低电平触发的中断系统初始化程序。

解　(1) 采样位操作指令。

```
SETB   EA    ;CPU 开中断
SETB   EX1   ;开 INT1 中断
SETB   PX1   ;令 INT1 为高优先级
CLR    IT1   ;令 INT1 为电平触发方式
```

(2) 采样字节操作指令。

```
MOV   IE , #84H        ;CPU 开中断和 INT1 开中断
ORL   IP , #04H        ;令 INT1 为高优先级
ANL   TCON , # 0FBH    ;令 INT1 为电平触发方式
```

中断服务程序是一种具有特定功能的独立程序段,它是为中断源的特定要求服务的,以中断返回指令结束。

1. 汇编语言中断程序设计

综上所述,中断系统的设计过程通常由以下几个部分构成:

(1) 中断初始化,在主程序中完成。

(2) 子程序调用。

(3) 在中断入口地址处安排一条跳转指令,跳转至中断服务子程序入口。

(4) 中断服务子程序开始保护现场、保护与主程序或其他中断系统共享的资源,如A、PSW、DPTR、Rn 等。如果没有共享资源,可以不必保护。

(5) 编制中断服务子程序功能主体。

(6) 恢复现场。

（7）中断返回。

例 6.2　在图 6.6 中，P1.0～P1.3 接有 4 个开关，P1.4～P1.7 接有 4 个发光二极管，消抖电路用于产生中断请求信号，当消抖电路的开关来回拨动一次将产生一个下跳变信号，向 CPU 申请 $\overline{INT0}$ 中断。要求：初时发光二极管全黑，每中断一次，P1.0～P1.3 所接的开关状态反映到发光二极管上，且要求开关合上时对应发光二极管亮。

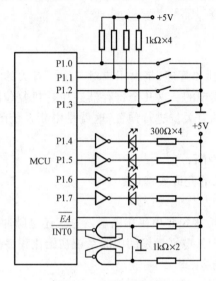

图 6.6　中断应用电路

程序如下：

```
            ORG  0000H
            AJMP  MAIN

            ORG  0003H            ;外部中断 0 入口
            AJMP  SER_INT0        ;转中断服务程序

            ORG  0100H            ;主程序
MAIN:       MOV P1 ，#0FH         ;熄灭发光二极管且对开关输入端先输出 1
            SETB IT0              ;脉冲触发方式
            SETB EX0              ;允许INT0中断
            SETB EA               ;总中断允许
            AJMP $                ;等待中断
SER_INT0:   MOV P1 ，#0FH         ;熄灭发光二极管且对开关输入端先输出 1
            MOV A，P1             ;输入开关状态
            CPL A                 ;状态取反
            ANL A，#0FH           ;屏蔽 A 的高半字节
            SWAP A                ;A 高低半字节交换
            MOV P1，A             ;开关状态输出
            RETI                  ;中断返回
```

该例子的执行结果是：每次单纯重置一次 4 个开关的开、合状态，4 个发光二极管维持原来的亮、灭状态，仅当来回拨动消抖开关后，产生了中断，发光二极管才反映新置的开关状态。当开关合上时，输入状态为 0，取反后输出状态为 1，发光二极管发光；当开关断开时，发光二极管不亮。

2. C 语言中断程序设计

C51 使用户能编写高效的中断服务程序，编译时在规定的中断源的中断入口地址中放入无条件转移指令，使 CPU 响应中断自动地从中断入口地址跳转到中断服务程序的实际地址，而无需用户去安排。

中断编程的核心就在于编写中断服务程序，C51 编译器支持在源程序中直接开发中断服务程序，减轻了用汇编语言开发中断服务程序的烦琐过程。

中断服务程序在 C51 中是以中断函数的形式出现的，使用 interrupt 修饰符可以把函数说明为中断函数。由于 C51 编译器在编译时对申明为中断函数的函数进行了相应的现场保护、阻断其他中断、返回时恢复现场等处理，因而在编写中断函数时可以不必考虑这些问题。

第 5 章已经对中断函数进行了介绍，这里为使用方便再重复一下，中断服务函数的一般形式为

函数类型 函数名（形式参数表）interrupt n［using m］

其中，interrupt n 表示将函数申明为中断服务函数，n 为中断源编号，取值范围为 $0 \sim 31$。编译器从 $8n + 3$ 处产生中断入口地址，具体的中断号 n 和中断入口地址取决于不同的单片机芯片。n 通常取以下值：0 表示外部中断 0；1 表示定时/计数器 0 溢出中断；2 表示外部中断 1；3 表示定时/计数器 1 溢出中断；4 表示串行口发送与接收中断。using m 表示选择函数使用的工作寄存器组，m 的取值范围为 $0 \sim 3$。它对目标代码的影响是：函数入口处将当前寄存器保存，使用 m 指定的寄存器组，函数退出时原寄存器组恢复。该项如果省略时，则由编译器选择一个寄存器组作绝对寄存器组访问。

例 6.3　用 C 语言对例 6.2 的任务进行编程。

程序如下：

```
#include<reg51.h>
void int0( ) interrupt 0    /* INT0 中断函数 */
{
    P1=0x0f;                 /* 熄灭发光二极管且对开关输入端先输出 1 */
    P1<<=4;                  /* 读入开关状态，并左移四位，使开关反映在发光二极管上 */
    ~P1;                     /* 对 P1 口内容取反 */
}
main( )                      /* 主函数 */
{
    EA=1;                    /* 开中断总开关 */
```

```
    EX0=1;              /*允许INT0中断*/
    IT0=1;              /*负跳沿产生中断*/
    while(1);           /*等待中断*/
}
```

主函数执行初始化程序后执行 while(1)语句进入死循环等待中断,当拨动INT0的开关后,进入中断函数,读入 P1.0~P1.3 的开关状态,并将状态数据左移四位到 P1.4~P1.7 的位置上输出控制 LED 亮,执行完中断,返回到等待中断的 while(1)语句,等待下一次中断。

6.1.7 外部中断源的扩展

MCS-51 单片机只提供了两个外部中断源,即INT0和INT1。在实际应用中,若外部中断源有两个以上时,就需要扩展外部中断源。

1. 利用定时器扩展外部中断源

如果单片机自身的定时/计数器没有用完,可以利用它实现外部中断,以达到扩展一个(或两个)外部中断源的目的。

在计数工作方式下,如果把计数器预置为全 1,则只要在计数输入端(T0 或 T1)加 1个脉冲,就可以使计数器溢出,产生计数溢出中断。如果以一个外部中断请求作为计数脉冲输入,则可以借“计数中断”之名行“外部中断”之实。具体操作如下:

(1) 置定时/计数器为工作方式 2,即自动装载式 8 位计数,以便在一次中断响应后,自动为下一次中断请求做好准备;

(2) 高 8 位和低 8 位计数器(TH 和 TL)初值均预置为 0FFH;

(3) 将扩展的外部中断请求信号接计数输入端 T0 或 T1;

(4) 把扩展的外部中断服务程序按所用的定时/计数器中断入口地址存放。

上述分析表明:若要利用定时/计数器中断来扩展外部中断源,除了 T0 或 T1 引脚线应作为扩展外部中断请求输入线外,还需要在主程序开头对利用的定时/计数器进行初始化。有关定时/计数器的初始化编程内容详见 6.2 节。

2. 利用硬件申请软件查询的方式扩展外部中断源

利用单片机的外部中断输入端(INT0或INT1),使用集电极开路门(OC 门)“线或”的关系连接多个外部中断,同时利用输入端口线作为各中断源的识别线。具体线路如图 6.7 所示。

图 6.7 中的 4 个中断源扩展是通过INT0引脚实现的,应该把INT0设置为电平触发方式。4 个中断源的中断请求输入均通过INT0传给单片机。无论哪一个中断源提出中断请求(即输出高电平),经反相后为低电平,均会引起INT0的中断触发,中断响应后转去0003H 执行中断服务程序。究竟是哪个中断源申请中断,可以通过查询 P1.0~P1.3 的逻辑电平获知,查询顺序就是扩展中断源的优先级顺序,查询流程图如图 6.8 所示。该查询顺序中,中断源 1 的优先级最高,中断源 4 的优先级最低。

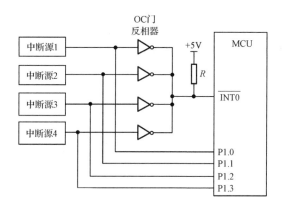

图 6.7 用 OC 门"线或"实现

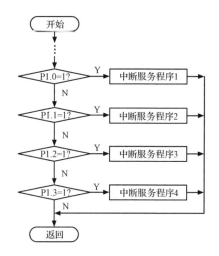

图 6.8 中断源查询流程图

$\overline{\text{INT0}}$中断入口地址 0003H 的中断服务程序如下：

```
          ORG 0003H
          LJMP SER_INT0
          ...
SER_INT0：PUSH PSW          ;现场保护
          PUSH A
          JB P1.0，ZHD1      ;转向中断服务程序 1
          JB P1.1，ZHD2      ;转向中断服务程序 2
          JB P1.2，ZHD3      ;转向中断服务程序 3
          JB P1.3，ZHD4      ;转向中断服务程序 4
EXIT：    POP A              ;现场恢复
          POP PSW
          RETI
ZHD1：    ...                ;中断服务程序 1
          AJMP EXIT
```

```
ZHD2:        …                ;中断服务程序 2
             AJMP EXIT
ZHD3:        …                ;中断服务程序 3
             AJMP EXIT
ZHD4:        …                ;中断服务程序 4
             AJMP EXIT
```

如果需要扩展的中断源较多时,用 OC 门实现的电路占用的口线较多,可以采用如图 6.9 所示的电路,使用编码器芯片 74LS148,效果更好,此时可以实现 8 路中断。相关程序读者可以自己仿照上述程序编写。

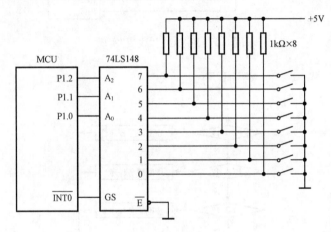

图 6.9　用编码器实现

6.2　定时/计数器

在单片机应用系统中,许多场合都要用到计数或定时功能。例如,对某个外部事件进行计数、定时巡回检测物理参数、按一定的时间间隔进行现场控制等。MCS-51 单片机内部提供了两个 16 位的可编程的定时/计数器 T0 和 T1,通过编程可以方便灵活地设定定时或计数的参数或方式。

6.2.1　定时/计数器的结构及工作原理

1. 定时/计数器的结构

定时/计数器的基本结构如图 6.10 所示。两个 16 位定时/计数器 T0 和 T1,分别由两个 8 位计数器组成;定时/计数器 T0 由计数器 TH0 和 TL0 组成,定时/计数器 T1 由计数器 TH1 和 TL1 组成。TMOD 是定时/计数器的工作方式寄存器,由它确定定时/计数器的工作方式和功能;TCON 是定时/计数器的控制寄存器,用于控制 T0、T1 的启动和停止以及设置溢出标志。

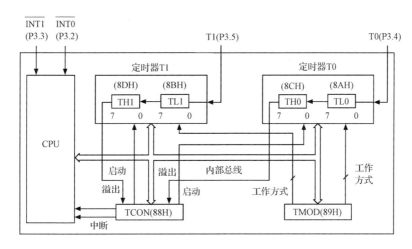

图 6.10　80C51 定时/计数器结构框图

2. 定时/计数器的工作原理

定时/计数器 T0 和 T1 的实质是加 1 计数器,即每输入一个脉冲,计数器加 1。当加到计数器全为 1 时,再输入一个脉冲,就使计数器回零,且计数器的溢出使 TCON 中的标志位 TF0 或 TF1 置 1,向 CPU 发出中断请求。定时/计数器既可作为定时器使用,也可作为计数器使用,作定时器使用时计数脉冲来自于内部时钟振荡器,作计数器使用时计数脉冲来自于外部引脚。

(1) 作定时器使用。

作定时器使用时,输入脉冲是由内部时钟振荡器的输出经 12 分频后送来的,所以定时器也可看做是对机器周期的计数器。每来一个机器周期,计数器加 1,直到计数器满,再来一个机器周期,定时器全部回零,这就是溢出。因为每个机器周期的时间固定(当晶振为 12MHz 时,机器周期为 $1\mu s$;当晶振为 6MHz 时,机器周期为 $2\mu s$),由开始计数到溢出这段时间就是定时时间。

在机器周期一定的情况下,定时时间与定时器预先装入的初值有关。初值越大,定时时间越短;初值越小,定时时间越长。最长的定时时间为 2^{16}(65536)个机器周期(初值为 0),最短的定时时间为 1 个机器周期(初值为 $2^{16}-1$(65535))。例如,当晶振为 12MHz 时,最长定时时间为 65.536ms,最短定时时间为 $1\mu s$;当晶振为 6MHz 时,最长定时时间为 131.072ms,最短定时时间为 $2\mu s$。

(2) 作计数器使用。

在作计数器使用时,输入脉冲是由外部引脚 P3.4(T0)或 P3.5(T1)输入到计数器的。计数方式下,单片机 CPU 在每个机器周期的 $S_5 P_2$ 状态对外部计数脉冲采样。如果前一个机器周期采样为高电平,后一个机器周期采样为低电平,那么在下一个机器周期的 $S_3 P_1$ 状态进行计数。可见采样计数脉冲是在 2 个机器周期内进行的,因此要求被采样的电平至少要维持一个机器周期,以保证在给定的电平再次变化前至少被采样一次,否则会出现漏计数现象,所以最高计数频率为晶振频率的 1/24。当晶振为 12MHz 时,最高计数频率不超过 0.5MHz,即计数脉冲的周期要大于 2μs。当计数器满后,再来一个机器周期,计数器全部回零,这就是溢出。

脉冲的计数长度与计数器预先装入的初值有关,初值越大,计数长度越小;初值越小,计数长度越大。最大计数长度为 2^{16}(65536)个脉冲(初值为 0)。

6.2.2　定时/计数器的控制

MCS-51 单片机定时/计数器的控制由两个特殊功能寄存器完成:TMOD 用于设置定时/计数器工作方式;TCON 用于控制定时/计数器的启动和中断申请。

1. 定时/计数器控制寄存器 TCON

TCON 寄存器既参与中断控制又参与定时控制,有关中断控制的内容已在 6.1 节介绍,现只对定时/计数器的控制功能加以说明。有关定时的控制位共有 4 位。

(1) TF0 和 TF1:定时/计数器溢出标志位。

当定时/计数器 0(或定时/计数器 1)溢出时,TF0(或 TF1)置 1。若使用中断方式编程时,此位用作中断标志位,在进入中断服务程序后由片内硬件自动清 0;若使用查询方式编程时,此位作为状态位可供查询,但应注意查询有效后应以软件方法及时将该位清 0。

(2) TR0 和 TR1:定时/计数器运行控制位。

TR0(或 TR1)=0,停止定时/计数器 0(或定时/计数器 1)工作;TR0(或 TR1)=1,启动定时/计数器 0(或定时/计数器 1)工作。该位根据需要由软件置 1 或清 0。

2. 工作方式控制寄存器 TMOD

TMOD 寄存器用于设置定时/计数器的工作方式,TMOD 不可位寻址,只能用字节传送指令设置其内容,字节地址为 89H。其各位定义如下:

位序	D7	D6	D5	D4	D3	D2	D1	D0
位符号	GATE	$C/\overline{T}$	M1	M0	GATE	$C/\overline{T}$	M1	M0

TMOD 的低半字节定义定时/计数器 0,高半字节定义定时/计数器 1。

(1) GATE:门控位。

GATE=0 时,若软件使 TCON 中的 TR0 或 TR1 设置为 1,则启动定时/计数器工作;GATE=1 时,若软件使 TCON 中的 TR0 或 TR1 设置为 1,同时外部中断引脚 $\overline{INT0}$ 或 $\overline{INT1}$ 也为高电平时,才能启动定时/计数器工作。即此时定时/计数器的启动条件,加上了 $\overline{INT0}$ 或 $\overline{INT1}$ 引脚为高电平这一条件。

(2) $C/\overline{T}$:计数方式或定时方式选择位。

$C/\overline{T}=0$,选择定时工作方式;$C/\overline{T}=1$,选择计数工作方式。

(3) M1 和 M0:工作方式选择位。

定时/计数器有 4 种工作方式,由 M1M0 进行设置,如表 6.2 所示。

表 6.2　定时/计数器工作方式选择表

M1 M0	工作方式	功能说明
0　0	方式 0	13 位定时/计数器
0　1	方式 1	16 位定时/计数器
1　0	方式 2	8 位自动重装初值定时/计数器
1　1	方式 3	T0 分成两个独立的 8 位定时/计数器；T1 此方式停止计数

6.2.3　定时/计数器的工作方式

定时/计数器可以选择 4 种不同的工作方式,在方式 0、1、2 时,T0 与 T1 的工作方式相同,在方式 3 时,两个定时器的工作方式不同。

1. 工作方式 0

方式 0 是 13 位计数结构,由 8 位 TH0(TH1)和 TL0(TL1)的低 5 位构成,TL0(TL1)的高 3 位未用。当 TL0(TL1)的低 5 位计数溢出时,向 TH0(TH1)进位;而当全部 13 位计数溢出时,则将溢出标志 TF0(TF1)置 1,在中断允许的情况下,可产生中断申请。方式 0 的逻辑结构如图 6.11 所示,图中 $x=0,1$。

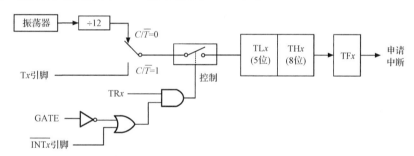

图 6.11　定时/计数器方式 0 的逻辑结构图

当 $C/\overline{T}=0$ 时,控制开关接通振荡器 12 分频输出端,T0(T1)对机器周期计数,可作为定时器使用。定时时间的计算公式为

$$定时时间 = (2^{13} - 计数器初值) \times 机器周期$$

或

$$定时时间 = (2^{13} - 计数器初值) \times 晶振周期 \times 12$$

若晶振频率为 12MHz,则最长定时时间为

$$(2^{13} - 0) \times (1/12) \times 10^{-6} \times 12 = 8192\mu s$$

最短定时时间为

$$(2^{13} - (2^{13} - 1)) \times (1/12) \times 10^{-6} \times 12 = 1\mu s$$

当 $C/\overline{T}=1$ 时,控制开关接通引脚 T0(P3.4)或 T1(P3.5),T0(T1)对外部计数脉冲计数,当外部信号电平发生由 1 到 0 跳变时,计数器加 1,此时作为计数器使用。最大计数值为 $2^{13}=8192$。

控制开关是由 GATE、TR0(或 TR1)、$\overline{INT0}$(或$\overline{INT1}$)三者共同作用的。当 GATE＝0 时,非门输出 1 封锁了或门,使引脚$\overline{INT0}$(或$\overline{INT1}$)信号无效,这时,或门输出的 1 打开了与门,因此可以由 TR0(或 TR1)的状态来控制计数脉冲的接通与断开。这时若软件使TR0(或 TR1)置 1,则接通控制开关,使计数器 T0(T1)进行加法计数,即定时/计数器 0(或定时/计数器 1)工作;若软件使 TR0(或 TR1)清 0,则断开控制开关,计数器 T0(T1)停止计数,即定时/计数器 0(或定时/计数器 1)停止工作。

当 GATE＝1 时,或门输出电平取决于$\overline{INT0}$(或$\overline{INT1}$)引脚的输入电平。仅当$\overline{INT0}$(或$\overline{INT1}$)引脚输入高电平且 TR0＝1 时,与门才输出高电平使控制开关接通,使计数器T0(T1)进行加法计数;当$\overline{INT0}$(或$\overline{INT1}$)引脚由 1 变 0 时,计数器 T0(T1)停止计数。这一特性可以用来测量在$\overline{INT0}$(或$\overline{INT1}$)端出现的正脉冲的宽度。

2. 工作方式 1

工作方式 1 和工作方式 0 的差别仅仅在于计数器的位数不同,工作方式 1 是 16 位计数结构的定时/计数器。定时/计数器由 TH 的全部高 8 位和 TL 的全部低 8 位组成。方式 1 的逻辑结构图如图 6.12 所示,图中 $x＝0,1$。

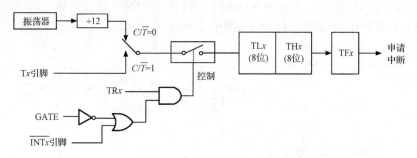

图 6.12　定时/计数器方式 1 的逻辑结构图

当 $C/\overline{T}＝0$ 时,T0(T1)对机器周期计数,可作为定时器使用。定时时间的计算公式为

$$定时时间 = (2^{16} - 计数器初值) \times 机器周期$$

或

$$定时时间 = (2^{16} - 计数器初值) \times 晶振周期 \times 12$$

若晶振频率为 12MHz,则最长定时时间为

$$(2^{16} - 0) \times (1/12) \times 10^{-6} \times 12 = 65536\mu s \approx 65.5ms$$

最短定时时间为

$$(2^{16} - (2^{16} - 1)) \times (1/12) \times 10^{-6} \times 12 = 1\mu s$$

当 $C/\overline{T}＝1$ 时,T0(T1)对外部计数脉冲计数,作为计数器使用,最大计数值为 $2^{16}＝65536$。

3. 工作方式 2

方式 0 和方式 1 的最大特点是计数溢出后,计数器的值为 0,因此在循环定时和循环计数应用中就必须反复用软件重新设置初值。这样不但影响定时精度,而且也给程序设计带来麻烦。方式 2 就是针对此问题而设计的,它具有自动重新加载功能。在这种工作方式下,将 16 位计数器分成两部分:用 TL 作计数器,用 TH 作预置计数器。程序初始化时把计数初值分别装入 TL 和 TH 中,TL 计数溢出后,预置计数器 TH 便以硬件方法自动给计数器 TL 重新加载(即加初值)。

方式 2 的逻辑结构图如图 6.13 所示,图中 $x=0,1$。

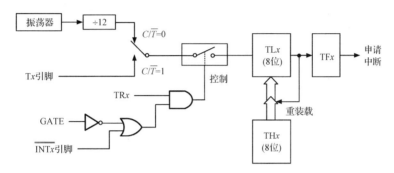

图 6.13　定时/计数器方式 2 的逻辑结构图

当 $C/\overline{T}=0$ 时,TL0(TL1)对机器周期计数,可作为定时器使用。定时时间的计算公式为

$$定时时间 = (2^8 - 计数器初值) \times 机器周期$$

或

$$定时时间 = (2^8 - 计数器初值) \times 晶振周期 \times 12$$

若晶振频率为 12MHz,则最长定时时间为

$$(2^8 - 0) \times (1/12) \times 10^{-6} \times 12 = 256\mu s$$

最短定时时间为

$$(2^8 - (2^8 - 1)) \times (1/12) \times 10^{-6} \times 12 = 1\mu s$$

当 $C/\overline{T}=1$ 时,TL0(TL1)对外部计数脉冲计数,作为计数器使用,最大计数值为 $2^8 = 256$。

工作方式 2 省去了计数初值重装指令,有利于提高定时精度。这种自动重装加载的工作方式非常适用于循环定时或循环计数应用。例如,用于产生固定脉宽的脉冲,以及作为串行口数据通信的波特率发生器。

4. 工作方式 3

在工作方式 0、1、2 下,两个定时/计数器的设置和使用是完全相同的。但是在工作方式 3 下,两个定时/计数器的设置和使用却是不同的,因此要分开介绍。此时定时/计数器 0 被分解成两个独立的 8 位定时/计数器 TL0 和 TH0,定时/计数器 1 完全禁止工作。

(1) 定时/计数器 0。

在方式 3 下,TL0 仍具有定时和计数两种功能,既可当定时器也可当计数器。TCON

和 TMOD 寄存器中与定时/计数器 0 有关的控制位 TR0、TF0、GATE、$C/\overline{T}$ 和 M1M0 完全归 TL0 使用,外部计数引脚 T0(P3.4)和中断源引脚 $\overline{INT0}$(P3.2)也归 TL0 使用。总之,原来定时/计数器 0 的所有控制位和相关引脚完全归 TL0 独有,其功能和操作方式与方式 0 和方式 1 完全相同。

与 TL0 的情况相反,TH0 仅有定时功能,即只能当 8 位定时器使用。而且由于定时/计数器 0 的控制位已被 TL0 独占,因此只好借用定时/计数器 1 的控制位 TR1 和 TF1,即当 TH0 溢出时使 TF1=1,而 TH0 的启动与禁止由 TR1 控制。

由于 TL0 可以当做定时器和计数器使用,TH0 只当作定时器使用,因此在方式 3 下,定时/计数器 0 可构成两个定时器或一个计数器与一个定时器。

在方式 3 时,若 TL0 发生中断,中断入口地址为 000BH;若 TH0 发生中断,中断入口地址为 001BH。

定时/计数器 0 在方式 3 时的逻辑结构如图 6.14 所示。

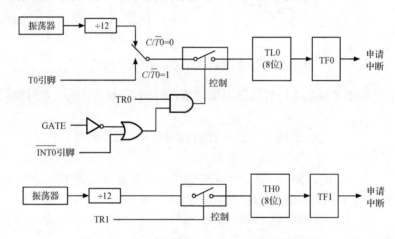

图 6.14   定时/计数器 0 方式 3 时的逻辑结构图

(2) 定时/计数器 1。

定时/计数器 0 工作在方式 3 时,已占用了运行控制位 TR1 和溢出标志位 TF1,此时定时/计数器 1 只能工作在方式 0、方式 1 和方式 2,且只能作串行口波特率发生器使用,不能使用查询或中断方式。

当作为波特率发生器使用时,只需设置好工作方式,便可自动运行。如要停止工作,只需写入一个方式 3 控制字就可以了,因为定时/计数器 1 不能在方式 3 下使用,如果硬把它设置为方式 3,就停止工作。

当定时/计数器 0 工作在方式 3 时,定时/计数器 1 的使用如图 6.15 所示。

6.2.4   定时/计数器的初始化

1. 定时/计数器的初始化步骤

MCS-51 单片机内部的定时/计数器是可编程的,在使用前应对它进行初始化,主要是对 TCON 和 TMOD 编程,计算和装载定时/计数器的计数初值。初始化步骤如下:

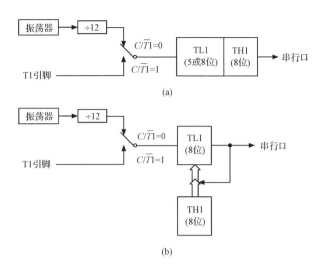

图 6.15　定时/计数器 0 在方式 3 时定时/计数器 1 的使用

（1）确定定时/计数器的工作方式,确定方式控制字,写入方式控制字寄存器 TMOD。

（2）根据要求计算定时/计数器的初值,并写入 TH0、TL0 或 TH1、TL1。

（3）如用中断方式编程,须对中断允许寄存器 IE 编程,必要时也须对中断优先级寄存器 IP 编程。

（4）设置定时器控制器中的 TR1 或 TR0,启动定时/计数器。

（5）定时/计数时间到,如用中断方式编程,则执行中断服务程序;如用查询方式编程,则查询溢出标志,当溢出标志等于 1,则转入相应程序。

2. 计数器初值的计算

（1）计数器初值的计算。

在不同的工作方式下,计数器位数不同,计数器初值为

$$X = 2^M - C$$

式中,M 为计数器的位数;C 为要求的计数值。

不同方式下 M 的取值不同。对于方式 0,$M=13$,计数器的最大计数值为 $2^{13}=8192$;对于方式 1,$M=16$,计数器的最大计数值为 $2^{16}=65536$;对于方式 2,$M=8$,计数器的最大计数值为 $2^8=256$;方式 3 同方式 2。

例如,设 T1 工作在计数方式 2,求计数 10 个脉冲的计数初值。根据上式可得

$$X = 2^8 - 10 = 246 = 0F6H$$

（2）定时器初值的计算。

在定时器方式下,T0/T1 是对机器周期进行计数的。定时时间为

$$t = (2^M - X) \times 机器周期$$

则计数初值为

$$X = 2^M - t/机器周期$$

或

$$X = 2^M - (f_{osc}/12)t$$

式中，M 为定时器的位数；t 为要求的定时时间，单位为 μs；f_{osc} 为振荡频率，单位为 MHz。

不同方式下，M 的取值不同。若系统的 $f_{osc} = 12MHz$，对于方式 0，$M = 13$，定时器的最大定时值为 $2^{13} \times$ 机器周期 $= 8192\mu s$；对于方式 1，$M = 16$，定时器的最大定时值为 $2^{16} \times$ 机器周期 $= 65536\mu s$；对于方式 2，$M = 8$，定时器的最大定时值为 $2^8 \times$ 机器周期 $= 256\mu s$；方式 3 同方式 2。

例如，若 $f_{osc} = 12MHz$，定时时间为 1ms，使用 T0 工作于方式 0，则有

$$X = 2^{13} - (12/12) \times 1000 = 7192 = 1C18H = 1\ 1100\ 0001\ 1000B$$

其中，高 8 位放入 TH0，即初值 TH0 = 0E0H；低 5 位放入 TL1，即初值 TL0 = 18H。

同样，若 $f_{osc} = 12MHz$，定时时间为 1ms，使用 T0 工作于方式 1，则有

$$X = 2^{16} - (12/12) \times 1000 = 64536 = 0FC18H$$

其中，高 8 位放入 TH0，即初值 TH0 = 0FCH；低 8 位放入 TL1，即初值 TL0 = 18H。

6.2.5 定时/计数器应用举例

通常利用定时/计数器来产生周期性的波形。其基本思想是：利用定时/计数器产生周期性的定时，定时时间到则对输出端进行相应的处理。不同方式的定时其最大值不同，如定时的时间很短，则选择方式 2，方式 2 时不需要重置初值；如定时时间较长，则选择方式 0 或方式 1；如时间很长，则一个定时器不够用，这时可用两个定时/计数器或一个定时/计数器加软件计数的方法。

1. 定时/计数器作定时器使用

例 6.4 设单片机的 $f_{osc} = 12MHz$，要求用定时/计数器 T0 以方式 1 在 P1.0 脚上输出周期为 4ms 的方波。

解 从 P1.0 输出周期为 4ms 的方波，只需 P1.0 每 2ms 取反一次即可。当单片机的 $f_{osc} = 12MHz$，定时/计数器 T0 工作于方式 1，方式控制字设定为 00000001B = 01H，其最大定时值为 $2^{16} \times$ 机器周期 $= 65536\mu s = 65.536ms$，满足 2ms 定时要求，初值 $X = 2^{16} - (12/12) \times 2000 = 65536 - 2000 = 63536 = 0F830H$。

1）采用中断方式编程

（1）汇编语言程序：

```
        ORG 0000H
        LJMP MAIN

        ORG 000BH
        AJMP SER_T0
```

```
        ORG 0100H
MAIN:   MOV TMOD ，＃01H      ;写入方式控制字
        MOV TH0 ，＃0F8H      ;写入计数初值
        MOV TL0 ，＃30H
        SETB EA              ;开总中断
        SETB ET0             ;开 T0 中断
        SETB TR0             ;启动 T0
        SJMP $               ;等待中断
SERT0:  MOV TH0 ，＃0F8H      ;重新写入计数初值
        MOV TL0 ，＃30H
        CPL P1.0             ;输出取反
        RETI
        END
```

（2）C 语言程序：

```
#include <reg51.h>
sbit P1_0＝P1^0;
void main(void)
{
    TMOD＝0x01;                      /* 定时/计数器 0 工作在定时器方式 1 */
    P1_0＝0;                         /* P1.0 输出 0 */
    TH0＝(65536－2000)/256;          /* 预置计数初值 */
    TL0＝(65536－2000)%256;
    EA＝1;                           /* CPU 开中断 */
    ET0＝1;                          /* 定时/计数器 0 开中断 */
    TR0＝1;                          /* 启动定时/计数器 0 */
    do { } while (1);               /* 等待中断 */
}
void timer0(void) interrupt 1 using 1   /* 定时/计数器 0 中断服务程序入口 */
{
    TH0＝(65536－2000)/256;          /* 计数初值重装载 */
    TL0＝(65536－2000)%256;
    P1_0＝ ! P1_0;                   /* P1.0 取反 */
}
```

C 语言程序中的 TH0 和 TL0 中的初值可以如程序中这样计算所得,也可以直接与汇编程序一样使用已经计算好的 0F830H。

2）采用查询方式编程

（1）汇编语言程序：

```
        ORG 0000H
        LJMP MAIN


        ORG 0100H
```

```
MAIN:    MOV TMOD,#01H        ;写入方式控制字
         MOV TH0,#0F8H        ;写入计数初值
         MOV TL0,#30H
         SETB TR0             ;启动 T0 定时
LOOP:    JBC TF0,NEXT         ;查询定时时间到否?
         SJMP LOOP
NEXT:    MOV TH0,#0F8H        ;重新写入计数初值
         MOV TL0,#30H
         CPL P1.0             ;输出取反
         SJMP LOOP            ;重复循环
         END
```

（2）C 语言程序：

```
#include <reg51.h>
sbit P1_0=P1^0;
void main(void)
{
    TMOD=0x01;                  /* 定时/计数器 0 工作在定时器方式 1 */
    TR0=1;                      /* 启动定时/计数器 0 */
    for(;;)
      {
        TH0=(65536-2000)/256;   /* 预置计数初值 */
        TL0=(65536-2000)%256;
        do { } while (!TF0);    /* 查询等待 TF0 置位 */
        P1_0=!P1_0              /* 定时时间到 P1.0 反相 */
        TF0=0                   /* 软件清 TF0 */
      }
}
```

2. 定时/计数器作长时间定时器使用

用定时/计数器产生的定时时间是有限的,如晶振为 6MHz 时,一个定时器最长的定时时间为

$$T = 2^{16} \times (1/6) \times 12 = 131.072 \text{ms}$$

在实际应用中,许多地方需要较长时间的定时,这时必须采用一定的方法进行定时时间的扩展,扩展的方法是利用定时与中断相结合。例如,若用 T1 产生 $500\mu s$ 的定时,每次溢出后就计数一次,则计数 400 次就得到 200ms 的定时。计数 400 次,可以采用两种方法实现。

方法一:采用软件计数的方法实现,每次溢出后,用于计数的寄存器加 1。

方法二:T1 计数回 0 溢出时,使 P1.1 输出一个负脉冲,再把 P1.1 接到 T0/P3.4 引脚用以计数。当晶振为 6MHz 时,最长定时时间可以达到:

$$131.072 \text{ms} \times 65536 = 8589934.592 \text{ms}$$

若再与软件计数相结合,则会产生更长的定时时间。下面的例子以方法 1 编程。

例 6.5　采用 6MHz 晶振,使用定时/计数器 1 在 P1.0 脚上输出周期为 100ms,占空比为 30% 的矩形脉冲,以工作方式 2 编程实现。

解　对于 6MHz 晶振,使用工作方式 2,最大定时时间为

$$(2^8 - 0) \times (1/6) \times 10^{-6} \times 12 = 512 \mu s$$

取 500μs 定时,则周期 100ms 需要中断 200 次, 占空比为 30%,高电平需要 60 次中断。

500μs 定时,初值为

$$2^8 - (6/12) \times 500 = 6 = 06H$$

中断服务程序流程如图 6.16 所示。

(1) 汇编语言程序:

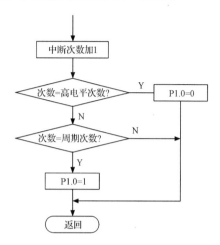

图 6.16　中断服务程序流程图

```
            ORG 0000H
            LJMP MAIN


            ORG 001BH
            AJMP SER_T1


            ORG 0100H
MAIN:       MOV TMOD ,＃20H        ;写入方式控制字
            MOV TH1 ,＃06H         ;写入计数初值
            MOV TL1 ,＃06H
            MOV R7 ,＃00H          ;中断次数初值
            SETB P1.0
            SETB EA               ;开总中断
            SETB ET1              ;开 T1 中断
            SETB TR1              ;启动 T1
            SJMP $                ;等待中断
SER_T1：    INC R7                ;中断次数加 1
            CJNE R7 ,＃60,LOOP1
            CLR P1.0              ;中断次数到 60 次即高电平时间到 P1.0 输出 0
            AJMP LOOP
LOOP1：     CJNE R7 ,＃200,LOOP
            SETB P1.0             ;中断次数到 200 次即周期到 P1.0 输出 1
            MOV R7 ,＃00H
LOOP：      RETI
            END
```

(2) C 语言程序:

```
#include <reg51.h>
#define uchar unsigned char
uchar time=0;
uchar period=200;
uchar high=60;
sbit P1_0=P1^0;
main()
{
    TMOD=0x20;                    /* 定时/计数器 1 工作于方式 2 */
    TH1=0x06;                     /* 预置计数初值 */
    TL1=0x06;
    EA=1;                         /* 开 CPU 中断 */
    ET1=1;                        /* 开定时/计数器 1 中断 */
    TR1=1;                        /* 启动定时/计数器 1 */
    P1_0=1;
    while(1);
}
timer1() interrupt 3 using 0     /* 定时/计数器 1 中断服务程序 */
{
    if(++time==high) P1_0=0;     /* 高电平时间到变低 */
    else if(time==period)        /* 周期时间到变高 */
    {
        time=0;
        P1_0=1;
    }
}
```

3. 定时/计数器作计数器使用

例 6.6　系统要求用定时器 T0 对由 T0/P3.4 管脚输入的脉冲进行计数,每计满 200 个脉冲,对累加器 A 的内容加 1。

解　可用 T0 设置为方式 2 计数,计数初值为

$$2^8 - 200 = 56 = 38H$$

TMOD 的控制字为 00000110B=06H。若采用中断方式,程序如下。

（1）汇编语言程序：

```
        ORG 0000H
        LJMP MAIN

        ORG 000BH
        AJMP SER_T0

        ORG 0100H
MAIN:   MOV TMOD, #06H                ;写入方式控制字
```

```
                MOV TH0 , ♯38H              ;写入计数初值
                MOV TL0 , ♯38H
                SETB EA                    ;开总中断
                SETB ET0                   ;开 T0 中断
                SETB TR0                   ;启动 T0
                MOV A, ♯00H
                SJMP $                     ;等待中断
        SER_T0: INC A                      ;累加器内容加 1
        LOOP:   RETI
                END
```

（2）C 语言程序：

```c
♯include <reg51.h>
unsigned char idata *p;
void main(void)
{
    TMOD=0x06;              /* 定时/计数器 0 工作在计数器方式 2 */
    TH0=256-200;           /* 预置计数初值 */
    TL0=256-200;
    p=0xe0;                /* p指针赋值,指向 idata 区的 E0 单元,即累加器 A
                              的地址 */
    *p=0;                  /* 累加器 A 的初值赋为 0 */
    EA=1;                  /* CPU 开中断 */
    ET0=1;                 /* 定时/计数器 0 开中断 */
    TR0=1;                 /* 启动定时/计数器 0 */
    do { } while (1);      /* 等待中断 */
}
void timer0(void) interrupt 1 using 1   /* 定时/计数器 0 中断服务程序入口 */
{
    *p=*p+1;               /* 累加器 A 的内容加 1 */
}
```

作计数器时,其最大的计数次数是方式 1 时,为 65536 次,如次数需要更多,可采用定时器扩展的方法。此处不再讨论。

4. 方式 3 的编程

例 6.7　设单片机的晶振频率为 6 MHz,定时/计数器 0 工作在方式 3,使 TL0 和 TH0 分别产生 100μs 和 200μs 的定时中断,并在 P1.6 和 P1.7 口产生周期为 200μs 和 400μs 的方波。此时定时/计数器 1 作串行波特率发生器使用,并设工作在方式 2,时间常数设定为 0F3H,试编制程序。

解　TL0 和 TH0 作为两个独立的定时器使用,计算 TL0 和 TH0 的计数初值：

$$2^8 - (6/12) \times 100 = 256 - 50 = 206 = 0CEH$$
$$2^8 - (6/12) \times 200 = 256 - 100 = 156 = 9CH$$

（1）汇编语言程序：

```
            ORG 0000H
START：     LJMP MAIN                ;转主程序

            ORG 000BH                ;转 TL0 中断服务程序
            LJMP SER_TL0

            ORG 001BH                ;转 TH0 中断服务程序
            LJMP SER_TH0

            ORG 0100H
MAIN：      MOV SP , #30H            ;设置堆栈
            MOV TCON , #00H
            MOV TL0 , #0CEH          ;计数初值
            MOV TH0 , #9CH
            MOV TH1 , #0F3H
            MOV TL1 , #0F3H
            MOV PCON , #80H          ;SMOD=1
            MOV TMOD , #23H          ;T0 方式 3,T1 方式 2
            SETB EA                  ;中断总允许
            SETB ET0                 ;TL0 中断允许
            SETB ET1                 ;TH0 中断允许
            SETB TR0                 ;启动 TL0
            SETB TR1                 ;启动 TH0
            SJMP $                   ;等待中断

            ORG 0200H                ;TL0 中断服务程序
SER_TL0：   MOV TL0 , #0CEH          ;重置初值
            CPL P1.6                 ;输出取反
            RETI

            ORG 0300H                ;TH0 中断服务程序
SER_TH0：   MOV TH0 , #9CH           ;重置初值
            CPL P1.7                 ;输出取反
            RETI
            END
```

（2）C 语言程序：

```c
#include <reg51.h>
sbit P1_6=P1^6;
sbit P1_7=P1^7;
void main(void)
{
```

```
TCON=0x00
PCON=0x80                              /* SMOD=1 */
TMOD=0x23;                             /* T0 方式 3,T1 方式 2 */
TL0=256-50;                           /* 预置计数初值 */
TH0=256-100;
TH1=0xf3;
TL1=0xf3;
EA=1;                                 /* 中断总允许 */
ET0=1;                                /* TL0 开中断 */
ET1=1;                                /* TH0 开中断 */
TR0=1;                                /* 启动 TL0 */
TR1=1;                                /* 启动 TH0 */
do { } while (1);                     /* 等待中断 */
}
void timerl0(void) interrupt 1 using 1    /* TL0 中断服务程序入口 */
{
  TL0=256-50;                         /* 重置初值 */
  P1_6= ! P1_6                        /* 输出取反 */
}
void timerh0(void) interrupt 3 using 1    /* TH0 中断服务程序入口 */
{
  TL0=256-100;                        /* 重置初值 */
  P1_7= ! P1_7                        /* 输出取反 */
}
```

当定时/计数器 0 工作在方式 3 时,欲使定时/计数器 1 停止工作,只要将控制字 33H 写入 TMOD 即可。

波特率的设置问题,可参阅本章后面的内容。

5. 门控位 GATE 位的应用

当定时器/计数器的门控位 GATE=1,且运行控制位 TR0(TR1)=1 时,则允许由外部输入的电平控制其启动和运行。利用这个特性,可以测出外部输入脉冲的宽度。

例 6.8　利用定时/计数器 T0 的门控位 GATE,测量$\overline{\text{INT0}}$管脚上出现的脉冲宽度,并将结果(机器周期数)存入内部 RAM 的 40H 和 41H 单元中。

解　外部脉冲由$\overline{\text{INT0}}$管脚输入,可设 T0 工作于定时器方式 1,计数初值为 0。当$\overline{\text{INT0}}$输入高电平时对 T0 计数,当高电平结束时,计数值乘上机器周期数就是脉冲宽度。

工作方式控制字 TMOD=00001001B=09H,计数初值 TH1=00、TL0=00H。

设定 GATE=1,当 TR1=1 时,由$\overline{\text{INT0}}$/P3.2 引脚外部脉冲上升沿启动 T0 开始工作,加 1 计数器开始对机器周期计数,当$\overline{\text{INT0}}$/P3.2 引脚变为低电平时,停止计数,这时读出 TH0、TL0 的值,该计数器值即为被测信号的脉冲宽度对应的机器周期数。

（1）汇编语言程序：

```
        ORG 0000H
        LJMP MAIN

        ORG 0100H
MAIN:   MOV TMOD ,＃09H      ;TO 定时,方式 1,GATE＝1
        MOV TH0 ,＃00H       ;置 TH0 计数初值
        MOV TL0 ,＃00H       ;置 TL0 计数初值
WAIT:   JB P3.2 WAIT         ;等待 INT0/P3.2 引脚变为低电平
        SETB TR0             ;预启动 TO
WAIT1:  JNB P3.2 ,WAIT1      ;等待 INT0/P3.2 引脚变为高电平、启动计数
WAIT2:  JB P3.2 ,WAIT2       ;等待 INT0/P3.2 引脚再变为低电平
        CLR TR0              ;停止计数
        MOV 41H ,TH1         ;读取计数值,存入指定的单元
        MOV 40H ,TL1
        SJMP $
        END
```

（2）C 语言程序：

```
＃include ＜reg51.h＞
unsigned char data * p;
void main(void)
{
  TMOD＝0x09;              /* TO 工作在定时器方式 1,GATE＝1 */
  TH0＝0;
  TL0＝0;
  do { } while (P3.2);     /* 等待 INT0/P3.2 引脚变为低电平 */
  TR0＝1;                  /* 启动定时器/计数器 0 */
  do { } while ( !P3.2);   /* 等待 INT0 引脚变为高电平、启动计数 */
  do { } while (P3.2);     /* 等待 INT0 引脚再变为低电平 */
  TR0＝0;                  /* 停止计数 */
  p＝0x40;
  * p＝TL0;
  p＝p+1;
  * p＝TH0;
}
```

6.3　串行通信口

　　随着单片机技术的发展,单片机的应用已从单机转向多机或联网,单片机的串行接口为单片机之间提供必需的数据交换通道。用串行接口可以实现单片机系统之间点对点的单机通信、多机通信和单片机与系统机的单机或多机通信。本节仅讨论单片机之间的通

信,有关单片机与计算机之间的通信请参考有关文献。

6.3.1 数据通信概述

1. 数据通信方式

在实际工作中,计算机的 CPU 与外部设备之间常常要进行信息的交换,一台计算机与其他计算机之间也往往要交换信息,所有这些信息的交换均称为通信。通信方式有两种,即并行通信和串行通信,如图 6.17 所示。

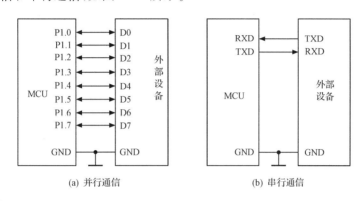

图 6.17 并行通信和串行通信

并行通信是指所传送的数据各位同时进行传送(发送或接收)的通信方式。其优点是传送速度快;缺点是数据有多少位,就需要多少根传送线,通信线路费用较高,且收发之间还需同步,不利于长距离传输。因此,并行传送适用于近距离、传输速度高的场合。

串行通信指数据是一位一位按顺序传送的通信方式。它的突出优点是只需一对传输线(利用电话线就可作为传送线),这样就大大降低了传送成本,特别适用于远距离通信;缺点是传送速度较低。

通常根据信息传送的距离决定采用哪种通信方式。例如,在计算机与外部设备(如打印机等)通信时,如果距离小于 30m,可采用并行通信方式;当距离大于 30m 时,则要采用串行通信方式。单片机具有并行和串行两种基本通信方式,本节讨论串行通信方式。

2. 异步通信和同步通信

串行通信是将传输数据的每个字符一位一位顺序传送,接收方对于同一根线上送来的一连串数字信号,按位组成字符。为了发送、接收信息,双方必须协调工作。这种协调方法,从原理上可分为异步通信和同步通信两种方式。在单片机中,主要使用异步通信方式。

1) 异步通信方式

为了避免连续传送过程中的误差积累,每个字符都要独立确定起始和结束位(即每个字符都要重新同步),字符和字符间还可以有长度不定的空闲时间。

在异步通信(asynchronous communication)方式中,数据通常是以字符(字节)为单位组成字符帧传送的。字符帧由发送端一帧一帧地发送,通过传输线由接收设备一帧一帧地接收。发送端和接收端可以由各自的时钟来控制数据的发送和接收,这两个时钟彼此独立,互不同步。

在异步通信中,发送端和接收端依靠字符帧格式规定和波特率来协调数据的发送和接收。字符帧格式和波特率是异步通信的两个重要指标,由用户根据实际情况选定。

字符帧也叫数据帧,由起始位、数据位、奇偶校验位和停止位等4部分组成,每一帧的数据格式如图6.18所示。

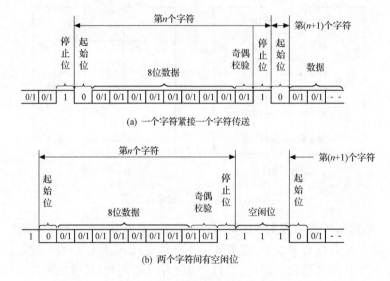

(a) 一个字符紧接一个字符传送

(b) 两个字符间有空闲位

图6.18 异步串行通信的字符帧格式

(1) 起始位:位于字符帧开头,只占1位,为逻辑0低电平,用于向接收设备表示发送端开始发送一帧信息。

(2) 数据位:紧跟起始位之后,用户根据情况可取5位、6位、7位或8位数据,低位在前,高位在后。

(3) 奇偶校验位:位于数据位之后,仅占1位,用来表征串行通信采用奇校验还是偶校验或无校验,由用户决定。

(4) 停止位:位于字符帧最后,为逻辑1高电平,通常可取1位、1.5位、2位,用于向接收端表示一帧字符信息已经发送完,也为发送下一帧做准备。

在串行通信中,两相邻字符帧之间可以没有空闲位,也可以有若干空闲位,这由用户来决定。

波特率是通信双方对数据传送速率的约定,表示每秒钟传送二进制数码的位数,单位是 bit/s(或 b/s)。波特率是串行通信的重要指标,它反映了串行通信的速率,也反映了对传输通道的要求。

在串行通信中,字符的实际传送速率与波特率不同,字符的实际传送速率是指每秒钟内所传字符帧的帧数,与字符帧格式有关。

假设数据传送的速率是 120 个字符/s,每个字符格式假设包含 10 个代码(1 个起始位、8 个数据位和 1 个停止位),则传送的波特率为

$$10\text{bit} \times 120/\text{s} = 1200\text{bit/s}$$

每一位代码的传送时间即为波特率的倒数:

$$T_\text{d} = (1/1200)\text{s} = 0.833\text{ms}$$

异步通信的传送速率在 50~19200bit/s,波特率不同于发送时钟和接收时钟,时钟频率常是波特率的 1 倍、16 倍或 64 倍。

在异步串行通信中,接收设备和发送设备保持相同的传送波特率,并以字符数据的起始位与发送设备保持同步,帧格式的约定在同一次传送过程中必须保持一致。

异步通信方式每传送一个字符都要加一些标志,因此其传输效率低,一般用于低速通信系统。

2) 同步通信方式

同步通信(synchronous communication)是按数据块传送,把要传送的字符顺序地连接起来,组成数据块,在数据块的前面加上特殊的同步字符,作为数据块的起始符号。同步通信中的字符格式如图 6.19 所示。在数据块后面加上校验字符,用于校验通信中的错误。

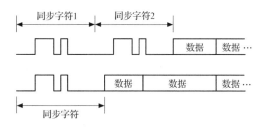

图 6.19　同步串行通信的字符帧格式

同步字符是 1 个或 2 个 8 位二进制码,可以采用统一标准格式,也可以由用户自行约定,但收发双方必须采用相同的同步字符。

数据传送时使用同一频率的时钟脉冲来实现发送端与接收端的严格时间同步,这种时钟脉冲称为同步时钟。同步字符由同步时钟在发送端发出,接收端接收到同步字符后,开始连续按顺序传送数据块,收发双方同步。所以,采用同步通信方式传送,硬件设备较为复杂,常采用"锁相环路"来保证。

同步通信方式由于不采用起始和停止位,在同步字符后可以传送较大的数据块,同步字符所占比重很小,因此有较高的传送效率。实际上,同步通信方式是以位流进行传送,可以做到与字符位数无关。

同步通信方式传输效率高,速度快,但硬件复杂、成本高,一般用于高速率、大容量的数据通信中。

3. 串行通信的传输方式

根据串行通信数据传输的方向,可将串行通信系统传输方式分为:单工方式、全双工方式和半双工方式,如图 6.20 所示。

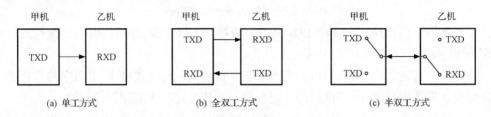

图 6.20　串行通信数据传输方式

(1) 单工方式。

单工(simplex)方式的数据传送是单向的。通信双方中,一方固定为发送端,另一方固定为接收端。只需 1 根传输线,只能从发送端向接收端传送,如图 6.20(a)所示。

(2) 全双工方式。

全双工(full-duplex)方式的数据传送是双向的,可以同时发送和接收数据,需要 2 根数据线,如图 6.20(b)所示。

(3) 半双工方式。

半双工(half-duplex)方式的数据传送也是双向的,但是任何时刻只能由其中的一方发送数据,另一方接收数据。该方式可以使用 1 根数据线,也可以使用 2 根数据线,如图 6.20(c)所示。

4. 串行通信的信号传输

若将串行发送的数字信号,按上述串行通信方式,直接通过传输线传输,其结果是传输失败。两台机器之间成功的通信,一是必须考虑信号在传输过程中的衰减和畸变,是否影响到接收端对信号的正确辨认,若有影响,则必须采用调制解调技术对发送信号和接收信号加以处理;二是机器之间总线的标准要一致。

1) 通信线的连接方式

串行通信的距离和传输的速率与传输线的电气特性有关,传输距离随传输速度的增加而减少。

根据通信距离不同,所需的信号线的根数也不同,如图 6.21 所示。图中只标注了发送和接收数据线 TXD 和 RXD,没有标注握手信号。

如果是近距离,又不使用握手信号,只需 3 根信号线,即 TXD(发送线)、RXD(接收线)和地,见图 6.21(a)。

如果距离在 15m 左右,通过 RS-232 接口,提高信号的幅度以加大传送距离,见图 6.21(b)。

如果是远程通信,通过电话网通信,由于电话网是根据 300Hz~3400MHz 的音频模拟信号设计的,而数字信号的频带非常宽,在电话线上传送势必产生畸变,因此传送中先

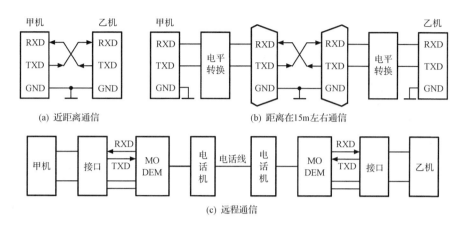

图 6.21　通信线的连接方式

通过调制器将数字信号变成模拟信号,通过公用电话线传送,在接收端再通过解调器解调,还原成数字信号。调制器和解调器通常做在一个设备中,这就是调制解调器 MODEM。该传送方式见图 6.21(c)。

2)串行通信总线标准及其接口

串行接口电路的种类和型号很多。能够完成异步通信的硬件电路称为 UART,即通用异步接收/发送器(universal asynchronous receiver/transmitter);能够完成同步通信的硬件电路称为 USRT,即通用同步接收/发送器(universal synchronous receiver/transmitter);既能完成异步通信又能完成同步通信的硬件电路称为 USART(universal synchronous asynchronous receiver/transmitter)。

从本质上说,所有的串行接口电路都是以并行数据形式与 CPU 接口,以串行数据形式与外部逻辑接口。它们的基本功能都是从外部逻辑接收串行数据,转换成并行数据后传送给 CPU,或从 CPU 接收并行数据,转换成串行数据后输出到外部逻辑。

异步串行通信接口主要有三类:RS-232 接口,RS-449、RS-422 和 RS-485 接口,以及 20mA 电流环。下面主要介绍 RS-232 接口标准。

(1)总线标准。

RS-232C 实际上是目前世界上最常用的串行总线标准,是由美国电子工业协会(Electronic Industry Association,EIA)和 BELL 公司一起开发的通信协议。其中,RS 是 Recommended Standard 的缩写,表示推荐标准;232 是标识符;C 代表 RS-232 的最新一次修改(1969 年),在这之前,有过 RS-232A、RS-232B 标准。它对信号线的功能、电气特性、连接器等都有明确的规定。

在单片机应用系统中,数据通信主要采用异步串行通信。在设计通信接口时,必须根据需要选择标准接口,并考虑传输介质、电平转换等问题。采用标准接口后,能够方便地把单片机和外设、测量仪器等有机地连接起来,从而构成一个测控系统。例如,当需要单片机和计算机通信时,通常采用 RS-232C 接口进行电平转换。

(2)RS-232C 电气特性。

EIA-RS-232C 对电器特性、逻辑电平和各种信号线功能都作了明确规定。

在 TXD 和 RXD 引脚上电平定义：

逻辑 1(MARK) $= -3 \sim -15\mathrm{V}$

逻辑 0(SPACE) $= +3 \sim +15\mathrm{V}$

在 RTS、CTS、DSR、DTR 和 DCD 等控制线上电平定义：

信号有效(接通、ON 状态、正电压) $= +3 \sim +15\mathrm{V}$

信号无效(断开、OFF 状态、负电压) $= -3 \sim -15\mathrm{V}$

以上规定说明了 RS-232C 标准对逻辑电平的定义。对于数据(信息码)：逻辑"1"的传输的电平为 $-3 \sim -15\mathrm{V}$，逻辑"0"传输的电平为 $+3 \sim +15\mathrm{V}$；对于控制信号，接通状态(ON)即信号有效的电平为 $+3 \sim +15\mathrm{V}$，断开状态(OFF)即信号无效的电平为 $-3 \sim -15\mathrm{V}$。也就是当传输电平的绝对值大于 3V 时，电路可以有效地检查出来；而介于 $-3 \sim +3\mathrm{V}$ 的电压即处于模糊区电位，此部分电压将使得计算机无法准确判断传输信号的意义，可能会得到 0，也可能会得到 1，如此得到的结果是不可信的，在通信时候体现的是会出现大量误码，造成通信失败。因此，实际工作时，应保证传输的电平在 $\pm(3 \sim 15)\mathrm{V}$。

(3) RS-232C 机械连接器及引脚定义。

目前，大部分计算机的 RS-232C 通信接口都使用了 DB9 连接器，主板的接口连接器有 9 根针输出(RS-232C 公头)，如图 6.22(a)所示；也有些比较旧的计算机使用 DB25 连接器输出，如图 6.22(b)所示。

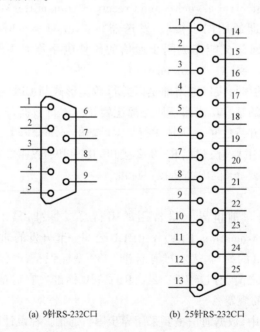

(a) 9针RS-232C口　　　　　(b) 25针RS-232C口

图 6.22　9 针和 25 针 RS-232C 口

下面介绍 DB9 和 DB25 输出接口的引脚定义，如表 6.3 所示。

表 6.3 RS-232C 串口引脚定义表

9 针 RS-232C 串口(DB9)			25 针 RS-232C 串口(DB25)		
引脚	简写	功能说明	引脚	简写	功能说明
1	CD	载波侦测(carrier detect)	8	CD	载波侦测(carrier detect)
2	RXD	接收数据(receive)	3	RXD	接收数据(receive)
3	TXD	发送数据(transmit)	2	TXD	发送数据(transmit)
4	DTR	数据终端准备(data terminal ready)	20	DTR	数据终端准备(data terminal ready)
5	GND	地线(ground)	7	GND	地线(ground)
6	DSR	数据准备好(data set ready)	6	DSR	数据准备好(data set ready)
7	RTS	请求发送(request to send)	4	RTS	请求发送(request to send)
8	CTS	清除发送(clear to send)	5	CTS	清除发送(clear to send)
9	RI	振铃指示(ring indicator)	22	RI	振铃指示(ring indicator)

（4）RS-232C 的通信距离和速度。

RS-232C 规定最大的负载电容为 2500pF,这个电容限制了传输距离和传输速率。由于 RS-232C 的发送器和接收器之间具有公共信号地（GND）,属于非平衡电压型传输电路,不使用差分信号传输,因此不具备抗共模干扰的能力,共模噪声会耦合到信号中。在不使用调制解调器（modem）时,RS-232C 能够可靠进行数据传输的最大通信距离为 15m,对于 RS-232C 远程通信,必须通过调制解调器进行远程通信连接。

现在个人计算机所提供的串行端口的传输速度一般都可以达到 115200bps,甚至更高。标准串口能够提供的传输速度主要有以下波特率:1200bps、2400bps、4800bps、9600bps、19200bps、38400bps、57600bps、115200bps 等。在仪器仪表或工业控制场合,9600bps 是最常见的传输速度,在传输距离较近时,使用最高传输速度也是可以的。传输距离与传输速度的关系成反比,适当地降低传输速度,可以延长 RS-232C 的传输距离,提高通信的稳定性。

（5）RS-232C 电平转换芯片及电路。

RS-232C 规定的逻辑电平与一般微处理器、单片机的逻辑电平是不同的。例如,RS-232C 的逻辑"1"是以 $-3 \sim -15V$ 来表示的,而单片机的逻辑"1"是以 $+5V$ 来表示的,两者完全不同。因此,单片机系统要和计算机的 RS-232C 接口进行通信,就必须把单片机的信号电平（TTL 电平）转换成计算机的 RS-232C 电平,或者把计算机的 RS-232C 电平转换成单片机的 TTL 电平,通信时候必须对两种电平进行转换。实现这种转换的方法可以使用分立元件,也可以使用专用 RS-232C 电平转换芯片。目前较为广泛地使用专用电平转换芯片,如 MC1488、MC1489、MAX232 等电平转换芯片可以用于实现 EIA 到 TTL 电平的转换。

有关电平转换芯片及接口电路可以参看有关芯片参考资料。

6.3.2 单片机的串行通信接口

MCS-51 单片机的串行口是一个可编程的全双工串行 I/O 口,可作 UART（通用异步接收发送器）用,也可作同步移位寄存器用,其帧格式有 8 位、10 位和 11 位,并能设置各种波特率,使用非常方便、灵活。

1. 串行口的结构与原理

MCS-51 单片机的串行口的结构由串行口控制电路、发送电路和接收电路三部分组成。其结构如图 6.23 所示。

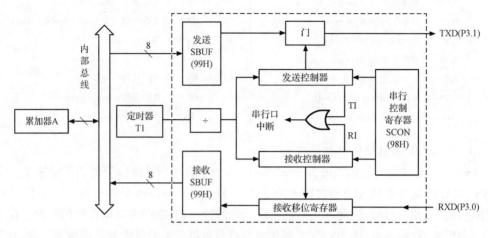

图 6.23　串行口的结构

由图 6.23 可见,发送电路由发送缓冲器 SBUF、发送控制电路组成,用于串行口的发送;接收电路由接收缓冲器 SBUF、接收控制电路组成,用于串行口的接收。发送缓冲器 SBUF 和接收缓冲器 SBUF 为两个物理上独立的数据缓冲寄存器 SBUF,共用一个缓冲器名 SBUF,发送缓冲器 SBUF 只能写入,不能读出;接收缓冲器只能读出,不能写入。它们占用同一地址 99H,可以用读/写指令区分。

串行发送时,通过"MOV SBUF,A"写指令,CPU 把累加器 A 的内容写入发送缓冲器 SBUF(99H),再由发送端 TXD 一位一位地向外发送;串行接收时,接收端 RXD 一位一位地接收数据,直到接收到一个完整的字符数据后通知 CPU,通过"MOV A,SBUF"读指令,CPU 从接收缓冲器 SBUF(99H)读出数据,送到累加器 A 中。发送和接收的过程可以采用中断方式,从而可以大大提高 CPU 的效率。

此外,在接收缓冲器之前还设有移位寄存器,从而构成了串行接收的双缓冲结构,以避免在接收一帧数据之前,CPU 未能及时响应接收器的前一帧中断请求,没把前一帧数据读走,而产生两帧数据重叠的问题;对于发送器,因为发送时 CPU 是主动的,不会产生写重叠问题,不需要双缓冲结构,以保证最大的传送速率。

系统中由两个特殊功能寄存器 SCON 和 PCON 来控制串行口的工作方式和波特率。波特率发生器可用定时器 T1 或 T2(52 系列)构成。

2. 串行口的控制寄存器

串行口的控制寄存器有两个:串行控制寄存器 SCON 和改变波特率的电源控制寄存器 PCON,下面分别予以介绍。

1）串行控制寄存器 SCON

SCON 用于串行通信的控制，字节地址为 98H，位地址为 9FH～98H，寄存器的内容及位地址如下所示：

位地址	9FH	9EH	9DH	9CH	9BH	9AH	99H	98H
位符号	SM0	SM1	SM2	REN	TB8	RB8	TI	RI

（1）SM0 和 SM1：串行口工作方式选择位。

可选择 4 种工作方式，见表 6.4。

表 6.4　串行口的工作方式

SM0 SM1	工作方式	功能	波特率
0　0	方式 0	8 位同步移位寄存器	$f_{osc}/12$
0　1	方式 1	10 位异步收发	可变
1　0	方式 2	11 位异步收发	$f_{osc}/32$ 或 $f_{osc}/64$
1　1	方式 3	11 位异步收发	可变

（2）SM2：多机通信控制位。

若 SM2＝1，则允许多机通信。多机通信是在方式 2 和方式 3 下进行，因此 SM2 位主要用于方式 2 和方式 3。当串行口以方式 2 或方式 3 接收时，若 SM2＝1，且接收到第 9 位数据 RB8＝1，则接收到的前 8 位数据送入 SBUF，并置位 RI 产生中断请求；当 RB8＝0 时，则 RI＝0，接收到的前 8 位数据丢失。若 SM2＝0，则不管 RB8 是 0 是 1，都将前 8 位数据装入 SBUF 中，并产生中断请求。

在方式 1 中，若 SM2＝1，则只有接收到有效的停止位时，RI 才置 1。在方式 0 中，SM2 必须为 0。

（3）REN：串行口接收允许控制位。

由软件置 1 或清 0，当 REN＝1 时，允许串行接收，启动 RXD，开始接收数据；当 REN＝0 时，禁止接收。

（4）TB8：在方式 2、3 中，TB8 是被发送的第 9 位数据。

可以根据需要由软件置 1 或清 0。在许多通信协议中，该位常作奇偶校验位。在多机通信中，TB8 的状态用来表示发送的是地址帧还是数据帧，TB8＝0 时为数据帧，TB8＝1 时为地址帧。在方式 0 和方式 1 中该位未用。

（5）RB8：在方式 2、3 中，RB8 存放接收到的第 9 位数据。

该位代表着接收数据的某种特征。例如，可能是奇偶位或为多机通信中的地址帧/数据帧标志位。在方式 0 中，该位未用；在方式 1 中，若 SM2＝0，即不是多机通信的情况，RB8 中存放的是已接收的停止位。

（6）TI：发送中断标志位。

在方式 0 中，当串行发送数据到第 8 位结束时由内部硬件置位；在其他方式中，则在一帧传送的停止位开始发送时，便由内部硬件置 1。因此，TI＝1，表示帧发送完毕，其状态可请求中断，也可供状态查询。TI 必须由软件清 0。

（7）RI：接收中断标志位。

在方式 0 中，当串行接收数据到第 8 位结束时由内部硬件置位；在其他方式中，当接收到一帧的停止位时，便由内部硬件置 1。因此，RI＝1，表示帧接收结束，其状态可请求中断，也可供状态查询。RI 必须由软件清 0。

当发送完一帧串行数据时，TI 被置 1，因此发生串行口中断；当接收完一帧串行数据时，RI 被置 1，同样发生串行口中断。这两种中断服务程序的入口地址都是 0023H。但CPU 事先并不知道是 TI 还是 RI 申请中断，必须由软件通过查询 TI 和 RI 的状态，方可进入相应的处理程序。TI 和 RI 在中断服务程序中由软件清 0，否则一次中断申请会被多次响应。

2）电源控制寄存器 PCON

PCON 主要是为 CHMOS 单片机电源控制而设置的专用寄存器，字节地址是 87H，不可位寻址，其各位的内容如下所示：

位序	D7	D6	D5	D4	D3	D2	D1	D0
位符号	SMOD	—	—	—	GF1	GF0	PD	IDL

在 HMOS 的单片机中，该寄存器除最高位外，其他位都没有定义。

（1）SMOD：串行口波特率的倍增位。

当 SMOD＝1，串行口波特率加倍，系统复位时，SMOD＝0。

（2）GF1、GF0：通用标志位。

（3）PD：CHMOS 器件的低功耗控制位。

当 PD＝0 时，正常工作方式；PD＝1 时，掉电工作方式。

（4）IDL：芯片 IDLE 模式设置位。

当 IDL＝0 时，正常工作方式；IDL＝1 时，空闲工作方式。

6.3.3　串行通信的工作方式及波特率设置

单片机的串行口共有 4 种工作方式，其基本情况见表 6.4。从表中可知，方式 0 和方式 2 的波特率是固定的，而方式 1 和方式 3 的波特率是可变的，其值由定时/计数器 1（T1）的溢出率控制。下面分别介绍各种工作方式。

1．串行工作方式 0

在方式 0 下，串行口可作为同步移位寄存器使用，常用于扩展 I/O 口。串行数据通过RXD/P3.0 端输入或输出，而 TXD/P3.1 端用于输出移位时钟，作为外接部件的时钟信号。串行数据的发送和接收以 8 位数据为一帧，低位在前，高位在后，不设起始位和停止位，其帧格式如下所示：

…	D0	D1	D2	D3	D4	D5	D6	D7	…

使用方式 0 实现数据的移位输入输出时，实际上是把串行口变成为并行口使用。

（1）方式 0 输出。

按工作方式 0 发送时，串行口作为并行输出口使用，要有"串入并出"的移位寄存器（如 74LS164、74HC164、CD4094）配合，其电路连接如图 6.24 所示。

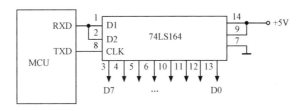

图 6.24　串入并出输出口

执行串行口输出指令（如"MOV SBUF，A"）后，数据写入串行口数据缓冲器，RXD 引脚用于串行数据输出，TXD 引脚输出移位同步脉冲，串行口把 8 位数据在 TXD 的控制下，从低位开始从 RXD 端输出，8 位数据全部输出完后，中断标志 TI 自动置 1，串行口停止移位，完成一个字节的输出。其后主程序可以用中断或查询的方法，把 74LS164 的内容并行输出。需要注意的是，串行口是从低位开始串行输出的，所以在图 6.24 中，数据的低位在右，高位在左。

（2）方式 0 输入。

按工作方式 0 接收时，串行口可作为并行输入口使用，要有"并入串出"的移位寄存器（如 74LS165、74HC165、CD4014）配合，其电路连接如图 6.25 所示。

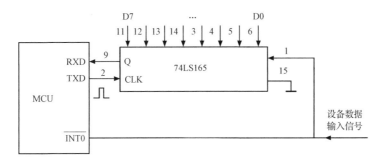

图 6.25　并入串出输入口

在 REN＝1、RI＝0 时，执行串行口输入指令（如"MOV A，SBUF"）后，启动串行口接收，数据从串行口数据缓冲器读入，RXD 引脚用于串行数据输入，TXD 引脚输出移位同步脉冲，经过 8 次移位，外部寄存器 74LS165 的 8 位并入数据移入内部移位寄存器，并使中断标志 RI 自动置 1，停止移位，完成一个字节的输入。当检测到外部移位寄存器内容再次有效时（设备将数据打入外部移位寄存器，打入信号向 CPU 请求中断），清零 RI，启动串行口接收下一个数据。

方式 0 时，移位操作的波特率是固定的，波特率＝$f_{osc}/12$，即一个机器周期移位一次。例如，f_{osc}＝6MHz，则波特率为 500kbps，即 2μs 移位一次；又如 f_{osc}＝12MHz，则波特率为 1Mbps，即 1μs 移位一次。

2. 串行工作方式 1

在方式 1 时,为波特率可变的 8 位数据的异步通信接口。TXD 为数据发送引脚,RXD 为数据接收引脚。方式 1 以 10 位数据为一帧传输,设有 1 个起始位(0)、8 个数据位和 1 个停止位(1)。其帧格式如下所示:

起始	D0	D1	D2	D3	D4	D5	D6	D7	停止

(1) 方式 1 输出。

当执行任何一条写 SBUF 的指令(如"MOV SBUF , A")时,就启动了串行口发送。在串行口由硬件自动加入起始位和停止位,在发送移位时钟(由波特率确定)的作用下,从 TXD 引脚发送一帧信息,先送出起始位(0),接着从低位开始依次输出 8 位数据,最后输出停止位 1。一帧 10 位数据发送完后,将中断标志 TI 置 1,CPU 执行程序判断 TI=1 后或转中断服务程序后由软件把 TI 清 0。

(2) 方式 1 输入。

通过软件使 REN=1 和 RI=0 时,就允许接收器接收。接收器以所选波特率的 16 倍速率采样 RXD 引脚电平,当检测到 RXD 引脚输入电平发生负跳变时,则说明起始位有效,将其移入输入移位寄存器,并开始接收这一帧信息的其余位。接收过程中,将每个数据位宽度分成 16 个状态,并在中间的第 7、8、9 状态时对 RXD 采样。在三个采样值中,至少有两个值一致时才被接收,从而抑制噪声。采样数据从输入移位寄存器右边移入,起始 0 移至输入移位寄存器最左边时,控制电路进行最后一次移位,如图 6.23 所示。将移位寄存器的内容(9 位)分别装入 SBUF 和 RB8,其中前 8 位装入接收数据缓冲器 SBUF,最后 1 位停止位装入 RB8,并置 RI=1,向 CPU 请求中断。此时要求:①RI=0;②SM2=0 或接收到的停止位为 1。如果这两个条件任何一个不满足,所接收的数据帧就会丢失,且 RI 仍为 0。

如要再接收数据,就用软件将 RI 清 0。

MCS-51 单片机是以定时器 T1 作为波特率发生器,以其溢出脉冲产生串行口移位寄存器的移位脉冲。因此,通过计算机 T1 的计数初值就可以实现波特率的设置。

当定时/计数器 1 作波特率发生器使用时,选用工作方式 2(即 8 位自动重装载方式),该方式可避免通过程序反复装入初值所引起的定时误差,使波特率更加稳定。这时,TL1 作计数用,而自动重装载的值放在 TH1 中。为了避免因溢出而产生不必要的中断,此时应禁止中断。

方式 1 的波特率与定时器 T1 的溢出率之间的关系为

$$波特率 = \frac{2^{\text{SMOD}}}{32} \times T1 \ 的溢出率$$

其中,SMOD 为 PCON 寄存器最高位的值,其值为 1 或 0。

假设 T1 的计数初值为 X,则计数溢出周期为

$$(256 - X) \times (12/f_{\text{osc}})$$

溢出率为溢出周期的倒数。因此得到波特率的计算公式为

$$\text{波特率} = \frac{2^{\text{SMOD}}}{32} \times \frac{f_{\text{osc}}}{12 \times (256 - X)}$$

在实际应用中,通常是先确定波特率,再计算 T1 的计数初值,然后进行定时/计数器的初始化。根据上述波特率计算公式,得出计数初值的计算公式为

$$X = 256 - \frac{f_{\text{osc}} \times 2^{\text{SMOD}}}{384 \times f_{\text{b}}}$$

式中,f_{b} 为设定波特率。

3. 串行工作方式 2 和方式 3

串行口工作于方式 2 或方式 3 时,为 9 位数据的异步通信接口。TXD 为数据发送引脚,RXD 为数据接收引脚,方式 2 和方式 3 以 11 位数据为一帧传输,设有 1 个起始位(0)、8 个数据位,1 个附加第 9 位和 1 个停止位(1)。其帧格式如下所示:

起始	D0	D1	D2	D3	D4	D5	D6	D7	D8	停止

其中,附加的第 9 位由软件置 1 或清 0,发送时在 SCON 的 TB8 中,接收时存入 SCON 的 RB8 中。方式 2 和方式 3 的工作原理类同,唯一的差别是波特率不同。

(1) 方式 2 和方式 3 输出。

发送前,先由软件设置 TB8。当执行任何一条写 SBUF 的指令(如 MOV SBUF,A)时,就启动了串行口发送。串行口能自动把 TB8 取出,并装到第 9 位数据的位置,8 位数据装入 SBUF。发送开始时,先把起始位 0 输出到 TXD 引脚,然后是 9 位数据位,最后是停止位 1。一帧 11 位数据发送完后,将中断标志 TI 置 1,CPU 执行程序判断 TI=1 后或转中断服务程序后由软件把 TI 清 0。

(2) 方式 2 和方式 3 输入。

与方式 1 类似,通过软件使 REN=1 和 RI=0 时,就允许接收器接收。接收器以所选波特率的 16 倍速率采样 RXD 引脚电平,当检测到 RXD 引脚输入电平发生负跳变时,则说明起始位有效,将其移入输入移位寄存器,并开始接收这一帧信息的其余位。接收过程中,将每个数据位宽度分成 16 个状态,并在中间的第 7、8、9 状态时对 RXD 采样,采样数据从输入移位寄存器右边移入,起始位 0 移至输入移位寄存器最左边时,控制电路进行最后一次移位,如图 6.23 所示。将移位寄存器的内容(9 位)分别装入 SBUF 和 RB8,其中前 8 位装入接收数据缓冲器 SBUF,第 9 位数据装入 RB8,并置 RI=1,向 CPU 请求中断。此时要求:①RI=0;②SM2=0 或接收到的第 9 位数据位为 1。如果这两个条件任何一个不满足,所接收的数据帧就会丢失,且 RI 仍为 0。

如要再接收数据,就用软件将 RI 清 0。

注意:与方式 1 不同,方式 2 和方式 3 中装入 RB8 的是第 9 位数据,而不是停止位,所接收的停止位的值与 SBUF、RB8 或 RI 都没有关系。这一特点可用于多机通信中。

方式 2 的波特率由振荡器的频率和 SMOD 所确定:

$$波特率 = \frac{2^{\text{SMOD}}}{64} \times f_{\text{osc}}$$

其中，SMOD 为 PCON 寄存器最高位的值，其值为 1 或 0。当 SMOD＝0 时，波特率 ＝ $f_{\text{osc}}/64$；当 SMOD＝1 时，波特率＝ $f_{\text{osc}}/32$。

方式 3 的波特率同方式 1。

6.3.4　串行口应用举例

MCS-51 单片机的串行口在实际使用中通常用于以下情况：利用方式 0 扩展并行 I/O 接口；利用方式 1 实现点对点的双机通信；利用方式 2 或方式 3 实现多机通信。

1. 用串行口扩展并行 I/O 接口

例 6.9　用单片机的串行口外接并入串出和串入并出的芯片，输入一组 8 位的开关信息，使其控制一组 8 位的发光二极管，发光二极管的状态对应开关的状态。

解　图 6.26 是一个串行接口扩展并行 I/O 接口的方案。74LS165 为一个 8 位并行输入 1 位串行输出的移位寄存器，TXD 引脚输出的移位脉冲将 74LS165 的 8 位并行输入的数据低位在先逐位移入 RXD 引脚，扩展 8 个按键。$S/\overline{L}$＝1 时，允许串行移位，$S/\overline{L}$＝0 时，允许并行读入按键。74LS164 为一个 1 位串行输入 8 位并行输出的移位寄存器，TXD 引脚输出的移位脉冲将 RXD 引脚输出的数据低位在先逐位移入 74LS164，扩展 8 个 LED 指示灯。通过级联多片移位寄存器，可扩展更多的并行 I/O 接口，而不必增加与单片机之间的连线，但扩展越多，接口的操作速度也就越慢。

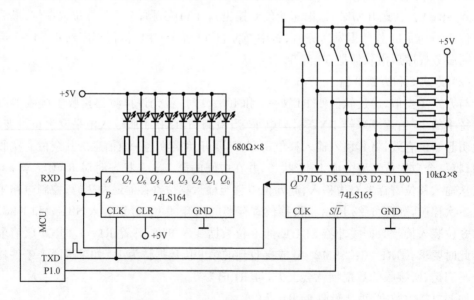

图 6.26　串行口扩展并行 I/O 接口方案

（1）汇编语言程序：

```
        ORG 0000H
        AJMP MAIN

        ORG 0100H
MAIN:   MOV SCON , #10H     ;REN=1,RI=0,SM0=0,SM1=0,串行口工作在方式 0,且启动
                           ;接收过程
LOOP:   CLR P1.0           ;S/L̄=0,允许并行读入按键到 74LS165
        SETB P1.0          ;S/L̄=1,允许串行移位
        CLR RI             ;启动接收
        JNB RI , $         ;若 RI=0,8 位数据未接收完,等待
        MOV A , SBUF       ;若 RI=1,8 位数据接收完,读入 A
        CLR TI             ;清发送标志,准备发送
        MOV SBUF , A       ;启动发送,输出数据位 0,将点亮对应位 LED
                           ;输出数据位 1,LED 不亮
        JNB TI , $         ;8 位数据未发送完,等待
        SJMP LOOP          ;8 位数据发送完,循环
        END
```

(2) C 语言程序:

```c
#include <reg51.h>
sbit P1_0=P1^0;
void main()
{
  unsigned char i;
  SCON=0x10;
  while(1)
  {
    P1_0=0;
    P1_0=1;
    RI=0;
    while ( !RI ) ;
    i=SBUF;
    TI=0;
    SBUF=i;
    while ( !TI ) ;
  }
}
```

2. 单片机的双机通信

使用中断方式时,单片机串行通信程序的编程要点如下:

(1) 选择正确的控制字,以保证串行口功能的初始化(即设置寄存器 SCON 的内容)。

(2) 选择合适的波特率,主要指设置定时器 1 的工作方式和时间常数(即设定 TMOD

和 TH1、TL1 寄存器的内容）。

（3）启动定时器 1（使用 SETB TR1 指令）。

（4）开放串行口中断（使用 SETB ES 指令）。

（5）开放总的中断（使用 SETB EA 指令）。

（6）编制串行中断服务程序，在串行中断服务程序中要设置清除中断标志指令。

例 6.10　假定甲、乙两台单片机，以方式 1 进行串行数据通信，其波特率为 1200bps，晶振频率为 11.0592MHz）。

（1）甲机发送：发送数据在外部 RAM 以 ADDRA 为首地址共 128B 的单元中。

（2）乙机接收：把接收到的 128B 的数据，顺序存放在以 ADDRB 为首地址的外部 RAM 中。

解　计算定时器 1 的计数初值：

$$X = 256 - \frac{11.0592 \times 10^6 \times 2^0}{384 \times 1200} = 256 - 24 = 232 = 0E8H$$

式中，取 SMOD＝0，则应使 PCON＝00H。

1）甲机程序

（1）甲机汇编语言发送程序：

```
        ORG 0000H
        LJMP MAINA              ;跳至主程序入口


        ORG 0023H
        AJMP SER_T1A            ;转至串行中断服务程序


        ORG 0100H
MAINA:  MOV SP ,＃60H           ;设置堆栈指针
        MOV SCON ,＃40H         ;串行口置工作方式1
        MOV TMOD ,＃20H         ;定时器1为工作方式2
        MOV TL1 ,＃0E8H         ;定时器1计数初值
        MOV TH1 ,＃0E8H         ;计数重装值
        MOV PCON ,＃00H         ;波特率不倍增
        SETB TR1               ;启动定时器1
        SETB EA                ;中断总允许
        SETB ES                ;串行口开中断
        MOV DPTR ,＃ADDRA       ;发送数据的首地址 ADDRA 送 DPTR
        MOV R0 ,＃00H           ;传送字节数初值
        MOVX A ,@DPTR          ;取第一个发送字节
        MOV SBUF ,A            ;启动串行口发送
        SJMP $                ;等待中断
SER_T1A: CLR TI               ;将中断标志清零
        CJNE R0 ,＃7FH,LOOPA   ;判断128B是否发送完,若没完,则转 LOOPA
```

```
                                ;继续取下一发送数据
        CLR ES                  ;全部发送完毕,禁止串行口中断
        AJMP ENDA               ;转中断返回
LOOPA:   INC R0                 ;字节数加 1
        INC DPTR                ;地址指针加 1
        MOVX A ,@DPTR           ;取发送数据
        MOV SBUF ,A             ;启动串行口
ENDA:    RETI                   ;中断返回
        END
```

（2）甲机对应的 C 语言发送程序：

```c
#include <reg51.h>              /* 包含 8051 单片机的寄存器定义头文件 */
unsigned char xdata ADDRA[128]; /* 在外部 RAM 区定义 128 个单元 */
unsigned char num=0;            /* 声明计数变量 */
unsigned char *p;               /* 定义 p 为指针 */
void main(void)                 /* 主程序 */
{
    SCON=0x40;                  /* 置串行口工作方式 1 */
    TMOD=0x20;                  /* 定时器 1 为工作方式 2 */
    PCON=0x00;                  /* SMOD=0 */
    TL1=0xe8;                   /* 置计数初值 */
    TH1=0xe8;                   /* 计数重装值 */
    TR1=1;                      /* 启动定时器 1 */
    EA=1;                       /* 开中断 */
    ES=1;                       /* 串行口开中断 */
    p=ADDRA;                    /* 设置发送数据缓冲器区指针 */
    SBUF=*p;                    /* 发送第一个数据 */
    while(1);                   /* 等待中断 */
}
void Ser_T1A(void) interrupt 4  /* 中断号 4 是串行中断 */
{
    TI=0;                       /* 清发送中断标志 */
    if(num==0x7F) ES=0;         /* 判断是否发送完,若已完,则关中断 */
    else                        /* 否则,修改指针,发送下一个数据 */
        {
        num++;                  /* 计数变量加 1 */
        p++;
        SBUF=*p;
        }
}
```

接收方的波特率必须和发送方的波特率相同。

2）乙机程序

（1）乙机汇编语言接收程序：

```
            ORG 0000H
            LJMP MAINB              ;转主程序

            ORG 0023H
            AJMP SER_T1B           ;转串行口中断服务程序

            ORG 0100H
MAINB:      MOV SP ,＃60H          ;设置堆栈指针
            MOV SCON ,＃50H        ;串行口置工作方式 1,允许接收
            MOV TMOD ,＃20H        ;定时器 1 为工作方式 2
            MOV PCON ,＃00H        ;波特率不倍增
            MOV TL1 ,＃0E8H        ;设置计数初值
            MOV TH1 ,＃0E8H        ;计数重装值
            SETB TR1               ;启动定时器 1
            SETB EA                ;开中断
            SETB ES                ;串行口开中断
            MOV DPTR ,＃ADDRB      ;数据缓冲区首地址送 DPTR
            MOV R0 ,＃00H          ;置传送字节数初值
            SJMP $                 ;等待中断
                                   ;中断服务程序
SER_T1B: CLR RI                    ;清接收中断标志
            MOV A ,SBUF            ;取接收的数据
            MOVX @DPTR ,A          ;接收的数据送缓冲区
            CJNE R0 ,＃7FH ,LOOPB  ;判别接收完没有。若没有,转 LOOPB,继续接收
            CLR ES                 ;若接收完,则关串行口中断
            LJMP ENDB
LOOPB:      INC R0                 ;计数指针加 1
            INC DPTR               ;地址指针加 1
ENDB:       RETI                   ;中断返回
            END
```

（2）乙机对应的 C 语言接收程序：

```c
#include <reg51.h>                 /* 包含 8051 单片机的寄存器定义头文件 */
unsigned char xdata ADDRB[128];    /* 在外部 RAM 区定义 128 个单元 */
unsigned char num＝0;              /* 声明计数变量 */
unsigned char * p;                 /* 定义 p 为指针 */
void main(void)                    /* 主程序 */
{
  SCON＝0x50;                      /* 置串行口工作方式 1,允许接收 */
```

```
    TMOD＝0x20；                    /＊ 定时器1为工作方式2 ＊/
    PCON＝0x00；                    /＊ SMOD＝0 ＊/
    TL1＝0xe8；                     /＊ 置计数初值 ＊/
    TH1＝0xe8；                     /＊ 计数重装值 ＊/
    TR1＝1；                        /＊ 启动定时器1 ＊/
    EA＝1；                         /＊ 开中断 ＊/
    ES＝1；                         /＊ 串行口开中断 ＊/
    p＝ADDRB；                      /＊ 设置接收数据缓冲器区指针 ＊/
    while(1)；                      /＊ 等待中断 ＊/
}
void Ser_T1B(void)interrupt 4      /＊ 中断号4是串行中断 ＊/
{
    RI＝0；                         /＊ 清接收中断标志 ＊/
    num++；                         /＊ 计数变量加1 ＊/
    if(num==128)ES＝0；             /＊ 判断是否接收完,若已完,则关中断 ＊/
    else                           /＊ 否则,接收数据,修改指针 ＊/
        {
            *p＝SBUF
            p++；
        }
}
```

例 6.11　设有 A、B 两台单片机。

当 A 机开始发送时,先送一个"AA"信号,B 机收到后回答一个"BB",表示同意接收。当 A 机收到"BB"后,开始发送数据,每发送一次求"校验和",假定数据块长度为 16 个字节,数据缓冲区为 BUF,数据块发送完后马上发送"校验和"。

B 机接收数据并将其转储到数据缓冲区 BUF,每接收到一个数据便计算一次"校验和",当收齐一个数据块后,再接收 A 机发来的校验和,并将它与 B 机求出的校验和进行比较。若两者相等,说明接收正确,B 机回答 00H;若两者不等,说明接收不正确,B 机回答 0FFH,请求重发。

A 机收到 00H 的回答后,结束发送;若收到的答复非零,则将数据再重发一次。双方约定的传输速率为 2400bps,晶振频率为 12MHz,T1 工作在定时器模式 2,SMOD＝0。

解　计算定时器 1 的计数初值:

$$X = 256 - \frac{12 \times 10^6 \times 2^0}{384 \times 2400} \approx 256 - 13 = 243 = 0F3H$$

式中,取 SMOD＝0,则应使 PCON＝00H。

(1) A 机汇编语言程序:

```
        ORG 0000H
        LJMP MAINA


        ORG 0100H
```

```
MAINA：   CLR EA              ;禁止中断
          MOV SCON , #50H     ;串行口置工作方式1,允许接收
          MOV TMOD , #20H     ;定时器1为工作方式2
          MOV PCON , #00H     ;波特率不倍增
          MOV TL1 , #0F3H     ;设置计数初值
          MOV TH1 , #0F3H     ;计数重装值
          SETB TR1            ;启动定时器1
TLP1：    MOV SBUF , #0AAH    ;发联络信号"AAH"
          JNB TI , $          ;等待一帧发送完毕
          CLR TI              ;允许再发送
          JNB RI , $          ;等待B机的应答信号
          CLR RI              ;允许再接收
          MOV A , SBUF        ;B机应答后读到A机
          XRL A , #0BBH       ;判断B机是否准备好
          JNZ TLP1            ;B机未准备好,继续联络
TLP2：    MOV DPTR , #BUF     ;B机准备好,设定缓冲区BUF地址指针初值
          MOV R7 , #10H       ;设定数据块长度初值
          MOV R0 , #00H       ;清校验和单元
TLP3：    MOVX A , @DPTR
          MOV SBUF , A        ;发送一个数据字节
          ADD A , R0          ;求校验和
          MOV R0 , A          ;保存校验和
          INC DPTR
          JNB TI , $          ;未发送完一个字节等待
          CLR TI
          DJNZ R7 , TLP3      ;整个数据块未发送完转TLP3
          MOV SBUF , R0       ;发送校验和
          JNB TI , $
          CLR TI
          JNB RI , $          ;等待B机的应答信号
          CLR RI
          MOV A , SBUF        ;B机应答读到A
          XRL A , #00H        ;判断B机是否正确接收
          JNZ TLP2            ;B机应答错误,重新发送
          RET                 ;B机应答正确,返回
```

（2）B机汇编语言程序：

```
          ORG 0000H
          LJMP MAINB

          ORG 0100H
MAINB：   CLR EA              ;禁止中断
          MOV SCON , #50H     ;串行口置工作方式1,允许接收
```

```
              MOV TMOD , ♯ 20H        ;定时器 1 为工作方式 2
              MOV PCON , ♯ 00H        ;波特率不倍增
              MOV TL1 , ♯ 0F3H        ;设置计数初值
              MOV TH1 , ♯ 0F3H        ;计数重装值
              SETB TR1               ;启动定时器 1
    RLP1：    JNB RI , $             ;等待 A 机的联络信号
              CLR RI                ;允许再接收
              MOV A,SBUF             ;收到 A 机信号
              XRL A, ♯ 0AAH          ;判断是否 A 机联络信号
              JNZ RLP1              ;不是 A 机联络信号,继续等待
              MOV SBUF, ♯ 0BBH       ;是 A 机联络信号,发准备好信号
              JNB TI , $            ;未发送完一帧等待
              CLR TI                ;允许再发送
              MOV DPTR , ♯ BUF       ;设定缓冲区 BUF 地址指针初值
              MOV R7 , ♯ 10H         ;设定数据块长度初值
              MOV R0 , ♯ 00H         ;清校验和单元
    RLP2：    JNB RI, $             ;等待接收数据
              CLR RI                ;允许再接收
              MOV A,SBUF             ;收到数据
              MOVX @DPTR,A           ;存储数据
              INC DPTR
              ADD A,R0              ;求校验和
              MOV R0,A
              DJNZ R7,RLP2          ;数据未接收完毕转 RLP2
              JNB RI, $            ;完毕,接收 B 机发来的校验和
              CLR RI
              MOV A,SBUF
              XRL A,R0              ;比较校验和
              JZ ENDB              ;校验和相等,跳至发正确标志
              MOV SBUF, ♯ 0FFH       ;校验和不相等,发错误标志
              JNB TI, $
              CLR TI
              AJMP RLP2            ;转重新接收
    ENDB:     MOV SBUF, ♯ 00H        ;发正确标志
              RET
```

相应的 C 语言程序读者可以自行仿照编制。

3. 单片机多机通信

1）通信接口

图 6.27 是在单片机多机系统中常采用的总线型主从式多机系统。所谓主从式,即在数个单片机中,有一个是主机,其余的为从机,所有从机有自己的编号。由于主机与从机

直接通过串行口相连，主机与从机之间的连线以不超过 1m 为宜。如果采用 RS-422 或 RS-485 串行标准总线进行数据传输，距离还可以更远。

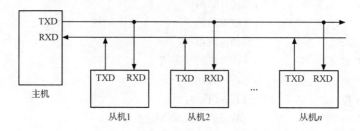

图 6.27　总线型主从式多机系统

多机通信只允许主机与从机之间直接通信，从机之间不能互相直接交换信息，从机之间需要交换信息时要通过主机进行。MCS-51 单片机的串行口方式 2、方式 3 很适合这种主从式的通信结构。

在多机通信中，发送方的第 9 位数据用指令装入 TB8，接收方将接收到的第 9 位数据自动装入 RB8。接收到的数据受 SM2 位控制，当一台单片机的 SM2=1 时，该单片机只接收地址帧（第 9 位数据为 1），对数据帧（第 9 位数据为 0）不理睬；而当 SM2=0 时，该机接收所有发来的消息。

2）通信协议

根据 MCS-51 单片机串行口的多机通信能力，多机通信过程可约定如下：

（1）首先使所有从机的 SM2 位置 1，处于只接收地址帧的监听状态。

（2）主机先发送一帧地址信息，其中 8 位地址信息，可编程的第 9 位为 1（TB8=1），表示发送的是地址，这样可以中断所有从机。

（3）从机接收到地址帧后，各自将接收到的地址与本从机的地址比较是否相符。若为本机地址，则使 SM2 位清零，进入正式通信状态，并把本机的地址发送回主机作为应答信号，然后接收主机随后发送过来的所有信息；其他从机由于地址不符，仍保持 SM2=1，无法与主机通信，直至主机发送新的地址帧。

（4）主机接收从机发回的应答地址信号后，与其发送的地址信息进行比较，如果地址相符，则清 TB8，正式发送数据信息；如果不相符，则发送错误信息及复位信号（数据帧中 TB8=1）。

（5）从机收到复位命令后回到监听地址状态（SM2=1），否则开始接收数据和命令。

（6）主机接收数据时，先判断数据结束标志（RB8），若 RB8=1，则表示数据传送结束，并比较此帧校验和。若校验和正确，则回送正确信号 00H，此信号令该从机复位（即重新等待地址帧）；若校验和出错，则发送 0FFH，令该从机重发数据。若接收帧的 RB8=0，则原数据到缓冲区，并准备接收下帧信息。

（7）主从机之间进行数据通信。需要注意的是，通信的各机之间必须以相同的帧（字符）格式及波特率进行通信。

3）通信程序

设主机发送的地址联络信号 00H、01H、02H 等为从机设备地址。

主机的命令编码为:01H 表示请求从机接收主机的数据命令;02H 表示请求从机向主机发送数据命令;0FFH 表示命令各从机恢复 SM2＝1 的状态,即复位。

从机的状态字节格式定义如下所示:

D7	D6	D5	D4	D3	D2	D1	D0
err	0	0	0	0	0	tready	rready

其中,rready ＝1:从机准备好接收主机的数据;tready ＝1:从机准备好向主机发送数据;err ＝1:从机接收到的命令是非法的。

通常从机以中断方式控制与主机的通信。程序可分为主机程序和从机程序,约定一次传送的数据为 N 个字节,以 01H 地址的从机为例。

主机的程序流程图如图 6.28 所示,从机 1 的程序流程图如图 6.29 所示,程序略。

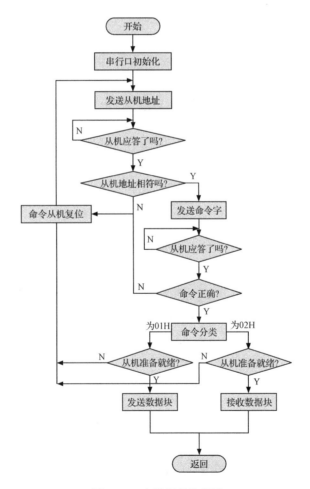

图 6.28 主机程序流程图

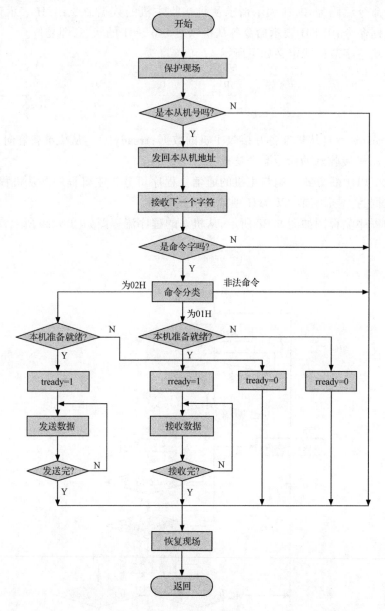

图 6.29　从机 1 程序流程图

习　题

（1）什么是中断？MCS-51 单片机有几个中断源？中断请求如何提出？单片机如何进行中断的响应？

（2）MCS-51 单片机的中断源中，哪些中断请求信号在中断响应时可以自动清除？哪些不能自动清除？不能清除的如何处理？

（3）8051 的中断优先级有几级？在形成中断嵌套时各级有何规定？

（4）MCS-51 单片机响应中断后，各中断入口地址是什么？

（5）简述 MCS-51 单片机中断响应的全过程。

（6）MCS-51 单片机内部有几个定时/计数器？它们由哪些功能寄存器组成？怎样实现定时功能？怎样实现计数功能？

（7）定时/计数器的四种工作方式各自的计数范围是多少？如果要计 10 个单位，不同的方式初值应为多少？

（8）设单片机外接晶振，振荡频率为 12MHz，如果用定时/计数器 T0 产生频率为 10kHz 的方波，可以选择哪几种方式，初值分别设为多少？

（9）已知振荡频率为 12MHz，用定时/计数器 T0，实现从 P2.0 口产生周期为 100ms 的方波。要求分别用汇编语言和 C 语言编程实现。

（10）已知振荡频率为 6MHz，用定时/计数器 T0，实现从 P1.0 口产生周期为 1s，占空比 30% 的波形。要求分别用汇编语言和 C 语言编程实现。

（11）设 8051 单片机的时钟频率为 6MHz，请编写程序在 P1.7 输出周期为 2s 的方波的程序。

（12）通过外部中断 0，触发一个延时过程，假定延时时间为 1s，延时期间可以点亮一个 LED 及让蜂鸣器发出声音。已知单片机晶振频率为 6.00MHz，画出电路图，并编程实现。

（13）利用单片机内部定时/计数器 T1 产生定时时钟，由 P1 口输出信号控制 8 个 LED 指示灯。试编程使 8 个指示灯依次轮流点亮，每个指示灯的点亮时间为 100ms。

（14）利用定时/计数器测量某正脉冲宽度，已知此脉冲宽度小于 10ms，试编程测量脉宽，并把结果存入内部 RAM 的 50H 和 51H 单元中。

（15）设某异步通信接口，每帧信息格式为 10 位，当接口每秒传送 1000 个字符，其波特率为多少？

（16）MCS-51 单片机串口有几种工作方式？各自特点是什么？

（17）串行口数据寄存器 SBUF 有什么特点？

（18）串行口控制器 SCON 中 TB8、RB8 起什么作用？在什么方式下使用？

（19）用汇编语言和 C 语言编程实现一个双机通信系统，将甲机的片内 RAM 中 30H～3FH 的数据块，传送到乙机片外 RAM 中 0030H～003FH 中，并画出电路图。

（20）利用串行口设计 4 位静态 LED 显示，画出电路图并编写程序，要求 4 位 LED 每隔 1s 交替显示"1234"和"5678"。

第 7 章　单片机系统扩展

通常情况下,采用 MCS-51 单片机的最小系统只能用于一些很简单的应用场合,此情况下直接使用单片机内部程序存储器、数据存储器、定时功能、中断功能、I/O 端口,使得应用系统的成本降低。但在许多应用场合,仅靠单片机的内部资源不能满足要求,系统扩展是单片机应用系统硬件设计中最常遇到的问题。在很多复杂的应用情况下,单片机内的 RAM、ROM 和 I/O 接口数量有限不够使用,这种情况下就需要进行扩展。因此单片机的系统扩展主要是指外接数据存储器、程序存储器或 I/O 接口等,以满足应用系统的需要。

7.1　单片机最小应用系统

7.1.1　单片机最小应用系统构成

按照单片机系统扩展与系统配置状况,单片机应用系统可以分为最小应用系统、最小功耗系统、典型应用系统等。

最小应用系统是指能维持单片机运行的最简单配置的系统。这种系统成本低廉、结构简单,常用来构成简单的控制系统,如开关状态的输入/输出控制等。目前市场上有售的带 flash ROM 的单片机有 AT89S51、AT89S52 等,其最小应用系统即为配有晶振、复位电路和电源的单个单片机。对于片内无 ROM 的单片机,其最小系统除了外部配置晶振、复位电路和电源外,还应当外接 EPROM、E^2PROM 或 flash ROM 作为程序存储器用,目前一般不再采用。最小应用系统的功能取决于单片机芯片的技术水平。

单片机的最小功耗应用系统是指能正常运行而又功耗力求最小的单片机系统。

单片机的典型应用系统是指单片机要完成测控功能所必须具备的硬件结构系统,现在一般是指扩展外部 RAM、I/O 口等的单片机系统。

MCS-51 单片机的特点就是体积小、功能全、系统结构紧凑、硬件设计灵活。对于简单的应用,最小系统即能满足要求。

用 AT89S51 单片机构成最小应用系统时,只要将单片机接上时钟电路和复位电路即可,简单、可靠,如图 7.1 所示。其应用特点如下:

(1) 有可供用户使用的大量 I/O 口线。因没有外部存储器扩展,这时 $\overline{EA}$ 接高电平,P0、P1、P2、P3 口都可作用户 I/O 口使用,注意 P0 口要接上拉电阻。

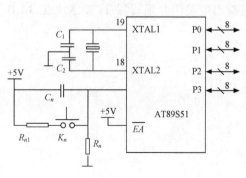

图 7.1　AT89S51 最小应用系统

（2）内部 RAM 存储器容量有限只有 128B,内部程序存储器有 4KB 的 flash ROM。

（3）应用系统开发具有特殊性。P0、P1、P2 口的应用与开发环境差别较大。早期的单片机的应用软件须依靠半导体厂家用半导体掩膜技术置入,也可以通过程序烧写器写入,而对于有 ISP 接口的 AT89S51 芯片,可以在线下载程序。

如果需要更大容量的程序存储器可以选用 AT89S52(8KB)、AT89S53(12KB) 、AT89C55(20KB)、W77E58(32KB)、W77E516(64KB)。对于 W77Exx 类芯片,片内还有 1KB 的外部 RAM。因此一般的应用系统完全没有必要再扩展内存。

7.1.2　系统扩展的内容与方法

1. 单片机的三总线结构

一般计算机的 CPU 外部都有单独的地址总线、数据总线和控制总线,而 MCS-51 单片机由于受管脚数量的限制,数据总线和地址总线是复用 P0 口,为了将它们分离开,以便同外围芯片正确地连接,需要在单片机外部增加地址锁存器(如 74HC373),从而构成与一般 CPU 类似的片外三总线,如图 7.2 所示。

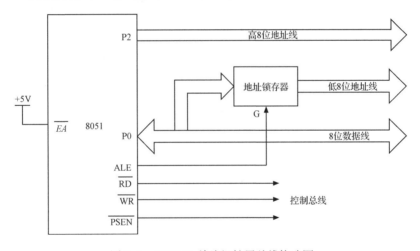

图 7.2　MCS-51 单片机扩展总线构造图

2. 系统扩展内容

如果系统资源不足,一般需要对系统进行如下几方面的内容扩展:

（1）外部程序存储器的扩展;

（2）外部数据存储器的扩展;

（3）输入/输出接口的扩展;

（4）管理功能器件的扩展(如定时/计数器、键盘/显示器、中断优先编码器等)。

3. 系统扩展的基本方法

通常系统扩展的基本方法有以下几种:

（1）利用形成的三总线结构中的地址总线、数据总线扩展程序存储器和数据存储器，如 2764、27512、6264、62256、29C256、29C020。

（2）利用中小规模集成电路中锁存器、三态缓冲器、移位寄存器进行输入输出口的扩展，如 74HC273、74HC373、74HC245、74HC164、74HC165。

（3）利用 Intel MCS-80/85 微处理器外围芯片来扩展，产生 I/O 端口、存储器、定时器、键盘扫描 LED 显示控制等，如 82C55A、82C53、81C55、8279、μPD8355、D8755A。

7.2　存储器的扩展

7.2.1　程序存储器的扩展

1. 程序存储器扩展典型芯片

程序存储器使用较多的是 EPROM 和 E^2PROM：EPROM 型的有 27 系列 2764（8KB）、27128（16KB）、27256（32KB）、27512（64KB）；E^2PROM 型的有 28 系列 AT28C64（8KB）、AT28C512（64KB）；flash ROM 型的有 29 系列 AT29C256（32K）、AT29C512（64KB）。这些系列的产品已经考虑到引脚兼容性问题，使用时基本可以互换。现将 NMC27C64 作为单片机程序存储器扩展的典型芯片进行说明。

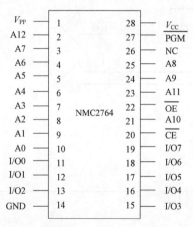

图 7.3　NMC27C64 引脚图

1）芯片 NMC2764 引脚

芯片 NMC2764 引脚图如图 7.3 所示。NMC2764 为可改写的只读存储器（EPROM），它的内容可以通过紫外线照射而彻底擦除，擦除后可以重新写入新的程序。如果使用 28 系列和 29 系列，可以在写入新的程序前直接电擦除。

（1）A12～A0：13 条地址线，表示有 2^{13} 个地址单元。

（2）I/O7～I/O0：8 条数据线，表示地址单元数据字长 8 位。

（3）$\overline{CE}$：片选控制输入端，低有效。

（4）$\overline{OE}$：读出控制输入端，低有效。

（5）V_{CC}：工作电源＋5V。

（6）V_{PP}：编程电源＋25V。

（7）$\overline{PGM}$：编程脉冲输入端。

（8）GND：芯片接地端。

2）NMC2764 的工作方式

NMC2764 的工作方式如表 7.1 所示。

表 7.1　NMC2764 的工作方式

方式	$\overline{OE}$	$\overline{PGM}$	V_{PP}	V_{CC}	功能
读	0	0	5 V	5 V	数据输出
维持	1	×	5 V	5 V	高阻态
编程	1	1	25 V	5 V	数据输入
编程校验	0	0	25 V	5 V	数据输出
编程禁止	0	1	25 V	5 V	高阻态

（1）读方式：当 $\overline{OE}$ 和 $\overline{PGM}$ 均为低电平，$V_{PP}=+5V$ 时，NMC2764 选中处于读出工作方式。

（2）维持方式：当 $\overline{OE}$ 为高电平时，芯片不被选中数据线输出为高阻抗状态。

（3）编程方式：当 V_{PP} 端加 $+25V$ 高电压，$\overline{PGM}$ 端加高电平时，NMC2764 处于编程状态。

（4）编程校验：编程校验通常是紧跟编程之后，这时 $V_{PP}=+25V$、$\overline{OE}$ 和 $\overline{PGM}$ 为低电平。

（5）编程禁止：编程禁止方式是为向多片 NMC2764 写入不同程序而设置的。

2. 程序存储器扩展举例

图 7.4 是程序存储器的一种扩展连接图。存储器扩展主要是地址线、数据线和控制信号线的连接。

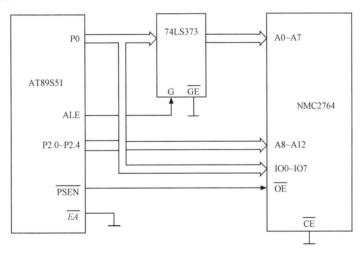

图 7.4　8KB 程序存储器扩展

NMC2764 的存储容量是 8KB，需 13 位地址（A12～A0）进行存储单元的选择，所以把 A7～A0 引脚与地址锁存器的 8 位地址输出对应连接，剩下的引脚与 P2 口的 P2.4～P2.0 相连。

程序存储器的扩展只涉及 $\overline{PSEN}$ 信号，把该信号接 NMC2764 的 $\overline{OE}$ 端，作为存储单元的读出选通。由于只有一片 NMC2764，所以没有使用片选信号，而把 $\overline{CE}$ 端直接接地。还有可以将 NMC2764 的 $\overline{OE}$ 端及 $\overline{CE}$ 端都与 $\overline{PSEN}$ 连接，达到降低功耗的目的。

7.2.2 数据存储器的扩展

1.数据存储器扩展典型芯片

单片机扩展数据存储器通常采用静态 RAM(SRAM)芯片，常用的有：6116(2KB)、6264(8KB)、62256(32KB)等。现将 6264 作为单片机数据存储器扩展的典型芯片进行说明。

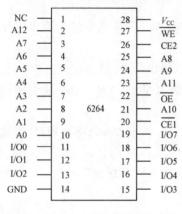

图 7.5 6264 引脚图

1) 芯片 6264 引脚

芯片 6264 引脚图如图 7.5 所示。

6264 各引脚定义如下。

(1) A10～A0:地址线。

(2) I/O7～I/O0:数据线(D7～D0)。

(3) $\overline{CE1}$、CE2:片选信号。

(4) $\overline{OE}$:数据输出允许信号。

(5) $\overline{WE}$:写选通信号。

(6) V_{CC}:电源(+5V)。

(7) GND:地。

2) 6264 工作方式

6264 的工作方式如表 7.2 所示。

表 7.2 6264 的工作方式

$\overline{WE}$	$\overline{CE1}$	CE2	$\overline{OE}$	方式	D0～D7
×	1	×	×	未选中	高阻抗
×	×	0	×	未选中	高阻抗
1	0	1	1	输出禁止	高阻抗
0	0	1	1	写	D_{IN}
1	0	1	0	读	D_{OUT}

2.数据存储器扩展举例

数据存储器与程序存储器扩展不同处在于程序存储器使用$\overline{PSEN}$作为读选通信号，而数据存储器是使用$\overline{RD}$和$\overline{WR}$分别作为读和写选通信号。如图 7.6 所示，以$\overline{RD}$接$\overline{OE}$，$\overline{WR}$接$\overline{WE}$，进行 RAM 芯片的读写控制。由于只有一片 6264，所以没有使用片选信号，而把$\overline{CE1}$端直接接地，CE2 端通过电阻接电源。

7.2.3 存储器综合扩展

图 7.7 的电路既扩展了程序存储器，又扩展了数据存储器。在该电路中，74LS139 用于控制存储器的选通。左边的程序存储器 2764 的选通地址为×110 0000 0000 0000B～×111 1111 1111 1111B,中间的数据存储器 6264 的选通地址为×100 0000 0000 0000B～×101 1111 1111 1111B,右边的数据存储器的选通地址为×010 0000 0000 0000B～×011 1111 1111 1111B。程序存储器的读操作是由$\overline{PSEN}$信号控制,而数据存储器的读和写是由$\overline{RD}$和$\overline{WR}$信号控制,即使地址相重叠也不会造成操作上的混乱。

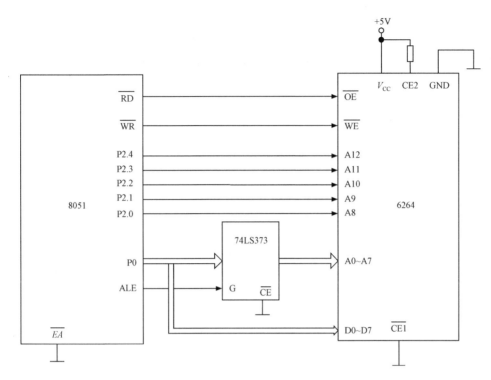

图 7.6　8KB 数据存储器扩展

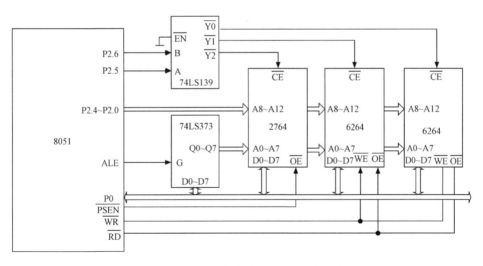

图 7.7　扩展 8KB 程序存储器和 16KB 数据存储器

7.2.4　闪速存储器及其扩展

1. 引脚功能和读写操作

flash ROM AT29C256 芯片的容量为 32KB,引脚数量为 28 条,其 DIP 封装的引脚排列如图 7.8 所示。

图 7.8　AT29C256 芯片的
引脚图

主要引脚功能如下：

（1）A0～A14：地址线。

（2）I/O0～I/O7：三态双向数据线。

（3）$\overline{CS}$：片选信号线，低电平输入有效。

（4）$\overline{OE}$：输出允许（读允许）信号线，低电平输入有效。

（5）$\overline{WE}$：写允许信号线，低电平输入有效。

1）读操作

当 $\overline{CS}=0$、$\overline{OE}=0$、$\overline{WE}=1$ 时，被选中单元的内容读出到双向数据线 I/O0～I/O7 上。当处于高电平，输出线处于高阻状态。

2）写操作

外部数据写入 29C256 芯片时，数据要先装入其内部锁存器。装入时，$\overline{CS}=0$、$\overline{OE}=1$、$\overline{WE}=0$，数据写入以页为单位进行，即要改写某一单元的内容，相应的整页都要重写，没有被装入的字节内容被写成 0FFH，在写入过程中，或在上升沿之后的 150ns 内，要再次有效，以便写入新的字节，整个写入周期中应 64 次有效。当某次上升沿后 150ns 内，没有出现下降沿，则装入周期结束，开始内部的写入周期。

2. MCS-51 单片机与 AT29C256 的接口

图 7.9 是单片机与 AT29C256 芯片典型的接口电路图。图中单片机的 $\overline{PSEN}$ 和 $\overline{RD}$ 相

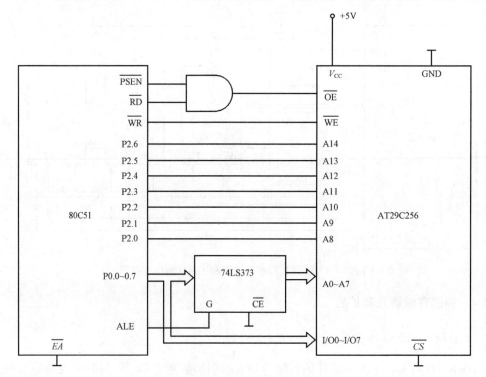

图 7.9　80C51 单片机与 AT29C256 芯片典型的接口电路图

"与"后与 AT29C256 芯片的 $\overline{OE}$ 端相连,单片机的 $\overline{WR}$ 与 AT29C256 芯片的 $\overline{WE}$ 相连,可实现对 AT29C256 芯片的读写信号的选通。以上扩展的方法与数据存储器的扩展方法相同,单片机访问它时,可以使用 MOVC 指令,也可以使用 MOVX 指令。

7.3　输入与输出口的扩展

MCS-51 单片机内部有 4 个双向的并行 I/O 端口:P0～P3,共占 32 根引脚。P0 口的每一位可以驱动 8 个 TTL 负载,P1～P3 口的负载能力为三个 TTL 负载。

在无片外存储器扩展的系统中,这 4 个端口都可以作为准双向通用 I/O 口使用。在具有片外扩展存储器的系统中,P0 口分时地作为低 8 位地址线和数据线,P2 作为高 8 位地址线。这时,P0 口和部分或全部的 P2 口无法再作通用 I/O 口。

P3 口具有第二功能,在应用系统中也常被使用。因此在大多数的应用系统中,真正能够提供给用户使用的只有 P1 和部分 P2、P3 口。

综上所述,MCS-51 单片机的 I/O 端口通常需要扩充,以便和更多的外设(如显示器、键盘)进行联系。

在 MCS-51 单片机中扩展的 I/O 口采用与片外数据存储器相同的寻址方法,所有扩展的 I/O 口,以及通过扩展 I/O 口连接的外设都与片外 RAM 统一编址,因此,对片外 I/O 口的输入/输出指令就是访问片外 RAM 的指令,即

$$MOVX \quad @DPTR,A$$
$$MOVX \quad @Ri,A$$
$$MOVX \quad A,@DPTR$$
$$MOVX \quad A,@Ri$$

扩展 I/O 口的方法有三种:简单的 I/O 口扩展、采用可编程的并行 I/O 接口芯片扩展,以及利用串行口进行 I/O 口的扩展。

7.3.1　简单的并行 I/O 接口扩展

用并行口扩展 I/O 口,只要根据"输入三态,输出锁存"与总线相连的原则,选择 74LS 系列的 TTL 电路或 74HC 系列 MOS 电路即能组成简单的扩展 I/O 口。例如,采用 8 位三态缓冲器 74LS244 组成输入口,采用 8D 锁存器 74LS273、74LS373、74LS377 等组成输出口。图 7.10 为采用 74LS244 扩展 8 位输入口,采用 74LS273 扩展 8 位输出口。

应用程序设计如下。

(1) 汇编语言程序:

```
LOOP:   MOV    DPTR,#0FEFFH      ;P2.0=0
        MOVX   A,@DPTR           ;从 74LS244 输入数据
        MOVX   @DPTR,  A         ;从 74LS273 输出数据
        LCALL  DELAY             ;延时
        LJMP   LOOP
DELAY:     …
```

```
        …
        RET
        END
```

（2）C语言程序：

```
#include <reg51.h>
#include <absacc.h>
#define EXIO XBYTE[0xFEFF]          //定义扩展I/O的地址为0xEFFF
unsigned char xdata * io_adr;
main()
{
    io_adr=&EXIO;
    while(1)
    {
        P0 = * io_add;
        * io_add=P0;
        delay();
    }
}
```

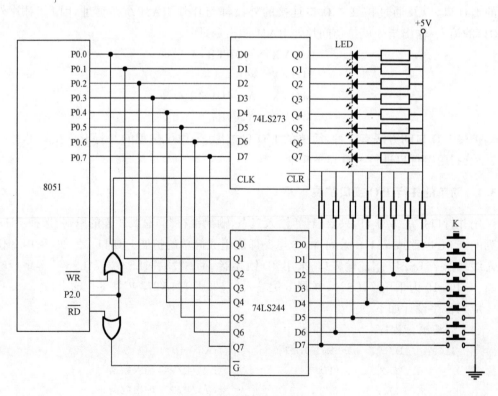

图 7.10　并行口扩展 I/O 口

7.3.2 用 8255 扩展并行 I/O 接口

1. 8255 的电路结构和功能

8255 是 Intel 公司生产的可编程并行 I/O 接口芯片,有 3 个 8 位并行 I/O 口,具有 3 个通道 3 种工作方式的可编程并行接口芯片(40 引脚),如图 7.11 所示。其各口功能可由软件选择,使用灵活、通用性强。8255 可作为单片机与多种外设连接时的中间接口电路。8255 作为主机与外设的连接芯片,必须提供与主机相连的 3 个总线接口,即数据线、地址线、控制线接口。同时必须具有与外设连接的接口,A、B、C 口。因为 8255 可编程,所以必须具有逻辑控制部分,因而 8255 内部结构分为 3 个部分:与 CPU 连接部分、与外设连接部分、控制部分。

1) 与 CPU 连接部分

根据定义,8255 能并行传送 8 位数据,所以其数据线为 8 根 D0~D7。由于 8255 具有 3 个通道(A、B、C 口),所以只要两根地址线就能寻址 A、B、C 口及控制寄存器,故地址线为 A0、A1。此外 CPU 要对 8255 进行读、写与片选操作,所以控制线为片选、复位、读、写信号。各信号的引脚编号如下:

(1) 数据总线 DB:编号为 D0~D7,用于 8255 与 CPU 传送 8 位数据。

(2) 地址总线 AB:编号为 A0、A1,用于选择 A、B、C 口与控制寄存器。

(3) 控制总线 CB:片选信号$\overline{CS}$、复位信号 RST、写信号$\overline{WR}$、读信号$\overline{RD}$。当 CPU 要对 8255 进行读、写操作时,必须先向 8255 发片选信号$\overline{CS}$选中 8255 芯片,然后发读信号$\overline{RD}$或写信号$\overline{WR}$对 8255 进行读或写数据的操作。

2) 与外设接口部分

根据定义,8255 有 3 个通道(A、B、C 口)与外设连接,每个通道又有 8 根线与外设连接,所以 8255 可以用 24 根线与外设连接。若进行开关量控制,则 8255 可同时控制 24 路开关。各通道的引脚编号如下:

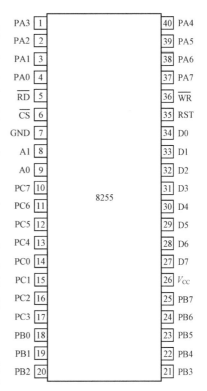

图 7.11 8255 的引脚图

(1) A 口:编号为 PA0~PA7,用于 8255 向外设输入输出 8 位并行数据。

(2) B 口:编号为 PB0~PB7,用于 8255 向外设输入输出 8 位并行数据。

(3) C 口:编号为 PC0~PC7,用于 8255 向外设输入输出 8 位并行数据,当 8255 工作于应答 I/O 方式时,C 口用于应答信号的通信。

3) 控制器

8255 将 3 个通道分为两组,即 PA0~PA7 与 PC4~PC7 组成 A 组,PB0~PB7 与

PC0～PC3 组成 B 组。相应的控制器也分为 A 组控制器与 B 组控制器,各组控制器的作用如下:

(1) A 组控制器:控制 A 口的 8 条口线与 C 口的高 4 条口线(高半 C 口)的输入与输出。

(2) B 组控制器:控制 B 口的 8 条口线与 C 口的低 4 条口线(低半 C 口)的输入与输出。

2. 8255 芯片引脚与 CPU 的连接

8255 是一个 40 引脚的双列直插式芯片,见图 7.11。8255 与 CPU 的连接方式是多种多样的,本节以 AT89C52 与 8255 的连接为例说明 8255 与 CPU 的连接方法,同时也介绍 8255 各芯片引脚的功能与作用。

图 7.12 为 8255 与 AT89C52 的连接图。由于 AT89C52 与 8255 的连接就是 3 总线的连接。因此,下面将以 3 总线形式讲述连接方法。

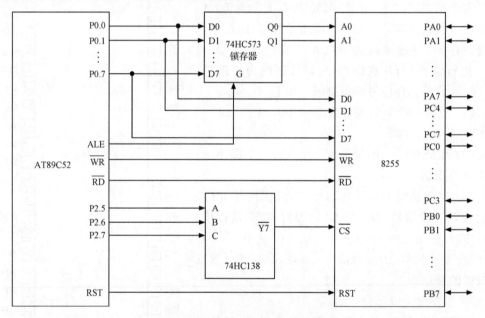

图 7.12 8255 与 AT89C52 的连接图

1) 数据总线 DB 引脚

8255 的数据总线 DB 有 8 根:D0～D7。因为 AT89C52 用其 P0 口作为数据总线口,所以 AT89C52 的 P0.0～P0.7 与 8255 的 D0～D7 进行连接。

2) 地址总线 AB 引脚

8255 的地址线 AB 有两根:A0、A1。A0、A1 通过 74HC373 锁存器与 AT89C52 的 P0.0、P0.1 连接。A1A0 通过取 00～11,可以选择 A、B、C 口与控制寄存器,选择方法如下。

(1) A1A0=00:选择 A 口。

(2) A1A0=01:选择 B 口。

（3）A1A0＝10：选择 C 口。

（4）A1A0＝11：选择控制寄存器。

3）控制总线 CB

片选信号$\overline{CS}$是由 P2.5～P2.7 经 138 译码器$\overline{Y7}$产生。若要选中 8255，则$\overline{Y7}$必须有效，即为低电平，此时 P2.7P2.6P2.5＝111。由此可推知各口地址如下。

（1）A 口：111x～x00＝E000H（当 x～x＝0～0 时）。

（2）B 口：111x～x01＝E001H（当 x～x＝0～0 时）。

（3）C 口：111x～x10＝E002H（当 x～x＝0～0 时）。

（4）控制口：111x～x11＝E003H（当 x～x＝0～0 时）。

其中，x～x 表示取值可任意，所以各口地址并不唯一。为了以后叙述方便，后面程序中 8255 的地址将全部使用 E000H～E003H。

注意，此处要说明的是单片机与 8255 的连接方法是多种多样的，8255 各口地址也随连接方式而变化。因此，在使用不同单片机系统时，8255 的各口地址可能不是上面所推导的 E000H～E003H，本书仅是为了介绍一种具体的连接方法而导出上面的地址在使用其他单片机系统时，只要将所用单片机系统 8255 各口地址做相应替换即可。

（1）读信号$\overline{RD}$：8255 的读信号$\overline{RD}$与 AT89C52 的$\overline{RD}$相连。

（2）写信号$\overline{WR}$：8255 的写信号$\overline{WR}$与 AT89C52 的$\overline{WR}$相连。

（3）复位信号 RST：8255 的复位信号 RST 与 AT89C52 的 RST 相连。

4）3 个通道引脚

（1）A 口的 8 个引脚 PA0～PA7 与外设连接，用于 8 位数据的输入与输出。

（2）B 口的 8 个引脚 PB0～PB7 与外设连接，用于 8 位数据的输入与输出。

（3）C 口的 8 个引脚 PC0～PC7 与外设连接，用于 8 位数据的输入与输出或通信线。

3. 8255 的工作方式

由 8255 的定义可知，8255 有 3 种工作方式，如表 7.3 所示。方式 0 为基本 I/O 输入/输出方式，这是 8255 最常用，也是最基本的工作方式。方式 1 为应答 I/O 方式，当 8255 工作于应答 I/O 方式时，高半 C 口作为 A 口的通信线，低半 C 口作为 B 口的通信线。方式 2 为双向应答 I/O 方式，此方式仅 A 口使用，B 口无双向 I/O 应答方式，C 口供 A 口通信用。8255 的 3 种工作方式的选择由 8255 工作方式选择字决定，下面介绍 8255 的工作方式选择字。

表 7.3　8255 的工作方式

接口方式	A	B	C
方式 0	基本 I/O 方式	基本 I/O 方式	基本 I/O 方式
方式 1	应答 I/O 方式	应答 I/O 方式	通信线
方式 2	双向应答 I/O 方式	无	通信线

4. 8255 初始化

1）工作方式选择字

8255 工作方式选择字共 8 位，如图 7.13 所示，存放在 8255 控制寄存器中。最高位

D7 为标志位,D7＝1 表示控制寄存器中存放的是工作方式选择字,D7＝0 表示控制寄存器中存放的是 C 口置位/复位控制字。

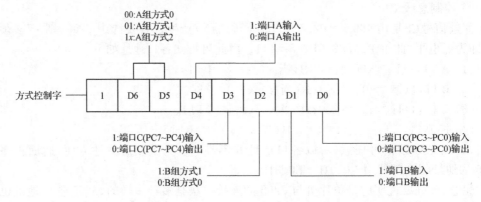

图 7.13　8255 的工作方式选择字

D3～D6 用于 A 组的控制,D6D5＝00 表示 A 组工作于基本 I/O 方式 0,D6D5＝01 表示 A 组工作于应答 I/O 方式 1,D6D5＝1x 表示 A 组工作于双向应答 I/O 方式 2(x 取 0 或 1);D4＝1 表示 A 口工作于输入方式,D4＝0 表示 A 口工作于输出方式;D3＝1 表示上 C 口工作于输入方式,D3＝0 表示上 C 口工作于输出方式。

D0～D2 用于 B 组的控制,D2＝0 表示 B 组工作于基本 I/O 方式 0,D2＝1 表示 B 组工作于应答 I/O 方式 1;D1＝1 表示 B 口工作于输入方式,D1＝0 表示 B 口工作于输出方式;D0＝1 表示低半 C 口工作于输入方式,D0＝0 表示低半 C 口工作于输出方式。工作方式字应输入控制寄存器,按上面的连接方式,控制寄存器的地址为 E003H。

所谓 8255 初始化,就是要根据工作要求确定 8255 工作方式选择字,并输入 8255 控制寄存器。

例 7.1　按照图 7.12 中 8255 与 AT89C52 的连接图对 8255 初始化编程。

(1) A、B、C 口均为基本 I/O 输出方式。

(2) A 口与高半 C 口为基本 I/O 输出方式,B 口与低半 C 口为基本 I/O 输入方式。

(3) A 口为应答 I/O 输入方式,B 口为应答 I/O 输出方式。

解　(1) 采用 C 语言对 8255 进行初始化的程序如下:

```
① #include<reg52.h>
   #include<absacc.h>
   #define COM8255 XBYTE[0xe003]          /* 定义 8255 控制寄存器地址 */
   #define uchar unsigned char
   void init8255(void)
   {
       COM8255=0x80;                      /* 工作方式选择字送入 8255 控制寄存器,置
                                             A、B、C 口均为基本 I/O 输出方式 */
   }
   void main(void)
```

```
    {
        …
    }
② #include<absacc.h>
    #define COM8255 0xe003                    /*定义 8255 控制寄存器地址 */
    void init8255(void)
    {
        XBYTE[COM8255]=0x83;                  /*工作方式选择字送入 8255 控制寄存器,设
                                                置 A、C 口为基本 I/O 输出方式,B、C 口为基
                                                本 I/O 输入方式*/
    }
③ uchar xdata COM8255 _at_ 0xe003;            /*定义 8255 控制寄存器地址*/
    void init8255(void)
    {
        COM8255=0xb4;                         /*工作方式选择字送入 8255 控制寄存器,设
                                                置 A 口为应答 I/O 输入方式,B 口为应答
                                                I/O 输出方式*/
    }
```

（2）采用汇编语言对 8255 进行初始化的程序如下：

```
① COM8255   EQU   0E003H     ;定义 8255 控制寄存器地址
    MOV       DPTR,#COM8255
    MOV       A,#80H         ;工作方式选择字送入 8255 控制寄存器,
                             ;设置 A、B、C 口均为基本 I/O 输出方式
    MOVX      @DPTR,A

② MOV        DPTR,#COM8255
    MOV       A,#83H         ;设置 A、C 口为基本 I/O 输出方式,
                             ;B、C 口为基本 I/O 输入方式
    MOVX      @DPTR,A

③ MOV        DPTR,#COM8255
    MOV       A,#0B4H        ;设置 A 口为应答 I/O 输入方式,
                             ;B 口为应答 I/O 输出方式
    MOVX      @DPTR,A
```

2）C 口置/复位控制字

8255 的 C 口可进行位操作,即可对 8255C 口的每一位进行置 1 或清 0 操作,该操作是通过设置 C 口置/复位字实现的。C 口置/复位字共 8 位,各位含义如图 7.14 所示。

由于 8255 的工作方式选择字与 C 口置/复位字共用一个控制寄存器,故特别设置 D7 为标志位,D7=0 表示控制字为 C 口置/复位字,D7=1 表示控制字为 8255 工作方式选择字。D6D5D4 不用,常取 000。D3D2D1 为 C 口 8 个引脚 PC0～PC7 的选择位,D3D2D1=000 选择 PC0,D3D2D1=001 选择 PC1,…,D3D2D1=111 选择 PC7。D0 为置位或清 0

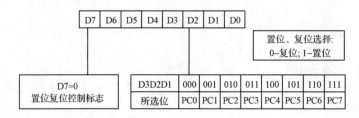

图 7.14　C 口置/复位控制字

选择位,D0＝0 表示由 D3D2D1 选择的位清 0,D0＝1表示由 D3D2D1 选择的位置 1。C 口置/复位字必须输入 8255 控制寄存器。

5. 8255 应用举例

例 7.2　按照图 7.12 中 8255 与 AT89C52 的连接图,用 8255C 口的 PC3 引脚向外输出连续的正方波信号,频率为 1000Hz。

解　将 C 口设置为基本 I/O 输出方式,先从 PC3 引脚输出高电平 1,间隔 0.5ms 后向 PC3 输出低电平 0,再间隔 0.5ms 后向 PC3 输出高电平 1,周而复始,则可实现从 PC3 输出频率为 1000Hz 正方波的目的。

```c
#include<reg52.h>
#include<absacc.h>
#define PA8255      XBYTE[0xe000]        /* 定义 8255A 口地址 */
#define PB8255      XBYTE[0xe001]        /* 定义 8255B 口地址 */
#define PC8255      XBYTE[0xe002]        /* 定义 8255C 口地址 */
#define COM8255     XBYTE[0xe003]        /* 定义 8255 控制寄存器地址 */
#define uchar unsigned char
extern void delay_500us();              /* 外部函数,延迟 0.5ms */
void init8255(void) {
            COM8255=0x80;               /* 工作方式选择字送入 8255 控制寄存器,
                                           设置 A、B、C 口为基本 I/O 输出方式 */
        }
void main(void) {
            init8255(void);             /* 初始化 8255 端口 */
            for(;;) {
                    COM8255=0x07;       /* PC3 置 1 */
                    delay_500us();      /* 延时 0.5ms */
                    COM8255=0x06;       /* PC3 清 0 */
                    delay_500us();      /* 延时 0.5ms */
                }
        }
```

7.4　串行口扩展

7.4.1　I^2C 总线及其接口芯片

I^2C(inter-integrated circuit)总线是 20 世纪 80 年代由 Philips 公司开发的一种两线式串行总线,用于连接微控制器及其外围设备。最初为音频和视频设备开发,如今主要在服务器管理中使用,其中包括单个组件状态的通信。例如,管理员可对各个组件进行查询,以管理系统的配置或掌握组件的有关功能状态。I^2C 总线可以随时监控内存、硬盘、网络、系统温度等多个参数,提高了系统的安全性,方便了系统管理。

1. I^2C 总线特点

I^2C 总线最主要的优点是其简单性和有效性。由于接口直接在组件上,因此 I^2C 总线占用的空间非常小,减少了电路板的空间和芯片管脚的数量,降低了芯片互联的成本。总线的连接长度可高达 7.5m,并且能够以 100kbit/s 的最大传输速率支持 40 个组件。I^2C 总线的另一个优点是,可以支持多主控(multimastering)模式,其中任何能够进行发送和接收的设备都可以成为主总线。当然,在任何时间点上只能有一个主控。最近还增加了高速模式,其速度可达 3.4Mbit/s。它使得 I^2C 总线能够支持现有以及将来的高速串行传输应用,如 E^2PROM 和 flash ROM。

2. 总线的构成及信号类型

I^2C 总线是由数据线 SDA 和时钟 SCL 构成的串行总线,既可以发送数据,又可以接收数据,即在 CPU 与被控 IC 之间或 IC 与 IC 之间进行双向传送。器件发送数据到总线上,则定义为发送器;器件接收数据,则定义为接收器。各种被控制电路均并联连接在这条总线上,所以每个电路和模块都要有唯一的地址。在信息的传输过程中,I^2C 总线上并接的每一模块电路既是主控器(或被控器),又是发送器(或接收器),这取决于它所要完成的功能。CPU 发出的控制信号分为地址码和控制量两部分,地址码用来选址,即接通需要控制的电路、确定控制的种类;控制量决定调整的类别(如对比度、亮度等)及需要调整量的大小。这样,各控制电路虽然挂在同一条总线上,却彼此独立互不相干。

I^2C 总线在传送数据过程中共有三种类型信号,分别是:开始信号、结束信号和应答信号。

(1) 开始信号:SCL 为高电平时,SDA 由高电平向低电平跳变,开始传送数据。

(2) 结束信号:SCL 为低电平时,SDA 由低电平向高电平跳变,结束传送数据。

(3) 应答信号:接收器在接收到 8bit 数据后,向发送器发出特定的低电平脉冲,表示已收到数据。CPU 向受控单元发出一个信号后,等待受控单元发出一个应答信号,CPU 接收到应答信号后,根据实际情况作出是否继续传递信号的判断。若未收到应答信号,可判断为受控单元出现故障。

目前有很多半导体集成电路上都集成了 I^2C 接口。带有 I^2C 接口的单片机有:

Philips公司的 P87LPC7XX 系列，Cygnal 公司的 C8051F0XX 系列，Microchip 公司的 PIC16C6XX 系列等。很多外围器件（如存储器、监控芯片等）也提供 I^2C 接口，如 24C04、24C32。

对于没有 I^2C 接口的单片机，要实现与被控器的连接，就要用并行口模拟 I^2C。

3. 总线基本操作

I^2C 规程采用主/从双向通信。主器件和从器件都可以工作于接收和发送状态。总线必须由主器件（通常为微控制器）控制，主器件产生串行时钟（SCL）控制总线的传输方向，并产生起始和停止条件。SDA 线上的数据状态仅在 SCL 为低电平的期间才能改变，SCL 为高电平的期间，SDA 状态的改变被用来表示起始和停止条件。

1）控制字节

在起始条件之后，必须是器件的控制字节。其中，高四位为器件类型识别符（不同的芯片类型有不同的定义，E^2PROM 通常为 1010）；接着三位为片选地址；最后一位为读写位，当它是 1 时为读操作，是 0 时为写操作。这样在一个应用系统中，同类芯片最多可以接 8 片。

2）写操作

写操作分为字节写和页面写两种操作，对于页面写根据芯片的一次装载的字节不同有所不同。

3）读操作

读操作有三种基本操作：当前地址读、随机读和顺序读。注意为了结束读操作，主控器必须在第 9 个周期间发出停止条件或者在第 9 个时钟周期内保持 SDA 为高电平，然后发出停止条件。

应用 I^2C 总线应注意以下几点：

（1）严格按照总线时序图的要求进行操作。

（2）若与口线上带内部上拉电阻的单片机接口连接，可以不外加上拉电阻。

（3）读写程序中为满足相应的传输速率要求，在对口线操作的指令之后可加 NOP 指令延时。

（4）为了减少意外的干扰信号导致 E^2PROM 内的数据改写，可将外部写保护引脚置为有效，或者在 E^2PROM 内部没有用的空间写入标志字，每次上电时或复位时做一次检测，判断 E^2PROM 是否被意外改写。

图 7.15 为 X24C04 与 MCS-51 单片机连接的实例，图中芯片地址为 000。

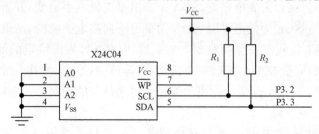

图 7.15　MCS-51 单片机与 X24C04 连接图

7.4.2　SPI 接口及其接口芯片

1. SPI 简介

串行外设接口(serial peripheral interface,SPI)总线系统是一种同步串行外设接口,它可以使 MCU 与各种外围设备以串行方式进行通信以交换信息。SPI 总线系统可直接与各个厂家生产的多种标准外围器件直接接口,该接口一般使用 4 条线:串行时钟线(SCK)、主机输入/从机输出数据线 MISO、主机输出/从机输入数据线 MOSI 和低电平有效的从机选择线$\overline{SS}$(有的 SPI 接口芯片带有中断信号线 INT 或$\overline{INT}$)。由于 SPI 系统总线一共只需三四位数据线和控制,即可实现与具有 SPI 总线接口功能的各种 I/O 器件进行接口,因此,采用 SPI 总线接口可以简化电路设计,节省很多常规电路中的接口器件和I/O 口线,提高设计的可靠性。由此可见,在 MCS-51 单片机等不具有 SPI 接口的单片机组成的智能仪器和工业测控系统中,当传输速度要求不是太高时,使用 SPI 总线可以增加应用系统接口器件的种类,提高应用系统的性能。

2. SPI 总线的组成

利用 SPI 总线可以在软件的控制下构成各种系统。例如,1 个主 MCU 和几个从MCU 相互连接构成多主机系统(分布式系统)、1 个主 MCU 和 1 个或几个从 I/O 设备所构成的各种系统等。在大多数应用场合,可使用 1 个 MCU 作为主控器来控制数据,并向1 个或几个外围从器件传送该数据。从器件只有在主控器发命令时才能接收或发送数据。其数据的传输格式是高位(MSB)在前,低位(LSB)在后。

当一个主控器通过 SPI 与几种不同的串行 I/O 芯片相连时,必须使用每片的允许控制端,这可以通过 MCU 的 I/O 端口输出线来实现。但应特别注意,这些串行 I/O 芯片的输入输出特性:首先是输入芯片的串行数据输出是否有三态控制端。平时未选中芯片时,输出端应处于高阻态。若没有三态控制端,则应外加三态门。否则 MCU 的 MISO 端只能连接 1 个输入芯片。其次是输出芯片的串行数据输入是否有允许控制端。因此只有在此芯片允许时,SCK 脉冲才把串行数据移入该芯片;在禁止时,SCK 对芯片无影响。若没有允许控制端,则应在外围用门电路对 SCK 进行控制,然后加到芯片的时钟输入端。当然,也可以只在 SPI 总线上连接 1 个芯片,而不再连接其他输入或输出芯片。

3. 在 MCS-51 单片机中的实现方法

MCS-51 单片机不带 SPI 串行总线接口,可以使用软件来模拟 SPI 的操作,可以用 P1口的 P1.0~P1.3 口模拟包括串行时钟、数据输入和数据输出。对于不同的串行接口外围芯片,它们的时钟时序是不同的。对于在 SCK 的上升沿输入(接收)数据和在下降沿输出(发送)数据的器件,一般应将其串行时钟输出口 P1.1 的初始状态设置为 1,而在允许接口后再置 P1.1 为 0。这样,MCU 在输出 1 位 SCK 时钟的同时,将使接口芯片串行左移,从而输出 1 位数据至 MCS-51 单片机的 P1.3 口(模拟 MCU 的 MISO 线),此后再置P1.1 为 1,使 MCS-51 单片机从 P1.0 口(模拟 MCU 的 MOSI 线)输出 1 位数据(先为高位)至串行接口芯片。至此,模拟1位数据输入输出便完成。此后再置P1.1为0,模拟下一位数据的输入输出……,依此循环8次,即可完成一次通过SPI总线传输8位数据的操作。对于在SCK的下降沿输入数据和上升沿输出数据的器件,则应取串行时钟输出的初始状态为0,即在接口芯片允许时,先置P1.1为1,以便外围接口芯片输出1位数据(MCU接收1位数据),之后再置时钟为0,使外围接口芯片接收1位数据(MCU发送1位数据),从而完成1位数据的传送。

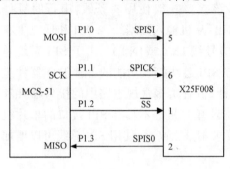

图7.16 MCS-51单片机与存储器
X25F008的连接图

图7.16所示为MCS-51单片机与存储器X25F008(E^2PROM)的硬件连接图,图中P1.0模拟MCU的数据输出端(MOSI),P1.1模拟SPI的SCK输出端,P1.2模拟SPI的从机选择端($\overline{SS}$),P1.3模拟SPI的数据输入端(MISO)。

下面介绍采用MCS-51单片机的汇编语言设计模拟SPI串行输入、串行输出和串行输入/输出的3个子程序,实际上,这些子程序也适用于在串行时钟的上升沿输入和下降沿输出的其他各种串行外围接口芯片。对于下降沿输入、上升沿输出的各种串行外围接口芯片,只要改变P1.1的输出电平顺序,即可同样适用。

(1) MCU串行输入子程序SPIIN。

从X25F008的SPISO线上接收8位数据并放入寄存器R0中的应用子程序如下:

```
SPIIN:    SETB   P1.1           ;使P1.1(时钟)输出为1
          CLR    P1.2           ;选择从机
          MOV    R1,#08H        ;置循环次数
SPIIN1:   CLR    P1.1           ;使P1.1(时钟)输出为0
          NOP                   ;延时
          NOP
          MOV    C,P1.3         ;从机输出SPISO送进位C
          RLC    A              ;左移至累加器ACC
          SETB   P1.1           ;使P1.0(时钟)输出为1
          DJNZ   R1,SPIIN1      ;判断是否循环8次(8位数据)
          MOV    R0,A           ;8位数据送R0
          RET
```

(2) MCU串行输出子程序SPIOUT。

将MCS-51单片机中R0寄存器的内容传送到X25F008的SPISI线上的程序如下:

```
SPIOUT:   SETB   P1.1           ;使P1.1(时钟)输出为1
          CLR    P1.2           ;选择从机
          MOV    R1,#08H        ;置循环次数
          MOV    A,R0           ;8位数据送累加器ACC
SPIOUT1:  CLR    P1.1           ;使P1.1(时钟)输出为0
          NOP                   ;延时
          NOP
```

```
    RLC     A               ;左移至累加器 ACC 最高位至 C
    MOV     P1.0,C          ;进位 C 送从机输入 SPISI 线上
    SETB    P1.1            ;使 P1.1(时钟)输出为 1
    DJNZ    R1,SPIOUT1      ;判是否循环 8 次(8 位数据)
    RET
```

（3）MCU 串行输入/输出子程序 SPIIO。

将 MCS-51 单片机 R0 寄存器的内容传送到 X25F008 的 SPISI 中,同时从 X25F008 的 SPISO 接收 8 位数据的程序如下：

```
SPIIO:  SETB    P1.1            ;使 P1.1(时钟)输出为 1
        CLR     P1.2            ;选择从机
        MOV     R1,♯08H         ;置循环次数
        MOV     A,R0            ;8 位数据送累加器 ACC
SPIIO1: CLR     P1.1            ;使 P1.1(时钟)输出为 0
        NOP                     ;延时
        NOP
        MOV     C,P1.3          ;从机输出 SPISO 送进位 C
        RLC     A               ;左移至累加器 ACC 最高位至 C
        MOV     P1.0,C          ;进位 C 送从机输入
        SETB    P1.1            ;使 P1.1(时钟)输出为 1
        DJNZ    R1,SPIIO1       ;判断是否循环 8 次(8 位数据)
        RET
```

7.4.3　单总线接口及其接口芯片

1. 1-Wire 协议

1-Wire 协议是美国 Maxim/Dallas 公司开发的一种单线总线协议。系统由一台主机和若干台从机通过一条线连接而成。主机由此完成对从机的寻址、控制、数据传输,甚至供电(当然还有地线,如需主机单独供电,还应加电源线,这样,一般可用一条三芯电线)。

主机一般由微控制器组成,从机由 Maxim/Dallas 公司提供的 1-Wire 器件构成,每个 1-Wire 器件内嵌唯一的地址码,以实现主机对不同从机的寻址。主机可通过各种方式联入计算机系统。

2. 1-Wire 协议的特点及应用

1-Wire 协议系统的优点可概括为系统的综合性、应用的简捷性和运行的可靠性。

（1）综合性。1-Wire 系统的从机可以是传感器、控制器、输入输出设备等各种装置,只要需要数据信息的传输,均可按 1-Wire 协议接入 1-Wire 网络来实现。

（2）简捷性。1-Wire 总线的设置和安装,只需用一条普通三芯电线连接至各从机接入点。当系统需要增加从机时,只需从该总线拉出一条延长线,就像从墙上的电源插座插上一块接线板那样简单方便。

（3）可靠性。表现在以下几个方面：①寻址：每个从机均有绝对唯一的地址码，可保证寻址的正确性，不会造成器件的冲突；②传输：数据的传输均采用 CRC 码校验；③数据：在总线上传输的是数字信号，如果存在有模拟信号，则在最前端先进行数模和模数转换，保证了数据传输不会因为传输线的长度及干扰引起数据信息的变化或波动。

1-Wire 协议的不足之处是传输速率稍慢，因此特别适合于测控点多、分布面广、种类繁杂，而又需集中监控、统一管理的低速应用场合。目前在环境检测、安全消防、楼宇管理、仓储监控等方面获得了广泛的应用。

3. 数字温度传感器 DS18B20

由 Dallas 半导体公司生产的 DS18B20 型单线智能温度传感器，属于新一代适配微处理器的智能温度传感器，可广泛用于工业、民用、军事等领域的温度测量及控制仪器、测控系统和大型设备中。它具有体积小、接口方便、传输距离远等特点。

1）DS18B20 性能特点

DS18B20 的性能特点：①采用单总线专用技术，既可通过串行口线，也可通过其他 I/O 口线与计算机接口，直接输出被测温度值（含符号位 9～12 位二进制数）；②测温范围为 $-55～+125℃$，测量分辨率为 $0.5～0.0625℃$；③内含 64 位经过激光修正的只读存储器 ROM；④适配各种单片机或系统机；⑤用户可分别设定各路温度的上、下限；⑥内含寄生电源。

2）DS18B20 内部结构

DS18B20 内部结构主要由四部分组成：64 位光刻 ROM、温度传感器、非挥发的温度报警触发器 TH 和 TL 和高速暂存器。64 位光刻 ROM 是出厂前被光刻好的，它可以看做是该 DS18B20 的地址序列号。64 位 ROM 结构图如图 7.17 所示，不同的器件地址序列号不同。DS18B20 的管脚排列如图 7.18 所示。

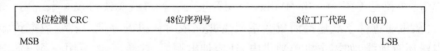

8位检测 CRC	48位序列号	8位工厂代码	(10H)
MSB			LSB

图 7.17　64 位 ROM 结构图

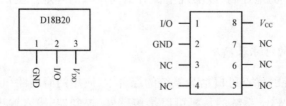

图 7.18　DS18B20 引脚分布图

DS18B20 高速暂存器共 9 个存储单元，如表 7.4 所示。

表 7.4　　DS18B20 高速暂存器

序号	寄存器名称	作用
0	温度低字节	以 16 位补码形式存放
1	温度高字节	
2	TH/用户字节 1	存放温度上限
3	TL/用户字节 2	存放温度下限
4	配置寄存器	—
5、6、7	保留	—
8	CRC	—

　　存储单元中 16 位温度字节的权重如表 7.5 所示。下面以 12 位转换为例说明温度高低字节存放形式及计算：转换后得到的 12 位数据，存储在 DS18B20 的高低两个 8 位的 RAM 中，二进制中的前面 5 位是符号位。如果测得的温度大于 0，这 5 位为 0，只要将测到的数值乘以 0.0625 即可得到实际温度；如果温度小于 0，这 5 位为 1，测到的数值需要取反加 1 再乘以 0.0625 才能得到实际温度。

表 7.5　　数据权重表

高 8 位	S	S	S	S	S	2^6	2^5	2^4
低 8 位	2^3	2^2	2^1	2^0	2^{-1}	2^{-2}	2^{-3}	2^{-4}

　　3）DS18B20 控制方法

　　DS18B20 有 6 条控制命令，如表 7.6 所示。

表 7.6　　DS18B20 控制命令表

指　　令	约 定 代 码	操 作 说 明
温度转换	44H	启动 DS18B20 进行温度转换
读暂存器	BEH	读暂存器 9 个字节内容
写暂存器	4EH	将数据写入暂存器的 TH、TL 字节
复制暂存器	48H	把暂存器的 TH、TL 字节写到 E^2PROM 中
重新调 E^2PROM	B8H	把 E^2PROM 中的 TH、TL 字节写到暂存器 TH、TL 字节
读电源供电方式	B4H	启动 DS18B20 发送电源供电方式的信号给主 CPU

　　4）DS18B20 的通信协议

　　DS18B20 器件要求采用严格的通信协议，以保证数据的完整性。该协议定义了几种信号类型：复位脉冲、应答脉冲时隙；写 0、写 1 时隙；读 0、读 1 时隙。与 DS18B20 的通信，是通过操作时隙完成单总线上的数据传输。发送所有的命令和数据时，都是字节的低位在前、高位在后。

　　（1）复位和应答脉冲时隙。

　　每个通信周期起始于微控制器发出的复位脉冲，其后紧跟 DS18B20 发出的应答脉冲，在写时隙期间，主机向 DS18B20 器件写入数据，而在读时隙期间，主机读入来自 DS18B20 的数据。在每一个时隙，总线只能传输一位数据。时序图如图 7.19 所示。

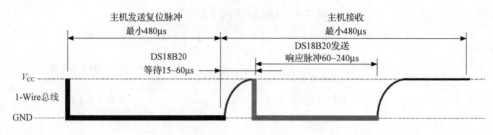

图 7.19　复位和应答脉冲时隙

（2）写时隙。

当主机将单总线 DQ 从逻辑高拉到逻辑低时，即启动一个写时隙，所有的写时隙必须在 60～120μs 完成，且在每个循环之间至少需要 1μs 的恢复时间。写 0 和写 1 时隙如图 7.20 所示。在写 0 时隙期间，微控制器在整个时隙中将总线拉低；而写 1 时隙期间，微控制器将总线拉低，然后在时隙起始后 15μs 之释放总线。时序图见图 7.20，图中黑粗线表示主机命令，灰粗线表示 DS18B20 的响应。

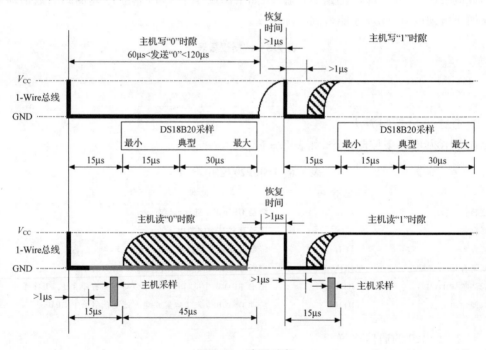

图 7.20　读写时序

（3）读时隙。

DS18B20 器件仅在主机发出读时隙时，才向主机传输数据。所以在主机发出读数据命令后，必须马上产生读时隙，以便 DS18B20 能够传输数据。所有的读时隙至少需要 60μs，且在两次独立的读时隙之间，至少需要 1μs 的恢复时间。每个读时隙都由主机发起，至少拉低总线 1μs。在主机发起读时隙之后，DS18B20 器件才开始在总线上发送 0 或 1，若 DS18B20 发送 1，则保持总线为高电平。若发送为 0，则拉低总线当发送 0 时，DS18B20 在该时隙结束后，释放总线，由上拉电阻将总线拉回至高电平状态。DS18B20

发出的数据,在起始时隙之后保持有效时间为 $15\mu s$。因而主机在读时隙期间,必须释放总线。并且在时隙起始后的 $15\mu s$ 之内采样总线的状态。时序图见图 7.20。

5) 硬件电路设计

按照系统设计功能的要求,确定系统由 3 个模块组成:主控制器、测温电路和显示电路。数字温度计总体电路结构框图如图 7.21 所示。

在硬件上,DS18B20 与单片机的连接有两种方法:一种是 V_{cc} 接外部电源,GND 接地,I/O 口与单片机的 I/O 口相连;另一种是用寄生电源供电,此时 UDD、GND 接地,I/O 口接单片

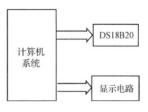

图 7.21 电路结构框图

机 I/O 口。无论是内部寄生电源还是外部供电,I/O 口线要接 $5k\Omega$ 左右的上拉电阻。

6) 软件设计

系统程序主要包括主程序、读出温度子程序、温度转换子程序、计算温度子程序、显示数据刷新子程序等。

(1) 主程序。

主程序的主要功能是负责温度的实时显示、读出并处理 DS18B20 的测量温度值,温度测量每 1s 进行一次,其程序流程图如图 7.22 所示。

(2) 读出温度子程序。

读出温度子程序的主要功能是读出 RAM 中的 9 字节,在读出时需要进行 CRC 校验,校验有错时不进行温度数据的改写。其程序流程图如图 7.23 所示。

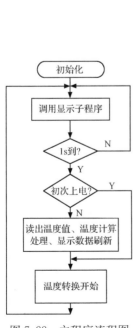

图 7.22 主程序流程图

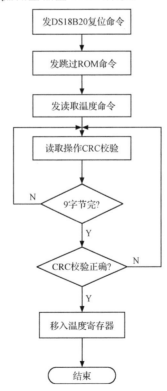

图 7.23 读出温度子程序流程图

7.4.4 Microwire 串行总线及其接口芯片

1. Microwire 总线

Microwire 总线采用时钟(CLK)、数据输入(DI)、数据输出(DO)三根线进行数据传输,接口简单。Microchip 公司的 93XXX 系列串行 E^2PROM 存储容量从 1KB($\times 8/\times 16$)~16KB($\times 8/\times 16$),采用 Microwire 总线结构。产品采用先进的 CMOS 技术,是理想的低功耗非易失性存储器器件。

2. 接口芯片

(1) 引脚。

93XX 系列串行 E^2PROM 的产品很多,图 7.24 是 93AA46 型 1KB 1.8V Microwire 总线串行 E^2PROM 的引脚图。

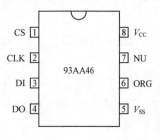

图 7.24 93AA46 引脚图

CS 是片选输入,高电平有效。当 CS 端低电平时,93AA46 处于休眠状态。但若在一个编程周期启动后,CS 由高变低,93AA46 将在该编程周期完成后立即进入休眠状态。在二个连续指令之间,CS 必须有不小于 250ns(TCSL)的低电平保持时间,使之复位(RESET),芯片在 CS 为低电平期间,保持复位状态。CLK 是同步时钟输入,数据读写与 CLK 上升沿同步。对于自动定时写周期不需要 CLK 信号。DI 是串行数据输入,接受来自单片机的命令、地址和数据。DO 是串行数据输出,在 DO 端需加上拉电阻。ORG 是数据结构选择输入,当 ORG 为高电平时选 $\times 16$ 结构;当 ORG 为低电平时选 $\times 8$ 结构。

(2) 工作模式。

93AA46 有 7 种不同的工作模式,表 7.7 给出在 ORG$=1$($\times 16$ 结构)时的命令集,表 7.8 给出在 ORG$=0$($\times 8$ 结构) 时的命令集。除在地址前加 A6 位或在地址后加一位"X"外,两表的其余命令内容相同。除读数据或编程操作期间检查 READY/BUSY 状态外,DO 脚均为高阻状。在擦除/写入过程中,DO 为高电平表示"忙",低电平表示"准备好"。在 CS 下降沿到来时,DO 进入高阻态。若在写入和擦除转换期间,CS 保持高电平,则 DO 端的状态信号无效。

表 7.7 93AA46 指令表 (ORG$=1$)

指令	启动位 SB	操作码 OP	地址	数据输入	数据输出	所需时钟周期
读操作	1	10	A5A4A3A2A1A0	—	D15~D0	25
擦写使能	1	00	11XXXX	—	高阻	9
擦除	1	11	A5A4A3A2A1A0	—	READY/BUSY	9
片擦除	1	00	10XXXX	—	READY/BUSY	9
写操作	1	01	A5A4A3A2A1A0	D15~D0	READY/BUSY	25
片写入	1	00	01XXXX	D15~D0	READY/BUSY	25
擦写禁止	1	00	00XXXX	—	高阻	9

表 7.8 93AA46 指令表(ORG=0)

指令	启动位 SB	操作码 OP	地址	数据输入	数据输出	所需时钟周期
读操作	1	10	A6A5A4A3A2A1A0	—	D15~D0	18
擦写使能	1	00	11XXXXX	—	高阻	10
擦除	1	11	A6A5A4A3A2A1A0	—	READY/$\overline{BUSY}$	10
片擦除	1	00	10XXXXX	—	READY/$\overline{BUSY}$	10
写操作	1	01	A6A5A4A3A2A1A0	D7~D0	READY/$\overline{BUSY}$	18
片写入	1	00	01XXXXX	D7~D0	READY/$\overline{BUSY}$	18
擦写禁止	1	00	00XXXXX	—	高阻	10

(3) 功能。

START(起始)条件 CS 和 DI 均为高电平后 CLK 的第一个上升沿,确定为 START。若紧随 START 条件后 DI 端输入满足 7 种工作模式中的一种所需的命令码、地址及数据位的组合,指令将被执行。执行完一条指令后,未检测到新的 START 条件,DI、CLK 信号不起作用。数据保护上电时,V_{CC} 未升到 1.4V 前,所有操作方式均被禁止。掉电时,一旦 V_{CC} 低于 1.4V,源数据保护电路启动,所有操作方式均被禁止。芯片上电时自动进入擦写禁止状态,保护芯片不被误擦写,EWEN 命令也可以防止误擦写。

读操作 READ 当 CS 为高电平时,芯片在收到读命令和地址后,从 DO 端串行输出指定单元的内容(高位在前)。

写操作 WRITE 当 CS 为高电平时,芯片收到写命令和地址后,从 DI 端接收串行输入 16 位或 8 位数据(高位在前)。在下一个时钟上升沿到来前将 CS 端置为低电平并且保持时间不小于 250ns,再将 CS 恢复为"1",写操作启动。此时 DO 端由"1"变成"0",表示芯片处于写操作的"忙"状态。芯片在写入数据前,会自动擦除待写入单元的内容,当写操作完成后,DO 端变成"1",表示芯片处于"准备好"状态,可以接受新命令。

擦写禁止和擦写使能(EWDS/EWEN)芯片收到 EWDS 命令后进入擦写禁止状态,不允许对芯片进行任何擦或写操作,芯片上电时自动进入擦写禁止状态。此时,若想对芯片进行擦写操作,必须先发 EWEN 命令,因而防止了干扰或其他原因引起的误操作。芯片接受到 EWEN 命令后,进入擦写允许状态,允许对芯片进行擦或写操作。读 READ 命令不受 EWDS 和 EWEN 的影响。

擦除、片擦除、片写入操作(ERASE/ERAL/WRAL)擦除 ERASE 指令擦除指定地址的内容,擦除后该地址的内容为"1";片擦除 ERAL 指令擦除整个芯片的内容,擦除后芯片所有地址的内容均为"1";片写 WRAL 命令将特定内容整片写入。片擦除和片写入时,在接受完命令和数据,CS 从"1"变成"0"再恢复为"1"(低电平保持时间不小于 250ns)后,片擦除或片写入启动,擦除、写入均为自动定时方式。自动定时方式下不需要 CLK 时钟。

习　题

（1）16KB 程序存储器，试设计硬件电路图。

（2）以 8031 为主机的系统扩展一片 8255 芯片，试设计硬件电路图和编制初始化程序。

（3）试编制对 8255 的初始化程序，使 A 口按工作方式 0 输入，B 口为基本输入，C 口高 4 位按方式 0 输出，C 口低 4 位按方式 1 输入。

第8章 单片机功能扩展

8.1 键盘输入及接口

8.1.1 键盘概要

键盘是由若干按钮组成的开关矩阵,它是单片机系统中最常用的输入设备,键盘在单片机应用系统中,实现输入数据、传送命令等功能,是人机交互的主要手段。键盘按照实现方式可以分为编码键盘和非编码键盘两大类,在单片机中广泛使用非编码键盘。

(1)编码键盘。编码键盘使用硬件逻辑电路或者专用单片机完成按键检测和识别,按键信息由并行总线(早期的 8279)、SPI(ZLG7219)、PS/2(计算机键盘)、串口等接口方式传送给单片机主机。编码键盘易于使用,但硬件相对复杂,性价比低,灵活性不高,对于主机任务繁重且键盘数量较多的情况,采用编码键盘是很实用的方案。

(2)非编码键盘。非编码键盘只简单地提供键盘的硬件电路,其他操作如按键的识别、去抖动等完全靠单片机主机软件实现,它具有结构简单,使用灵活等特点,但占用 CPU 较多时间。常见的结构有:独立式按键结构、行列式(矩阵式)按键结构。

由于编码键盘完成了键盘实现中的许多细节,不利于初学者深入认识键盘,这里以非编码键盘为例讨论键盘系统设计。

1. 非编码键盘的键输入程序应完成的基本任务。

(1)监测有无键按下。键的闭合与否,反映在电压上就是呈现出高电平或低电平,所以通过电平的高低状态的检测,便可确认按键按下与否。

(2)判断是哪个键按下。

(3)完成按键处理任务。

2. 从电路或软件的角度应解决的问题。

(1)消除抖动影响。键盘按键所用开关为机械弹性开关,利用了机械触点的合、断作用。由于机械触点的弹性作用,一个按键开关在闭合和断开的瞬间均有一连串的抖动,波形如 8.1 所示。

图 8.1 理想按键波形和实际波形比较

抖动时间的长短由按键的机械特性决定,一般来说随着按键使用次数的增多抖动现象会更加严重,抖动时间一般为5~10ms,这是一个很重要的参数。抖动过程引起电平信号的波动,有可能令CPU误解为多次按键操作,从而引起误处理,为了确保CPU对一次按键动作只确认一次按键,必须消除抖动的影响。按键的消抖,通常有软件、硬件两种消除方法。由于硬件消抖这种方法会增加额外的硬件成本,只适用于键的数目较少的情况,实际应用中绝大多数情况采用软件消抖方法。

如果按键较多,硬件消抖将无法胜任,常采用软件消抖。通常采用软件延时的方法:在第一次检测到有键按下时,执行一段延时10~20ms的延时子程序后,再确认电平是否仍保持闭合状态电平,如果保持闭合状态电平,则确认真正有键按下,进行相应处理工作,这样就消除了抖动的影响。

(2) 采取串键保护措施。串键是指同时有一个以上的键按下,这可能会引起CPU错误响应,通常采取的策略:单键按下有效,多键同时按下无效。

(3) 处理连击。连击是一次按键产生多次击键的效果。要有对按键释放的处理,为了消除连击,使得一次按键只产生一次键功能的执行(不管一次按键持续的时间多长,仅采样一个数据)。否则键功能程序的执行次数将是不可预知,由按键时间决定。连击是可以利用的,连击对于用计数法设计的多功能键特别有效。

(4) 键盘工作方式。单片机应用系统中,键盘的工作方式有查询方式(编程扫描,定时扫描方式)和中断扫描方式两种。键盘扫描只是CPU的工作内容之一,CPU忙于各项任务时,如何兼顾键盘的输入,取决于键盘的工作方式。考虑仪表系统中CPU任务的分量,来确定键盘的工作方式。键盘的工作方式选取的原则是:既要保证能及时响应按键的操作,又不过多的占用CPU的工作时间。

8.1.2 键盘程序设计

口线式键盘和行列式键盘是常见的非编码键盘,功能开关和码盘接口由于程序上和口线式键盘相同,这里不单独列出。

口线式键盘有上拉(见图8.2)和下拉(见图8.3)两种方式。对于有高阻态的单片机而言,两种方式都可以使用,对于输出端口为OC或OD、带内部上拉的单片机应该采用上拉的方式,MCS-51单片机由于P0(做I/O口时)是高阻态,其他三个口线都是内部上拉,因此常采用上拉的方式。

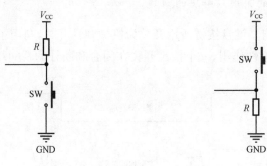

图8.2 上拉键盘　　　　图8.3 下拉键盘

（1）上拉键盘编程实例。

C 语言程序：

```
//上拉键盘 C 语言示例程序，参见图 8.2
if(P1_0== 0)                    //P1.0 口接按键，按键按下时，P1.0＝0
{                              //第一次检测到按键信息
    Delay();                   //延时 20ms 左右，避开按键抖动周期
    if(P1_0== 0)
    {                          //第二次检测到按键信息
    …                          //执行按键功能
      while(P1_0== 0);         //等待按键抬起，注意分号
    }
}
```

汇编语言程序：

```
;上拉键盘汇编语言示例程序，参见图 8.2
get_key:
        JB      P1.0,no_key
        ACALL   Delay                   ;第一次检测到按键信息
        JB      P1.0,no_key
        …                               ; 执行按键功能（第二次检测到按键信息）
        JB      P1.0,no_key             ; 等待按键抬起
        SJMP    $－1                     ;跳转到上一行
no_key:  …                              ; 程序略
Delay :  …                              ; 20ms 延时程序
```

（2）下拉键盘编程实例。

C 语言程序：

```
//下拉键盘示例 C 语言程序，参见图 8.3
if(P1_0== 1)                    //P1.0 口接按键，按键按下时，P1.0＝1
{
    Delay();                   //延时 20ms 左右
    if(P1_0== 1)
    {
    …                          //执行按键功能
      while(P1_0== 1);         //等待按键抬起，注意分号
    }
}
```

汇编语言程序：

```
;下拉汇编示例程序，参见图 8.3
get_key:
        JNB     P1.0,no_key
        ACALL   Delay
        JNB     P1.0,no_key
```

```
    …                                ；执行按键功能
    JNB      P1.0，no_key            ；等待按键抬起
    SJMP     $-1                     ；跳转到上一行
no_key：  …                          ；程序略
Delay：   …                          ；20ms 延时程序
```

上述程序对键盘处理中的抖动采用软件延时方法，对于连续按键只响应一次，直至用户释放按键。值得一提的是上面的程序是比较简单的处理方法，实际应用中，根据需要适当调整程序。示例程序中同时给出了汇编语言和 C 语言的示范代码，从代码中不难看出用 C 语言代码具有更好的可维护性和可读性。

行列式键盘（如图 8.4 所示）按键识别有两种方法：行扫描法和线反转法。

行扫描法识别闭合键的原理如下：先使第 1 行输出"0"，其余行输出"1"，然后检查列线信号。如果某列有低电平信号，则表明第 1 行和该列相交位置上的键被按下；否则说明没有键被按下。此后，再将第 2 行输出"0"，其余行为"1"，检查列线中是否有变为低电平的线。如此往下逐行扫描，直到最后一行。在扫描过程中，当发现某一行有键闭合时，就中断扫描，根据行线位置和列线位置（4 行，4 列，16 个按键 0～F），识别此刻被按下的是哪一个键。

实际应用中，一般先快速检查键盘中是否有某个键已被按下，再确定具体按下了哪个键。为此，可以使所有各行同时为低电平，再检查是否有列线也处于低电平。这时，如果列线上有一位为 0，则说明必有键被按下，如图 8.5 所示；然后用扫描法来确定具体位置。

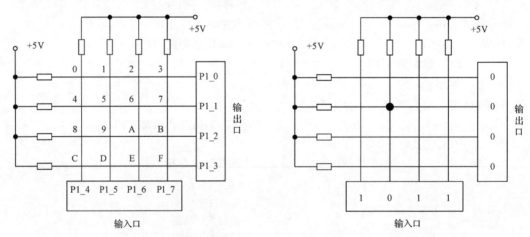

图 8.4　4×4 行列式键盘　　　　　　图 8.5　4×4 行列式键盘快速检查按键示例图

扫描法要逐行扫描查询，当被按下的键处于最后一行时，要经过多次扫描才能最后获得此按键所处的行列值。行扫描原理如图 8.6(a)和(b)所示。由图可以知道，5 号键值的键码是 11011101B，即 0DDH。其他键值的键码可以由此自行推出。

线反转法相对很简练，无论被按键是处于第一行或是最后一行，均只需经过两步便能获得此按键所在的行列值。用线反转法识别闭合键时，要将行线接一个并行口，列线也接到一个并行口（也可以合用一个口），先让行线工作在输出方式，列线工作在输入方式，即

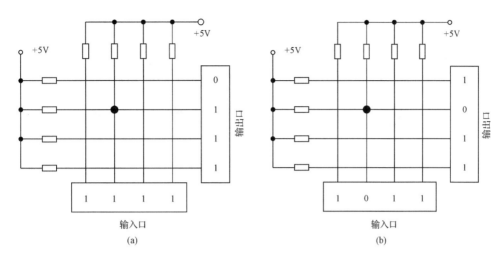

图 8.6　4×4 行列式键盘行扫描原理

往输出端口各行线上全部送"0",然后从输入端口读入列线的值。如果此时有某个键被按下,则必定会使某一列线值为"0"。然后,重新设置两个并行端口的工作方式,使其互换,将刚才读得的列线值从并行端口输出,再读取行线的输入值,那么,在闭合键所在的行线上的值必定为"0",这样,被按下的键的行列值就可以获得了。

8.2　显示器及其接口

8.2.1　LED 显示器

LED(发光二极管)显示器是单片机中常用的输出设备,如图 8.7 所示。它是有若干个发光数码管组成的字段或组合,常见的有单个发光二极管指示灯、七段 LED 显示器、LED 点阵等。LED 的正向特性和二极管非常接近,但是正向压降和普通二极管有较大差异。红色、绿色 LED 的压降约为 1.8V,白色、蓝色 LED 压降约为 3V,单个 LED 驱动电流一般为 5～10mA,驱动电流由驱动电路保证,单片机口线驱动时要注意口线的驱动能力(如图 8.8 所示)。

图 8.7　LED 符号

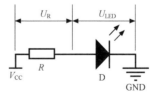

图 8.8　LED 驱动设计

当发光二极管正向导通时,相应的一个点或一个笔画发光,通过组合就可以显示字符或图案。常见的七段 LED 显示器如图 8.9 所示。七段 LED 显示器有两种结构:将所有发光二极管的阳极连在一起(称公共端)的称为共阳接法,共阳接法中公共端接高电平,当某个字段笔画接低电平时,对应的笔画点亮;将所有发光二极管的阴极连在一起的称为共阳接法,共阴接法(见图 8.10),当某个字段笔画接高电平时,对应的笔画点亮。

　　　　　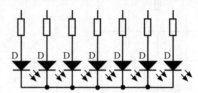

　　　图 8.9　七段 LED 显示器外形　　　　　图 8.10　七段 LED 内部结构

　　为了显示数字和字符,要为 LED 提供显示字形代码(动态扫描中称段码),组成"8"字形的 7 段,再加上小数点,共 8 段。常见的连接方法中 a 接 D0、b 接 D1,以此类推,dp 接 D7,各段对应关系如表 8.1 所示。

表 8.1　七段 LED 的常规对应关系

段码位	D7	D6	D5	D4	D3	D2	D1	D0
显示位	dp	g	f	e	d	c	b	a

　　用 LED 显示器显示数字和常见字符的自行代码如表 8.2 所示,未列出部分或者七段 LED 连接方式与表 8.1 不同的,读者可仿照此表自行产生。

表 8.2　常见数字和字符的字形代码

显示内容	共阳字形代码	共阴字形代码	显示内容	共阳字形代码	共阴字形代码
0	0xC0	0x3F	9	0x90	0x6F
1	0xF9	0x06	A	0x88	0x77
2	0xA4	0x5B	B	0x83	0x7C
3	0xB0	0x4F	C	0xC6	0x39
4	0x99	0x66	D	0xA1	0x5E
5	0x92	0x6D	E	0x86	0x79
6	0x82	0x7D	F	0x84	0x71
7	0xF8	0x07	全灭	0xFF	0x00
8	0x80	0x7F	全亮	0x00	0xFF

1. 点亮单个 LED

　　单个 LED 通常用于状态指示,根据硬件设计的不同可以采用高电平或低电平的方式驱动。硬件设计中应注意考虑器件的驱动能力(如 MCS-51 单片机的高电平驱动能力较弱,一般要加驱动电路)和合适的驱动电流。

（1）驱动单个 LED 汇编程序：

SETB	P1.0	；P1.0 置高电平
CLR	P1.0	；P1.0 置低电平
CPL	P1.0；	；P1.0 取反

（2）驱动单个 LED C 语言程序：

P1_0 = 1；	// P1.0 置高电平
P1_0 = 0；	// P1.0 置低电平
P1_0 = !P1_0；	// P1.0 取反

2. 点亮七段 LED

七段 LED 驱动方式比较灵活，可以采用单片机口线直接驱动、串并转换等多种方式。硬件设计中应注意考虑器件的驱动能力（要加类似图 8.11 和图 8.12 中的 74HC244）和合适的驱动电流。

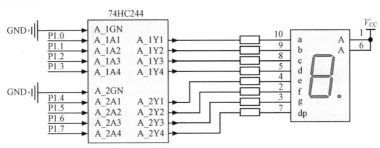

图 8.11　共阳 LED 静态扫描电路

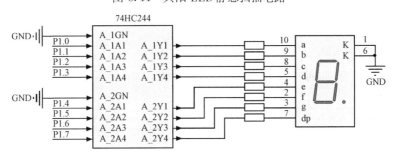

图 8.12　共阴 LED 静态扫描电路

图 8.11 和图 8.12 为共阳和共阴 LED 与单片机的典型接口，示例程序依次在数码管上显示数字"0"～"9"，并延时一段时间。

```c
//示例 C51 程序
#include <reg51.h>
unsigned char code table[]={0x3f,0x06,0x5b,0x4f,0x66,0x6d,0x7d,0x07,0x7f,0x6f};
//定义共阴字形代码
void delay(void)
{
    unsigned int j;
```

```
        for(j=0;j<1000;j++);              // !!! 注意此处的分号,软件延时
                                          //具体时间可以从仿真工具获得
    }
main()
{
    for(i=0;i<9;i++)
    {
        P1=table[i];                      //显示"0"~"9"
        delay();                          //延时子程序
    }
}
```

3. 动态扫描

图 8.11 和图 8.12 的方式属于静态的方式,每个 LED 都要占用一个口线,当 LED 较多时常采用数据锁存器(74HC373、74HC374)来扩展口线,动态扫描方式显示的特点是将所有位数码管的段选线并联在一起,由位选线控制是哪一位数码管进行显示。这样一来,就没有必要每一位数码管配一个数据锁存器,从而大大地简化了硬件电路。所谓动态扫描显示即轮流向各位数码管送出字形码和相应的位选信号,利用发光管的余辉和人眼视觉暂留作用,使人的感觉好像各位数码管同时都在显示。动态显示的亮度比静态显示要差一些,所以在选择限流电阻时应小于静态显示电路中的数值。

动态扫描电路如图 8.13 所示。动态扫描电路设计时要注意扫描频率、驱动电流计算和拖尾问题。假设有 N 个 LED 显示,将 N 个 LED 依次等间隔显示一次定义为一帧,为避免闪烁,帧扫描频率要大于 60Hz,假定设计帧扫描频率 100Hz,有 4 个 LED,则每个 LED 位的扫描时间为 2.5ms。动态扫描由于在每个帧中,LED 只点亮 $1/N$ 的时间,因此,平均亮度约为静态的 $1/N$,所以限流电阻是同等亮度时静态的 $1/N$,段驱动(a~dp)必须输出足够的电流,同时位驱动(C1~C4)是所有段驱动电流之和。常见的段驱动有

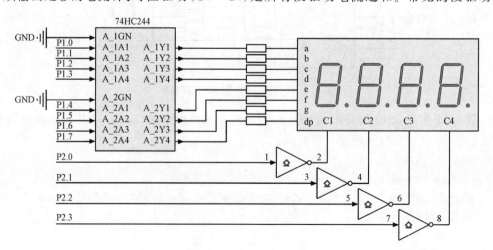

图 8.13　LED 动态扫描电路

74HC244、74HC245 等；常见的位驱动有三极管、三极管阵列等组成；常见芯片有 74HC06、ULN2003、ULN2803 等。由于动态扫描电流较大，在 LED 切换时如果不注意时序和延时可能会形成拖尾现象，具体表现在后一个 LED 上有前一个 LED 的较淡的影子。例如，前个 LED 显示数字"8"，后一个 LED 显示数字"1"，数字"1"不该显示的段有淡淡的影子，这就是拖尾现象。拖尾会大大影响显示效果，在编程时注意在 LED 切换时关闭段信号和位信号，同时延时数个微秒，可杜绝拖尾现象。

(1) 动态扫描示例程序。

```c
//动态扫描示例程序(共阴 LED)
#include<reg51.h>
unsigned char code table[]={0x3f,0x06,0x5b,0x4f,0x66,0x6d,0x7d,0x07,0x7f,0x6f};
unsigned char Count,d1,d2,d3,d4;
sbit p2_0=P2^0;
sbit p2_1=P2^1;
sbit p2_2=P2^2;
sbit p2_3=P2^3;
void delay(void)
{
    unsigned int i;
    for(i=0;i<2000;i++);
}
void display(void)
{
    P2&=0xf0;                    //关断位选信号
    P1=table[d1];                //送显示数据
    p2_0=1;                      //选中第一个数码管
    delay();                     //延时

    P2&=0xf0;                    //关断位选信号
    P1=table[d2];                //送显示数据
    p2_1=1; ;                    //选中第二个数码管
    delay();                     //延时

    P2&=0xf0;                    //关断位选信号
    P1=table[d3];                //送显示数据
    p2_2=1;                      //选中第三个数码管
    delay();                     //延时

    P2&=0xf0;                    //关断位选信号
    P1=table[d4];                //送显示数据
    p2_3=1;                      //选中第四个数码管
    delay();                     //延时
```

```
    P1＝0;                          //关段码
    P2&＝0xf0;                      //关位码
}
void main(void)
{
    while(1)
    {
      display();
                                    //其他工作
    }
}
```

（2）综合举例。如图 8.14 所示，在 LED 显示器上显示 4×4 键盘上按下的对应按键的键值（0～9）。

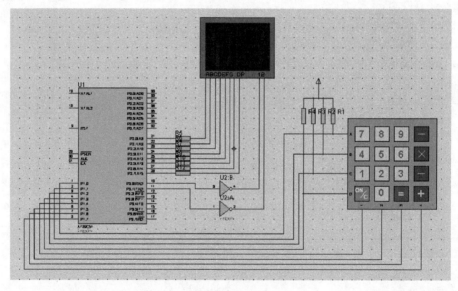

图 8.14　4×4 键盘、显示原理图

```
#include <reg51.h>
sbit P3_0＝P3^0;
unsigned char code led_number[]＝{0x3f,0x06,0x5b,0x4f,0x66,0x6d,0x7d,0x07,0x7f,
0x6f,0x77,0x7c,0x39,0x5e,0x79,0x71,0x00};

void delay500us(unsigned char cnt)
{
    unsigned char i;
    do
    {
      for (i=0;i<60;i++);
    }while(--cnt);
```

```
        }

void display(unsigned char led1 )              //LED 显示函数
{

    P2＝0X00；
    P2＝led_number[led1]；
    P3_0＝1；                                   //P3.0 口输出高电平,经非门后变成低电平,LED 为共
                                               //阴极

}
main()
{
    unsigned char temp;                        //存放 P1 口状态
    unsigned char keyin＝16；                   //上电时数码管熄灭
    while(1)
    {
        P1＝0xf0；                             //扫描方式,通过输出口 P1.0～P1.3 将行线拉低
        temp＝P1；                             //读入输入口 P1.4～P1.7 电平状态
        if (temp！＝0xf0)                      //按键判断。如果输入口电平不全为高,可能有键
                                               //  按下
        {
            delay500us(20)；                  //延时 10ms
            temp＝P1；                         //再次读入输入口 P1.4～P1.7 电平状态
            if(temp！＝0xf0)                  //为真,确实有键按下
            {                                 //扫描键盘
/***************扫描第一行****************/
            P1＝ 0xfe；                        //扫描 P1.0 口,P1.0＝0
            temp＝P1；
            if((temp&0xf0)！＝0xf0)           //为真,表明第一行有键按下
            {
                switch(temp)
                {
                    case 0xbe ：keyin＝9；
                    break；
                    case 0xde ：keyin＝8；
                    break；
                    case 0xee ：keyin＝7；
                    default：
                    break；
                }
            }
```

```
/ *************** 扫描第二行 *************** /
        P1＝0xfd;                    //扫描 P1.1 口,P1.1＝0
        temp＝P1;
        if((temp&0xf0)! ＝0xf0)
        {
          switch(temp)
          {
                case 0xbd : keyin＝6;
                break;
                case 0xdd : keyin＝5;
                break;
                case 0xed : keyin＝4;
                default:
                break;
          }
        }
/ *************** 扫描第三行 *************** /
        P1＝0xfb;                    //扫描 P1.2 口,P1.2＝0
        temp＝P1;
        if((temp&0xf0)! ＝0xf0)
        {
          switch(temp)
          {
                case 0xbb : keyin＝3;
                break;
                case 0xdb : keyin＝2;
                break;
                case 0xeb : keyin＝1;
                default:
                break;
          }
        }
/ *************** 扫描第四行 *************** /
        P1＝0xf7;                    //扫描 P1.7 口,P1.7＝0
        temp＝P1;
        if((temp&0xf0)! ＝0xf0)
        {
                switch(temp)
                {
                  case 0xd7 : keyin＝0;
                  default:
                  break;
```

```
            }
          }
        }
      }
      display(keyin);
    }
  }
```

8.2.2　LCD 显示器

LCD 是 liquid crystal display 的简称,LCD 的构造是在两片平行的玻璃当中放置液态的晶体,两片玻璃中间有许多垂直和水平的细小电线,透过通电与否来控制杆状水晶分子改变方向,将光线折射出来产生画面。液晶显示器按照控制方式不同可分为被动矩阵式 LCD 及主动矩阵式 LCD 两种。

(1) 被动矩阵式 LCD 在亮度及可视角方面受到较大的限制,反应速度较慢。被动矩阵式 LCD 又可分为 TN-LCD(twisted nematic LCD,扭曲向列 LCD)、STN-LCD(super TN-LCD,超扭曲向列 LCD)和 DSTN-LCD(double layer STN-LCD,双层超扭曲向列 LCD)。段码式显示和普通点阵式显示常用被动矩阵式 LCD,段码是最早最普通的显示方式,如计算器、电子表等,显示内容较单一。点阵式结构更加复杂,可以自由地显示字母、数字和图片。

(2) 主动矩阵式 LCD,也称为 TFT-LCD(thin film transistor-LCD,薄膜晶体管 LCD)。TFT 液晶显示器是在画面中的每个像素内建晶体管,可使亮度更明亮、色彩更丰富及更宽广的可视面积,主动矩阵式 LCD 在多媒体设备中有广泛的应用,如 MP3、MP4、高级游戏机、电脑液晶显示器、液晶电视等。

在常见的 LCD 显示器中,1602(见图 8.15)是一款常用的液晶模块,其内部集成了液晶控制器和驱动器,可以显示 2 行 16 个英文字母和数字,内部有 CGRAM 也可以显示少量自定义字符,可以方便地用 4 位或 8 位并行方式与单片机接口。由于 1602 接口时序相对复杂,命令较多,本书不花大量篇幅介绍。由于国内生产厂家众多,中文资料丰富,可以参见数据手册,下面给出 1602 的应用示范。

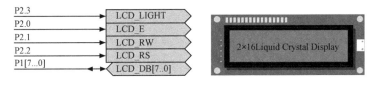

图 8.15　1602 液晶外形和引脚

```
#include <reg51.h>
//1602 液晶示范程序(关键函数)
sbit rs=P2^2;                          //数据/命令选择管脚
sbit rw=P2^1;                          //读写选择管脚
sbit en=P2^0;                          //片选管脚
```

```c
#define uchar unsigned char
void delay(uchar z)
{
    uchar x,y;
    for(x=z;x>0;x--)
        for(y=110;y>0;y--);
}
void write_order(uchar order)
{
    rs=0;
    P1=order;
    delay(4);
    en=1;
    delay(4);
    en=0;
}
void write_date(uchar date)
{
    rs=1;
    P1=date;
    delay(4);
    en=1;
    delay(4);
    en=0;
}
void init_lcd()
{
    rw=0;
    en=0;
    write_order(0x38);
    write_order(0x0c);
    write_order(0x06);
    write_order(0x01);
}
void set_xy(uchar x,uchar y)
{
    uchar address;
    if(y==0)
        address=0x80+x;
    else
        address=0xc0+x;
    write_order(address);
```

```
}
void write_string(uchar X,uchar Y,uchar * s)          //列 x=0~15,行 y=0,1
{
    set_xy(X, Y );                                    //写地址
    while ( * s)                                       //写显示字符
    {
      write_date( * s );
      s++;
    }
}
void main(void)
{
    init_lcd( );
    write_string(2,0,"hello world");
    write_string(0,1,"HZDZ university"),
    while(1)
    {
                                    //其他程序
    }
}
```

8.3　D/A 转换器的接口与应用

D/A 转换器(digital to analog converter)是将数字量转换成模拟量的器件,通常也用 DAC 表示,它可以将数字量比例地转换成模拟量,是通过数量控制模拟信号的基本器件。

8.3.1　DAC 的转换原理及分类

DAC 的基本原理是把数字量的每一位按照权重转换成相应的模拟分量,然后根据叠加定理将每一位对应的模拟分量相加,输出相应的电流或电压。根据 DAC 内部结构的不同,DAC 可以分成权电阻网络和 T 型网络等结构;根据输出结构的不同,DAC 也可以分成电压输出和电流输出两类。这里重点介绍权电阻型 DAC 和 T 型网络 DAC。

1. 权电阻型 DAC

权电阻型 DAC 核心思想在于用等比例的电阻在参考电压的作用下产生和权重对应的权电流,权电流在数字开关的作用下进行合成模拟信号。图 8.16 所示为四位权电阻网络 DAC 简图,权电阻型 DAC 主要参考电压源 V_{REF}、模拟开关 $S_3 \sim S_0$、比例电阻、求和放大器四部分。

该电路的优点是电路结构简单,使用电阻数量较少;各位数码同时转换,速度较快。缺点是电阻译码网络中电阻种类较多、取值相差较大,随着输入信号位数的增多,电阻网络中电阻取值的差距加大;在相当宽的范围内保证电阻取值的精度较困难,对电路的集成

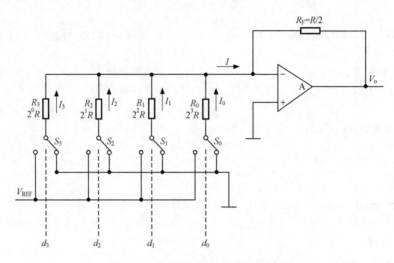

图 8.16　四位权电阻网络 DAC 结构

化不利。该电路比较适用于输入信号位数较低的场合。

　　由于在集成电路中精确制作电阻比较困难,常用恒流源代替电阻,从而产生性能更好的权电流型 DAC(图 8.17)。与权电阻 DAC 类似,图中恒流源从高位到低位电流的大小依次为 $I/2$、$I/4$、$I/8$、$I/16$。

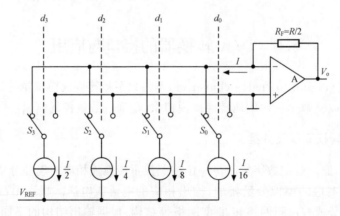

图 8.17　权电流型 DAC 的原理电路

　　采用了恒流源电路之后,各支路权电流的大小均不受开关导通电阻和压降的影响,这就降低了对开关电路的要求,提高了转换精度。

　　2. T 型电阻网络型 DAC

　　T 型电阻网络型 DAC 克服了全电阻型 DAC 电阻阻值较多的缺点,四位倒 T 型电阻网络 DAC 的原理图如图 8.18 所示。图中,$S_0 \sim S_3$ 为模拟开关,R 和 $2R$ 电阻解码网络呈倒 T 型,运算放大器 A 构成求和电路。S_i 由输入数码 d_i 控制,当 $d_i = 1$ 时,S_i 接运放反相输入端("虚地"),I_i 流入求和电路;当 $d_i = 0$ 时,S_i 将电阻 $2R$ 接地。无论模拟开关 S_i 处于何种位置,与 S_i 相连的 $2R$ 电阻均等效接"地"(地或虚地)。这样流经 $2R$ 电阻的电流与开关位置无关,为确定值。

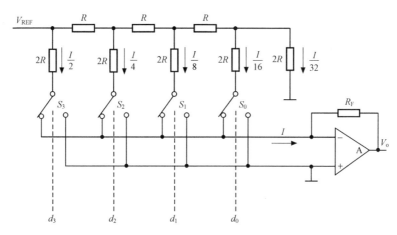

图 8.18 倒 T 型电阻网络 DAC

要使 DAC 具有较高的精度,对电路中的参数有以下要求:

(1) 基准电压稳定性好;

(2) 倒 T 型电阻网络中 R 和 $2R$ 电阻的比值精度要高(这在集成电路中比较容易实现);

(3) 每个模拟开关的开关电压降要相等。为实现电流从高位到低位按 2 的整倍数递减,模拟开关的导通电阻也相应地按 2 的整倍数递增。

由于在倒 T 型电阻网络 DAC 中,各支路电流直接流入运算放大器的输入端,它们之间不存在传输上的时间差。电路的这一特点不仅提高了转换速度,而且减少了动态过程中输出端可能出现的尖脉冲。它是目前广泛使用的 DAC 中速度较快的一种。常用的 CMOS 开关倒 T 型电阻网络 DAC 的集成电路有 AD7520(10 位)、DAC1210(12 位)等。

3. 电压输出型 DAC(如 TLC5620)

电压输出型 DAC 虽有直接从电阻阵列输出电压的,但一般采用内置输出放大器以低阻抗输出。直接输出电压的器件仅用于高阻抗负载,由于无输出放大器部分的延迟,故常作为高速 DAC 使用。

4. 电流输出型 DAC(如 THS5661A)

电流输出型 DAC 很少直接利用电流输出,大多外接电流/电压转换电路得到电压输出,后者有两种方法:一是只在输出引脚上接负载电阻而进行电流/电压转换;二是外接运算放大器。用负载电阻进行电流/电压转换的方法,虽可在电流输出引脚上出现电压,但必须在规定的输出电压范围内使用,而且由于输出阻抗高,所以一般外接运算放大器使用。此外,大部分 CMOS DAC 当输出电压不为零时不能正确动作,所以必须外接运算放大器。当外接运算放大器进行电流电压转换时,则电路构成基本上与内置放大器的电压输出型相同,这时由于在 DAC 的电流建立时间上加入了运算放大器的延迟,使响应变慢。此外,这种电路中运算放大器因输出引脚的内部电容而容易起振,有时必须作相位补偿。

5. 乘算型 DAC(如 AD7533/DAC0832)

乘算型 DAC(四象限型)基准电压输入上允许加交流信号,由于能得到数字输入和基准电压输入相乘的结果而输出,因此称为乘算型 DAC。乘算型 DAC 一般不仅可以进行乘法运算,而且可以作为使输入信号数字化地衰减的衰减器及对输入信号进行调制的调制器使用。

6. 一位 DAC

一位 DAC 与前述转换方式全然不同,它将数字值转换为脉冲宽度调制或频率调制的输出,然后用数字滤波器作平均化而得到一般的电压输出(又称位流方式),用于音频等场合。

DAC 的主要技术指标:

(1) 分辨率(resolution) 指最小模拟输出量(对应数字量仅最低位为"1")与最大量(对应数字量所有有效位为"1")之比。

(2) 建立时间(setting time) 是将一个数字量转换为稳定模拟信号所需的时间,也可以认为是转换时间。D/A 中常用建立时间来描述其速度,而不是 A/D 中常用的转换速率。一般的,电流输出 D/A 建立时间较短,电压输出 D/A 则较长。

其他指标还有线性度(linearity)、转换精度、温度系数/漂移等。

8.3.2 并行接口 DAC

并行 DAC 按照转换位数分为 8 位、10 位、12 位、16 位等,考虑单片机接口便利程度,这里以经典的 DAC0832 D/A 转换器介绍并行接口 DAC。

1. DAC0832 特点和结构

DAC0832 是电流输出型四象限 8 位中速 DAC,有多种输出方式,使用灵活方便。

1) DAC0832 特点

DAC0832 是一个 8 位通用型 DAC,该芯片具有以下特点:

(1) 单电源供电,从+5V～+15V 均可正常工作。

(2) 基准电压的范围为±10V。

(3) 电流建立时间为 1μs。

(4) 四象限电流输出型。

(5) CMOS 工艺,低功耗 20mW。

2) DAC0832 结构与引脚

DAC0832 转换器芯片为 20 引脚,双列直插式封装,其引脚排列如图 8.19 所示。DAC0832 内部结构框图如 8.20 所示,其内部具有两级锁存器,并且这两个锁存器的特性和 74HC373 类似,当锁存信号为高电平时保持透明状态(即输出跟踪输入),锁存信号为低电平(有效)时,输出保持不变。

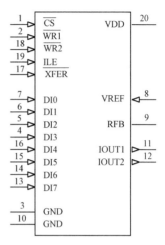

图 8.19 DAC0832 引脚分布

DAC0832 是一个 8 位 D/A 转换器。单电源供电,从 +5V～+15V 均可正常工作。基准电压的范围为 ±10V;电流建立时间为 1μs;CMOS 工艺,低功耗 20mW。

该转换器由输入寄存器和 DAC 寄存器构成两级数据输入锁存。使用时数据输入可以采用两级锁存(双锁存)形式,或单级锁存(一级锁存,一级直通)形式,或直接输入(两级直通)形式。

此外,由三个与门电路组成寄存器输出控制逻辑电路,该逻辑电路的功能是进行数据锁存控制。当锁存信号为 0 时,输入数据被锁存;当锁存信号为 1 时,锁存器的输出跟随输入的数据。

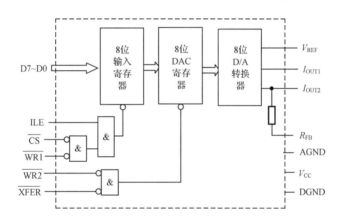

图 8.20 DAC0832 内部结构

D/A 转换电路是一个 R-$2R$ T 型电阻网络,实现 8 位数据的转换,对各引脚信号说明如下。

(1) DI7～DI0:转换数据输入。

(2) $\overline{\text{CS}}$:片选信号(输入),低电平有效。

(3) ILE:数据锁存允许信号(输入),高电平有效。

(4) $\overline{\text{WR1}}$:写信号 1(输入),低电平有效。

上述两个信号控制输入寄存器是数据直通方式还是数据锁存方式:当 ILE=1、$\overline{\text{WR1}}$=0 时,为输入寄存器直通方式;当 ILE=1、$\overline{\text{WR1}}$=1 时,为输入寄存器锁存方式。

(5) $\overline{\text{WR2}}$ 写信号 2(输入),低电平有效。

(6) $\overline{\text{XFEF}}$ 数据传送控制信号(输入),低电平有效。

上述两个信号控制 DAC 寄存器是数据直通方式还是数据锁存方式:当 $\overline{\text{WR2}}$=0、$\overline{\text{XFEF}}$=0 时,为 DAC 寄存器直通方式;当 $\overline{\text{WR2}}$=1、$\overline{\text{XFEF}}$=0 时,为 DAC 寄存器锁存方式。

(7) I_{OUT1}：电流输出 1。

(8) I_{OUT2}：电流输出 2。

DAC 转换器的特性之一是：$I_{OUT1} + I_{OUT2} =$ 常数。

(9) R_{FB}：反馈电阻端。

DAC0832 是电流输出，为了取得电压输出，需在电压输出端接运算放大器，R_{FB} 即为运算放大器的反馈电阻端。运算放大器的接法如图 8.21 所示。

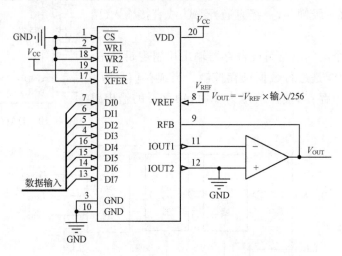

图 8.21　单极性输出(直通方式)

(10) V_{REF}：基准电压，其电压可正可负，范围为 $-10V \sim +10V$。

(11) DGND：数字地。

(12) AGND：模拟地。

2. 电压输出方法

DAC0832 是一个电流输出型 DAC，要想输出电压要增加电流/电压变换环节，常用运算放大器实现转换(如图 8.21 所示，图中 DAC0832 工作于直通方式)，图中 $V_{OUT} = -V_{REF} \times 输入/256$(注意公式中的负号)。

图 8.22 是输出电压可得到正负的双极性输出的电路。其输出电压值为

$$V_{OUT} = \frac{输入 - 128}{128} \times V_{REF}$$

3. 输出转换方式

1) 直通方式

直通方式是三种方式中最简单的一种方式，这种方式 DAC0832 内部的两个锁存器(透明方式)都处于直通状态，输出的模拟信号直接受数字量控制。由于没有锁存器同步，数字量变换时，输出噪声较大。实际应用中直通方式是较适合单路输出且数据输入总线无需和其他电路共享的情况。

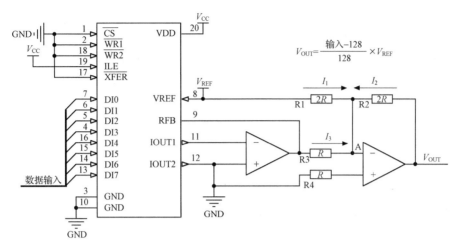

图 8.22 双极性输出(直通方式)

程序实例 1:
//输出正锯齿波(C 语言)
```
  main()
  {
    while(1)
    P1++;                        //这里假设 P1 口接数据输入
  }
```

;输出正锯齿波(汇编语言)
```
START:  CLR A
LOOP1:  MOV P1,A;
        INC A
        SJMP LOOP1
        END
```

程序实例 2:
//输出负锯齿波(C 语言)
```
  main()
  {
    while(1)
    P1--;                        //这里假设 P1 口接数据输入
  }
```

;输出正锯齿波(汇编语言)
```
START:  CLR A
LOOP2:  MOV P1,A;
        DEC A
        SJMP LOOP2
        END
```

（1）程序每循环一次，P1 加 1，因此实际上锯齿波的上升边是由 256 个小阶梯构成的。但由于阶梯很小，所以宏观上看就是线性增长锯齿波。

（2）可通过循环程序段的机器周期数，计算出锯齿波的周期。并可根据需要，通过延时的办法来改变波形周期。当延迟时间较短时，可用 NOP 指令来实现；当需要延迟时间较长时，可以使用一个延时子程序。延迟时间不同，波形周期不同，锯齿波的斜率就不同。

（3）通过 P1 加 1，可得到正向的锯齿波；如要得到负向的锯齿波，改为减 1 指令即可实现。

（4）程序中 P1 的变化范围是 0～255，因此得到的锯齿波是满幅度的。如要求得到非满幅锯齿波，可通过计算求得数字量的初值和终值，然后在程序中通过置初值判终值的办法即可实现。

用同样的方法也可以产生三角波、矩形波、梯形波，请读者自行编写程序。

程序实例 3：

```
//输出三角波(C语言)
main()
P1＝0;
while(1)
{
    while(1)
    {
      if(P1！＝0xFF)
          P1＋＋;                    //这里假设 P1 口接数据输入
      else
          break;
    }
    while(1)
    {
      if(P1！＝0x00)
          P1－－;                    //这里假设 P1 口接数据输入
      else
          break;
    }
}


;输出三角波(汇编语言)
START：  CLR A
LOOP1：  MOV P1,A;
         INC A
         CJNE A,＃00H, LOOP1
LOOP2：  MOV P1,A;
```

```
DEC A

CJNE A,#00H,LOOP2

SJMP START

END
```

2）单缓冲方式

单缓冲方式一般采用控制输入寄存器的方式，DAC 寄存器处于直通状态，如图 8.23 所示。单缓冲方式适合总线方式或 I/O 方式中数据线有共享的情况（如数据线除了连接 DAC 外，还连接其他外设）。单缓冲可以连接数个 DAC0832，但 DAC 输出不能严格同步。单缓冲的示例程序和前面的例子类似，只是程序开始时使能 $\overline{\text{WR1}}$、$\overline{\text{CS}}$，程序结束时禁止 $\overline{\text{WR1}}$、$\overline{\text{CS}}$，这里省略示范程序。

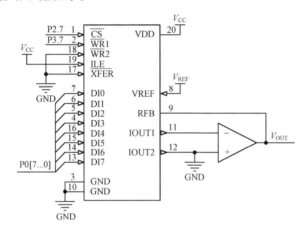

图 8.23　单缓冲方式

3）双缓冲方式

双缓冲方式是把 DAC0832 的两个锁存器都接成受控锁存方式。双缓冲方式用于多路数/模转换系统，以实现多路模拟信号同步输出的目的，如使用单片机控制 X-Y 绘图仪。X-Y 绘图仪由 X、Y 两个方向的步进电机驱动，其中一个电机控制绘图笔沿 X 方向运动，另一个电机控制绘图笔沿 Y 方向运动，从而绘出图形。因此对 X-Y 绘图仪的控制有两点基本要求：一是需要两路 DAC 分别给 X 通道和 Y 通道提供模拟信号；二是两路模拟量要同步输出。

两路模拟量输出是为了使绘图笔能沿 X-Y 轴作平面运动，而模拟量同步输出则是为了使绘制的曲线光滑；否则绘制出的曲线就是台阶状的。

8.3.3　串行接口 DAC

并行 DAC 具有接口方便、数据传输速度快的优点，缺点是引脚较多，占用单片机口线资源多。近年来，随着串行总线（SPI、IIC、QSPI 等）的飞速发展及串行总线在单片机的普及，采用串行接口的低成本 DAC 越来越多。这里以 TLC5615 为例介绍串行接口 DAC。

1. TLC5615 简介

TLC5615 为美国德州仪器公司 1999 年推出的产品,是具有串行接口的数模转换器,其输出为电压型,最大输出电压是基准电压值的 2 倍。带有上电复位功能,即把 DAC 寄存器复位至全零。TLC5615 性能价格比高,目前在国内市场很方便购买。

1) TLC5615 的特点:

(1) 10 位 CMOS 电压输出。

(2) 5V 单电源供电。

(3) 与 CPU 三线串行接口。

(4) 最大输出电压可达基准电压的 2 倍。

(5) 输出电压具有和基准电压相同极性。

(6) 建立时间为 12.5μs。

(7) 内部上电复位。

(8) 低功耗,最大仅 1.75mW。

2) TLC5615 引脚说明

TLC5615 有小型和塑料 DIP 封装,DIP 封装的 TLC5615 芯片引脚排列如图 8.24 所示,在 TLC5615 内部集成了接口控制逻辑、移位寄存器、数据寄存器、10 位 DAC 寄存器、2 倍电压放大器等主要部件,内部结构如图 8.25 所示。

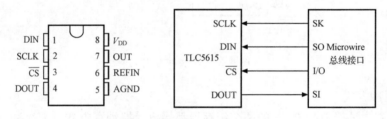

图 8.24 TLC5615 管脚和典型接口

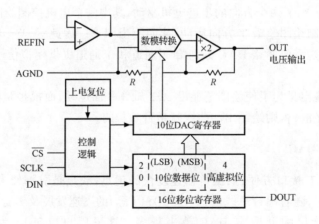

图 8.25 TLC5615 内部结构

3) TLC5615 工作时序

由时序图(见图 8.26)可以看出,当片选$\overline{CS}$为低电平时,输入数据 DIN 由时钟 SCLK同步输入或输出,而且最高有效位在前,低有效位在后。输入时 SCLK 的上升沿把串行输入数据 DIN 移入内部的 16 位移位寄存器,SCLK 的下降沿输出串行数据 DOUT,片选$\overline{CS}$的上升沿把数据传送至 DAC 寄存器。

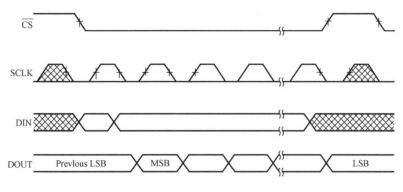

图 8.26　TLC5615 典型工作时序

当片选$\overline{CS}$为高电平时,串行输入数据 DIN 不能由时钟同步送入移位寄存器;输出数据 DOUT 保持最近的数值不变而不进入高阻状态。由此要想串行输入数据和输出数据必须满足两个条件:①时钟 SCLK 的有效跳变,②片选$\overline{CS}$为低电平。这里,为了使时钟的内部馈通最小,当片选$\overline{CS}$为高电平时,输入时钟 SCLK 应当为低电平。

串行数模转换器 TLC5615 的使用有两种方式,即级联方式和非级联方式。如不使用级联方式,DIN 只需输入 12 位数据,DIN 输入的 12 位数据中,前 10 位为 TLC5615 输入的 D/A 转换数据,且输入时高位在前、低位在后。TLC5615 DAC 在设计时考虑了和 12位 DAC 的软硬件兼容性,建议后两位必须写入数值零于 LSB 位。如果使用 TLC5615 的级联功能,来自 DIN 的数据需要输入 16 位时钟上升沿,因此完成一次数据输入需要 16个时钟周期,输入的数据也应为 16 位。输入的数据中,前 4 位为高虚拟位,中间 10 位为D/A 转换数据,最后 2 位出于兼容性原因建议全为 0。

4) 应用电路实例

如图 8.24 所示,TLC5615 和单片机接口是非常方便的,既可以使用硬件 SPI 方式,也可以使用普通 I/O 软件模拟。下面程序给出 TLC5615 和 AT89C51 单片机的接口示例程序,在电路中,AT89C51 单片机的 P3.0～P3.2 分别控制 TLC5615 的片选$\overline{CS}$,串行时钟输入 SCLK 和串行数据输入 DIN。电路的连接采用非级联方式(12 位方式),参考电压为 2 V,最大输出电压为 4 V。

```
//TI 10 位 DAC TLC5615 的非级联系示例程序
#define SPI_CLK    P3_1
#define SPI_DATA   P3_2
#define CS_DA      P3_0
void da5615(unsigned int dat)
{
```

```
    unsigned char i;
    dat<<=6;                            //D/A 数据最高位移到 dat 最高位,低 6 位补零
    CS_DA=0;
    SPI_CLK=0;
    for(i=0;i<12;i++)                   //移入高 12 位数据
    {
        SPI_DATA=(bit)(dat&0x8000);     //数据类型转换,取无符号整型数的最高位
        SPI_CLK=1;                      //上升沿输出数据
        dat<<=1;
        SPI_CLK=0;
    }
    CS_DA=1;
    SPI_CLK=0;
    for (i=0;i<100;i++);
}
```

8.4　A/D 转换器的接口与应用

A/D 转换器(analog to digital converter)是将数字量转换成模拟量的器件,通常也用 ADC 表示,它可以将模拟量比例地转换成数字量,是模拟量测量的基本器件。

8.4.1　ADC 的转换原理及分类

ADC 是把模拟量按照比例量化成数字信号。ADC 的种类很多,根据转换原理,常见的 ADC 主要有逐次逼近式和双积分式等类型。

1. 逐次逼近式原理

逐次逼近转换过程与用天平称物重过程非常相似,按照天平称重的思路,逐次逼近式 ADC 就是将输入模拟信号与不同的参考电压做多次比较,使转换所得的数字量在数值上逐次逼近输入模拟量的对应值。逐次逼近式 ADC 具有较快的转换速率和较高的精度,转换速率介于全并式和双积分式之间,应用非常广泛。常用的集成逐次逼近式 ADC 有 ADC0808/0809 系列(8)位、AD575(10 位)、AD1674A(12 位)等。

2. 双积分式原理

双积分式 ADC 是一种间接 A/D 转换器。它的基本原理是,对输入模拟电压和参考电压分别进行两次积分,将输入电压平均值变换成与之成正比的时间间隔,然后利用时钟脉冲和计数器测出此时间间隔,进而得到相应的数字量输出。由于该转换电路是对输入电压的平均值进行转换,所以它具有很强的抗工频干扰能力,在数字测量中得到广泛应用。常见的单片集成双积分式 ADC 有 ICL7106、ICL7109、ICL7135、ICL7129 等。

3. ADC 的主要性能指标

(1) 分辨率(resolution)指数字量变化一个最小量时模拟信号的变化量,定义为满刻度与 2^n-1(n 为 ADC 的位数)的比值。分辨率又称精度,通常以数字信号的位数来表示。

(2) 转换速率(conversion rate)是指完成一次从模拟转换到数字的 A/D 转换所需时间的倒数。积分型 A/D 的转换时间是毫秒级属低速 A/D,逐次比较型 A/D 是微秒级属中速 A/D,全并行/串并行型 A/D 可达到纳秒级。采样时间则是另一个概念,是指两次转换的间隔。为了保证转换的正确完成,采样速率 (sample rate)必须小于或等于转换速率。因此有人习惯上将转换速率在数值上等同于采样速率也是可以接受的。常用单位是 ksps 和 Msps,表示每秒采样千/百万次(kilo/Million samples per second)。

(3) 量化误差(quantizing error)是由于 A/D 的有限分辨率而引起的误差,即有限分辨率 A/D 的阶梯状转移特性曲线与无限分辨率 A/D(理想 A/D)的转移特性曲线(直线)之间的最大偏差。通常是一个或半个最小数字量的模拟变化量,表示为 1LSB、1/2LSB。

(4) 偏移误差(offset error)是输入信号为零时输出信号不为零的值,可外接电位器调至最小。

(5) 满刻度误差(full scale error)是满度输出时对应的输入信号与理想输入信号值之差。

(6) 线性度(linearity)是实际转换器的转移函数与理想直线的最大偏移,不包括以上三种误差。

其他指标还有:绝对精度(absolute accuracy)、相对精度(relative accuracy)、微分非线性、单调性和无错码、总谐波失真(total harmonic distortion,THD)和积分非线性。

8.4.2　并行接口 ADC

1. ADC0809 的特点和结构

ADC0809 是采样频率为 8 位的、以逐次逼近原理进行模-数转换的器件。其内部有一个 8 通道多路开关,可以根据地址码锁存译码后的信号,只选通 8 路模拟输入信号中的一个进行 A/D 转换。

1) 主要特性

(1) 8 路 8 位 A/D 转换器,即分辨率为 8 位。

(2) 具有转换起停控制端。

(3) 转换时间为 $100\mu s$。

(4) 单个 +5V 电源供电。

(5) 模拟输入电压范围为 0~+5V,不需零点和满刻度校准。

(6) 工作温度范围为 -40~+85℃。

(7) 低功耗,约为 15mW。

2) 内部结构

ADC0809 是 CMOS 单片型逐次逼近式 A/D 转换器,内部结构如图 8.27 所示。它由 8 路模拟开关、地址锁存与译码器、比较器、8 位开关树型 DAC、逐次逼近寄存器、三态输出锁存器等其他一些电路组成。因此,ADC0809 可处理 8 路模拟量输入,且有三态输出能力,既可与各种微处理器相连,也可单独工作。其输入输出与 TTL 兼容。

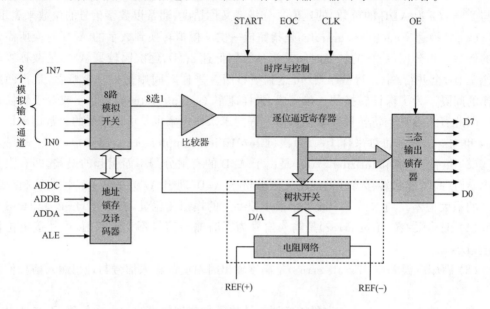

图 8.27　ADC0809 内部逻辑结构图

3) 外部特性(引脚功能)

ADC0809 芯片有 28 条引脚,采用双列直插式封装,如图 8.28 所示。

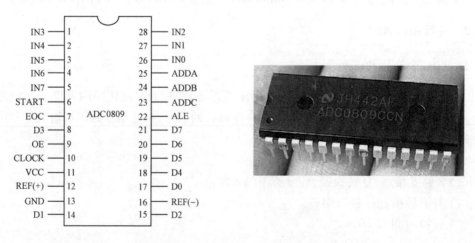

图 8.28　ADC0809 管脚图和实物图

下面说明各引脚的功能。

(1) IN0～IN7:8 路模拟电压输入端,用于输入被转换的模拟电压。电压范围是 0～5V,若信号太小,必须对输入的信号进行放大;输入的模拟量在转换过程中应该保持不变,若模拟量变化太快,则需在输入前增加采样保持电路。

（2）D0～D7：A/D 转换后的数据输出端，与单片机的 P0 口相接。

（3）ADDC、ADDB、ADDA：模拟通道地址选择端。ADDA 为低位，ADDC 为高位，其通道选择的地址编码如表 8.3 所示。

表 8.3 ADC0809 的通道选择表

ADDC	ADDB	ADDA	选择的通道
0	0	0	IN0
0	0	1	IN1
0	1	0	IN2
0	1	1	IN3
1	0	0	IN4
1	0	1	IN5
1	1	0	IN6
1	1	1	IN7

（4）ALE：地址锁存允许信号，高电平有效。当此信号有效时，ADDC、ADDB、ADDA 三位地址信号被锁存，译码选通对应模拟通道。

（5）START：A/D 转换启动脉冲输入端，正脉冲有效，输入一个正脉冲（至少 100ns 宽）使其启动（脉冲上升沿使 ADC0809 复位，下降沿启动 A/D 转换）。可与单片机的 $\overline{WR}$ 信号相连，控制启动 A/D 转换。

（6）EOC：A/D 转换结束信号。当 A/D 转换结束时，此端输出一个高电平（转换期间一直为低电平），表示一次 A/D 转换已完成。可作为单片机的中断触发信号。

（7）OE：数据输出允许信号，高电平有效。当 A/D 转换结束时，此端输入一个高电平，才能打开输出三态门，输出数字量。可与单片机的 $\overline{AD}$ 信号相连，当单片机发出此命令时，单片机可以读取数据。

（8）CLK：时钟脉冲输入端。要求时钟频率不高于 640kHz。它决定了 A/D 转换时间。

（9）REF（＋）、REF（－）：基准参考电压端，决定了模拟量的量程范围，一般采用 0～5V 的量程范围。

（10）VCC：电源，单一＋5V。

（11）GND：地。

ADC0809 工作时序图如图 8.29 所示。首先输入 3 位地址，并使 ALE＝1，将地址存入地址锁存器中。此地址经译码选通 8 路模拟输入之一到比较器。START 上升沿将逐次逼近寄存器复位。下降沿启动 A/D 转换，之后 EOC 输出信号变低，指示转换正在进行，直到 A/D 转换完成，EOC 变为高电平，指示 A/D 转换结束，结果数据已存入锁存器，这个信号可用做中断申请。当 OE 输入高电平时，输出三态门打开，转换结果的数字量输出到数据总线上。

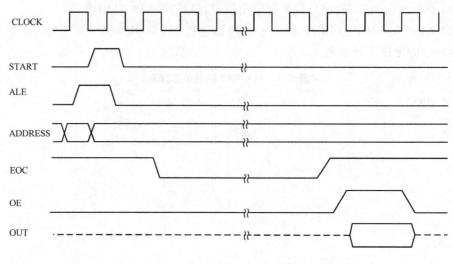

图 8.29 ADC0809 工作时序图

2. ADC0809 的接口和编程

ADC0809 典型接口电路图如图 8.30 所示。

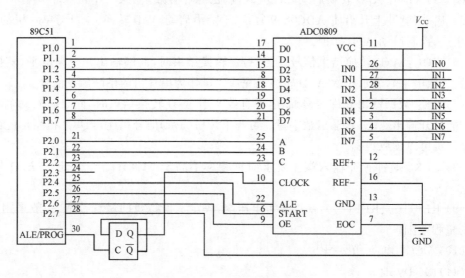

图 8.30 ADC0809 典型接口

```
#define ALE   P2_4
#define START  P2_5
#define OE   P2_6
#define EOC  P2_7

unsigned char adc_0809(unsigned char chanel)
```

```
{                                      //地址信息放在 chanel 变量中
    unsigned char dd;                  //临时变量
    P2&=0Xf8;
    P2|=chanel;                        //P2 低三位输出地址
    ALE=1;                             //锁存地址
    START=1;                           //复位逐次逼近寄存器
    ALE=0;
    START=0;                           //开始转换
    _nop_();
    _nop_();                           //延时
    while(EOC==0);                     //等待转换结束
    OE=1;                              //输出使能
    dd=P1;                             //数据暂存
    OE=0;
    return(dd);                        //返回转换值
}
```

8.4.3　串行接口 ADC

1. TLC549 简介

TLC549 是美国德州仪器公司推出的广泛应用的 CMOS 8 位 ADC。该芯片有 1 个
模拟输入端口和 3 态的数据串行输出接口,可以方便地
和微处理器或外围设备连接。TLC549 仅仅使用输入/
输出时钟(I/O CLOCK)和芯片选择(CS)信号控制数据。
最大的输入输出时钟为 1.1MHz。TLC549 的管脚和内
部结构如图 8.31 和图 8.32 所示。

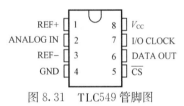

图 8.31　TLC549 管脚图

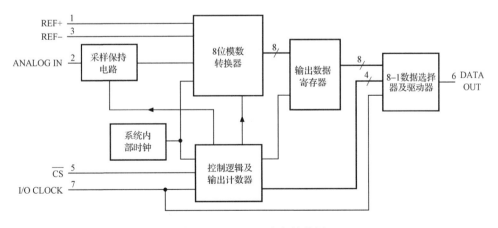

图 8.32　TLC549 内部结构图

2. TLC549 工作原理

TLC548、TLC549 均有片内系统时钟,该时钟与 I/O CLOCK 是独立工作的,无需特殊的速度或相位匹配。其工作时序如图 8.33 所示。

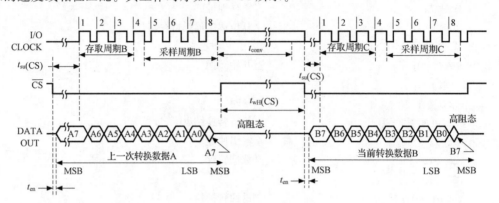

图 8.33 TLC549 工作时序图

当 $\overline{CS}$ 为高时,数据输出(DATA OUT)端处于高阻状态,此时 I/O CLOCK 不起作用。这种 CS 控制作用允许在同时使用多片 TLC548、TLC549 时,共用 I/O CLOCK,以减少多路(片)A/D 并用时的 I/O 控制端口。一组通常的控制时序如下。

(1) 将 $\overline{CS}$ 置低。内部电路在测得 $\overline{CS}$ 下降沿后,再等待两个内部时钟上升沿和一个下降沿后,然后确认这一变化,最后自动将前一次转换结果的最高位(D7)位输出到 DATA OUT 端上。

(2) 前四个 I/O CLOCK 周期的下降沿依次移出第 2、3、4、5 位转换位(D6、D5、D4、D3),片上采样保持电路在第 4 个 I/O CLOCK 下降沿开始采样模拟输入。

(3)接下来的 3 个 I/O CLOCK 周期的下降沿移出第 6、7、8 个转换位(D2、D1、D0)。

(4) 片上采样保持电路在第 8 个 I/O CLOCK 周期的下降沿将启动保持功能。保持功能将持续 4 个内部时钟周期,然后开始进行 32 个内部时钟周期的 A/D 转换。第 8 个 I/O CLOCK 后,CS 必须为高,或 I/O CLOCK 保持低电平,这种状态需要维持 36 个内部系统时钟周期以等待保持和转换工作的完成。若 CS 为低时 I/O CLOCK 上出现一个有效干扰脉冲,则微处理器/控制器将与器件的 I/O 时序失去同步;若 $\overline{CS}$ 为高时出现一次有效低电平,则将使引脚重新初始化,从而脱离原转换过程。

在 36 个内部系统时钟周期结束之前,实施步骤(1)~(4),可重新启动一次新的 A/D 转换,与此同时,正在进行的转换终止,此时的输出是前一次的转换结果,而不是正在进行的转换结果。

若要在特定的时刻采样模拟信号,应使第 8 个 I/O CLOCK 时钟的下降沿与该时刻对应,因为芯片虽在第 4 个 I/O CLOCK 时钟下降沿开始采样,却在第 8 个 I/O CLOCK 的下降沿开始保存。

3. 应用实例

```
#include         "intrins.h"
#define      Wait1us        _nop_();    //单片机系统时钟为12MHz
#define      Wait2us        {_nop_();_nop_();}
#define      Wait4us        {Wait2us;Wait2us;}
#define      Wait8us        {Wait4us;Wait4us;}
#define      Wait10us       {Wait8us;Wait2us;}
#define      Wait30us       {Wait10us;Wait10us;Wait8us;Wait2us;}
```

```
/ ************ 定义接口总线 ************ /
sbit Clock=P1^2;                        //时钟口线
sbit DataOut=P1^3;                      //数据输出口线
sbit ChipSelect=P1^4;                   //片选口线
unsigned char ADCSelChannel(void)
{
        unsigned char ConvertValue=0;
        unsigned char i;
        ChipSelect=1;                   //芯片复位
        ChipSelect=0;
        ChipSelect=1;
        Clock=0;
        Wait4us;
        ChipSelect=0;                   //芯片起始
        Wait4us; //等待延时
        for(i=0; i< 8; i++)             //输入采样转换时钟
        {
            Clock=1;
            Clock=0;
        }
        ChipSelect=1;                   //开始转换
        Wait30us;                       //等待转换结束
        ChipSelect=0;                   //读取转换结果
        Wait4us;
        for(i=0; i< 8; i++)             //高位在前,低位在后,读取转换结果
        {
            Clock=1;
            ConvertValue <<= 1;
            if(DataOut)
            {
                ConvertValue |= 0x01;
```

```
        }
        Clock＝0;
    }
    ChipSelect＝1;
    return(ConvertValue);            //返回转换结果
}
```

习　　题

(1) 简述键盘抖动产生原因和消除方法。

(2) 比较扫描法和反转法键盘扫描的异同。

(3) 列举常见 ADC 的原理(3 种以上)。

(4) 列举常见 DAC 的原理(3 种以上)。

(5) 设计合适的硬件电路实现 TLC549 采集电压信号,并采用 4 位 LED 显示。

(6) 设计合适的硬件电路实现 ADC0809 采集 8 路电压信号,并采用 1602 液晶显示通道和电压值,通道切换时间为 1～5s。

第9章 单片机应用系统的开发与设计

本章将以实验时使用的单片机开发系统和一个简易51实验板为例,简要讲述单片机开发系统的构成与使用方法;结合单片机开发系统和51实验板,说明单片机应用系统的设计过程;列举几个典型的单片机应用系统实例。

9.1 单片机开发系统

9.1.1 单片机实验开发系统介绍

本节中使用的单片机实验开发系统的型号是 KX-DS3N,它其实是电子设计综合实验开发平台,其中部分实验是单片机应用系统的设计实验。

该单片机应用系统设计开发系统的最大特色是,由针对不同单片机应用系统设计开发目标的各类功能模块组成。每一个模块可以在实验系统上完成各类设计,也可脱离实验系统单独完成功能,使实验者能从中体会和获得实际工程开发完整经历。既可以根据实验需要和单片机应用系统设计分别完成各功能模块的实验与自主开发,也可以将不同模块组合成一个大系统进行综合设计开发,培养学生的自主性综合实验开发能力,使其拥有自主知识产权的系统和片上系统的设计开发能力。

同时该系统提供的专业 CPU IP 核、各类功能 IP 核,以及基于大规模 FPGA(Cyclone Ⅱ系列)的可自主配置重构型 DDS 函数信号发生器是培养自主创新设计能力的重要电子系统设计训练平台。

9.1.2 单片机实验开发系统的构成

该单片机应用系统设计系统带有 MCS-51 单片机模块。可对 AT89S51、AT89S52、AT89S8253 等单片机进行实验开发(配 AT89S51)。实验开发系统采用模块化方式构成,除了单片机模块还有模块如下(只介绍与单片机实验相关的模块)。

(1)点阵型液晶显示屏。128×64 液晶显示屏,含清华大学学生在此系统上利用 FPGA 的 IP 核及液晶显示屏完成的自主设计实验演示项目(俄罗斯方块游戏)。

(2)字符型液晶显示屏。4行×20字液晶显示屏幕,此液晶显示屏可作为实验模块,同时兼实验系统上的 DDS 函数信号发生器工作显示屏。

(3)A/D 与 D/A 模块。A/D 是 ADC0809、D/A 是双通道 DAC0832,因此能实现移相信号发生器、里萨如图形信号发生器、存储示波器、逻辑分析仪等电路模型的设计实验。

(4)VGA 显示接口模块。含 VGA 显示接口、PS/2 鼠标键盘接口、RS-232 串行通信接口、SD 卡接口。

(5)电机模块。含直流电机和步进电机、控制电路、红外转速计数电路等。

（6）语音录放模块。语音录放可以键控制或单片机控制。由最新推出的 ISD17000 系列器件作主芯片。

（7）无线遥控编码收发模块。无线编码收发可以键控制或单片机控制。2272 和 2262 系列器件担任编译码。

（8）红外遥控收发模块。另含继电器隔离控制模块和蜂鸣器等。

（9）数字温控模块。

（10）超声波测距模块。

（11）CPLD 开发模块。含 EPM3032A CPLD

（12）USB 通信模块。

（13）存储器模块。SRAM 62256、E^2 PROM W27C512、串行 E^2 PROM 93C46 和 24C02。

（14）7 段码数码显示模块、2 位 HEX 码发生器模块。

（15）串行静态显示模块、7 数码管串行静态显示模块。

（16）HEX 译码显示模块、6 位 16 进制译码数码显示模块。适合于基于 FPGA 的 CPU 实验。

（17）4×4 键盘和单脉冲 8 键键盘模块。

（18）RS-485/CAN 模块。RS-485 串行通信实验电路、CAN 总线实验电路。

9.1.3 单片机实验开发系统的使用

该单片机应用系统设计开发系统可以完成的单片机相关实验及其使用方法如下。

1. 4 位数码管扫描显示控制示例

（1）烧写文件 MCU_EXAMPLs/MCU_ASM 文件夹下的"scanning"。以下为相同文件夹。

（2）用 10 芯线将单片机模块的 P1 口接扫描模块的 10 芯数据口（在最右边）。

（3）用 10 芯线将单片机模块的 P2 口接扫描模块的 10 芯位控制口。

（4）按复位键后可以看到显示 4、3、2、1。

2. 7 段数码管显示控制示例

（1）烧写文件"seg7"。

（2）用 10 芯线将单片机模块的 P1 口接相同扫描模块的 10 芯数据口（在最左边）。

（3）按复位键后可以看到显示计数。

3. 静态串行显示控制示例

（1）烧写文件"S_DISP"。

（2）用 2 根线分别将单片机模块的 P3.0 和 P3.1 与 7 数码管静态串行显示模块的"DATA"和"CLK"相接。

（3）按复位键后可以看到 7 个数码管分别显示 9、A、B、C、D、E、F。

4. 128×64 点阵液晶显示控制示例

（1）烧写文件"LCD128"。
（2）用 10 芯线将单片机模块的 P0 口接点阵液晶的数据 10 芯口（在上方）。
（3）用 10 芯线将单片机模块的 P2 口接点阵液晶的控制 10 芯口（在下方）。
（4）按复位键后可以看到显示文字和图形。

5. 步进电机与直流电机控制

（1）烧写文件"moto"。
（2）用 10 芯线将单片机模块的 P1 口接电机模块的 10 芯口。
（3）可以看到步进电机和直流电机将轮流转。

6. ADC0809 数据采集控制

（1）烧写文件"ADC0809"。
（2）用 10 芯线将单片机模块的 P1 口接 ADDA 板的 10 芯数据口（J3 口）。
（3）用 10 芯线将单片机模块的 P0 口接 ADDA 板的 10 芯控制口（J2 口）。
（4）用 10 芯线将单片机模块的 P2 口接译码显示板的任意一 10 芯口（J2 口）。
（5）按复位键后，在旋转 ADDA 板上电位器，即可看到译码显示板上数码管显示出 ADC 采样的数据。

7. DAC0832 波形发生器控制

（1）烧写文件"DAC0832"。
（2）用 10 芯线将单片机模块的 P1 口接 ADDA 板的 10 芯数据口（J6 口，最外侧）。
（3）在对应输出口接上示波器。
（4）用一根单线将单片机模块的 P3 口的 P3.0 接实验系统的右下角的"L1"，用于选择输出波形。
（5）L1 拨向下"L"，按复位键后输出正弦波。
（6）L1 拨向上"H"，按复位键后输出锯齿波。

8. 字符型液晶显示与 4×4 键盘应用示例

（1）烧写文件"LCD_DISP"。
（2）用 10 芯线将单片机模块的 P1 口接液晶模块的 10 芯数据口。
（3）用 10 芯线将单片机模块的 P0 口接液晶模块的 10 芯控制口。
（4）用 10 芯线将单片机模块的 P2 口接 4×4 键盘的 10 芯口。
（5）按复位键后，即可看到液晶显示文字，再按 4×4 键盘某键后可以看到对应的数据显示。

9. RS-232 与计算机串口通信示例

(1) 烧写文件"COMMC0"。

(2) 用 10 芯线将单片机模块的 P0 口接译码显示板的一个 10 芯口(中间口)。

(3) 用 10 芯线将单片机模块的 P2 口接译码显示板的一个 10 芯口(左侧口)。

(4) 用 2 线分别将单片机的 P3.0 和 P3.1 与通信接口板上的 RS-232 接口端的 RXD 和 TXD 相接。

(5) 接 RS-232 串行口。

(6) 按复位键,复位。打开文件夹"FOR_PC_FILE"中的 serealcom,选择 COM1。

(7) 在弹出的"收发数据对话框"中点击按钮"Receive"即能看到来自实验板的数据。

(8) 在按钮"Send"栏键入 3 个数据,如 ABC,连续按此按钮,即可看到译码显示板上的数码管显示。

由于该实验系统使用较为复杂,集体使用可以参见实验开发系统提供的资料文档。

9.2　51 实验板

9.2.1　51 实验板介绍

51 实验板是专为单片机初学者和电子设计爱好者设计的印制电路板,其中单片机使用 MCS-51 兼容单片机,外围器件包含常见单片机应用系统所需的基本单片机外设。

表 9.1 为该 51 实验板的主要器件清单。

表 9.1　主要器件清单

名　称	描　述	数　量	在 PCB 上封装格式	标　识
4LED	4 位数码管	1	7SEG_DISPLAY	DLED-4
AD	微调电位器	1	HD1X3	10K
B0,B1,B2,B3,B4,B5,B6,B7,ER1	电阻	9	0805	ResA
BELL	蜂鸣器	1	BELL	Bell
BT1	电池	1	3VBAY	3V
C1,C2,C3,C4,C5,C6,C7,C8,C10,C11,C13,CO1	电容	12	0805	Cap
DR1,DR2,R1,R2,R3,R4,R5,R6,R7,R8,R9,R10,R11,R12,R13,R14,R15,R16,R17,R18	电阻	20	0805	Res2
DS1302	时钟芯片	1	DIP8	DS1302

名　称	描　述	数　量	在 PCB 上封装格式	标　识
ER2	电阻	1	0805	ResB
ER3	电阻	1	0805	ResC
ER4	电阻	1	0805	ResD
HWJS	接头	1	HDR1X3	Header 3
J1	接头	1	DSUB1.385-2H9	D Connector 9
key1，key2，key3，key4，key5，key6，key7，key8，key9，key10，key11，key12，key13，key14，kcy15，key16，key17	按键	17	KEY-duplicate	KEY
LCD1	液晶	1	1602LCD	LCD1602
LED0	发光二极管	1	LED	POWER
LED1，LED2，LED3，LED4，LED5，LED6，LED7，LED8	发光二极管	8	LED	LED
LM7805	5V 稳压芯片	1	TO-220A	LM7805CT
LQ1, LQ2, LQ3, LQ4	三极管	4	8550	8550
LQ5	三极管	1	TO-92C	8550
P1	接头	1	HDR1X34	Header 34X1
P2	接头	1	HDR1X9	10k
P3	接头	1	HDR1X2	Header 2
P4	接头	1	HD1X6	ISP-Dowm
P5	接头	1	TO-92C	18B20
P8	接头	1	POWER	DC12V
U1	单片机	1	DIP-40	89S52
U2	电平转换芯片	1	DIP-16	MAX232
U3, U4	移位寄存器	2	DIP-16	74hc595
U5	E^2PROM	1	DIP8	24CXX
U6	A/D 转换器	1	DIP-20	TLC1543
Y1	晶振	1	XTAL_ROUND	12M
Y2	晶振	1	JINGZHEN_32K	32.768K

图 9.1 为 51 实验板的完整原理图,图 9.2 和图 9.3 为 51 实验板的 PCB 图。

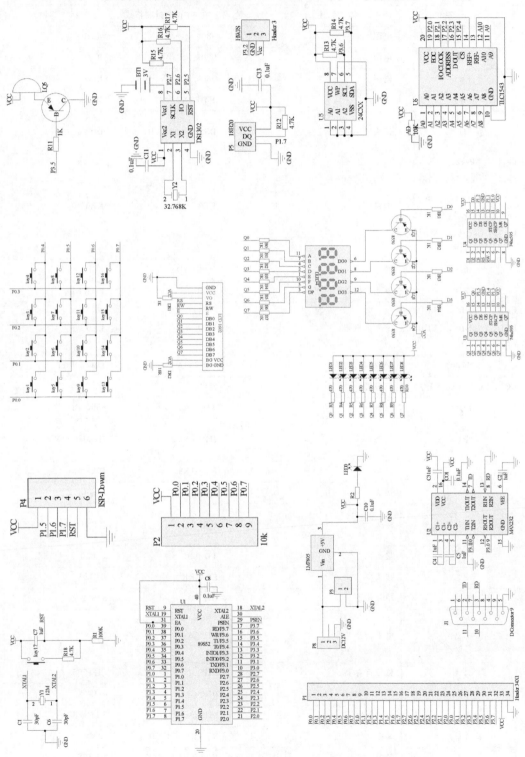

图 9.1　51 实验板原理图

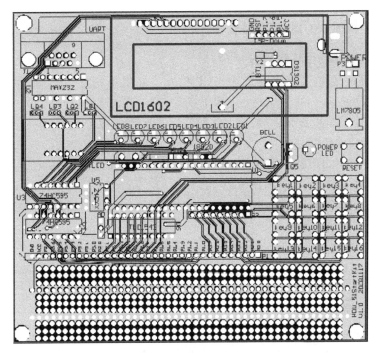

图 9.2　51 实验板的 PCB 正面

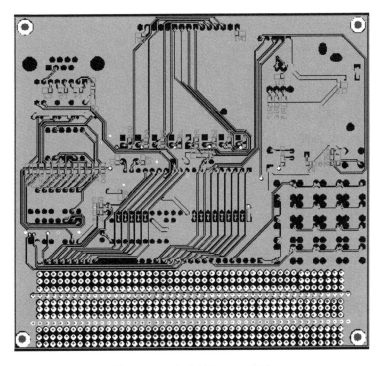

图 9.3　51 实验板的 PCB 反面

9.2.2　51实验板的 S51 ISP 下载线使用

S51 并口下载器操作步骤如下：

（1）将计算机的并口模式设置为 ECP 模式。如果不是 ECP 模式，请在计算机的 CMOS 设置中设置。

（2）点击 51 实验板资料中的"S51 系列芯片下载软件"文件夹下的"SETUP.EXE"文件，安装 S51 下载线软件。

（3）将 DB25 并口下载电缆线插到计算机并口上，并和用户板上 AT89S52 连好。连线如下：P15、P16、P17、RST、GND、VCC。

注：电缆线上的白插座上（红点）对应的是 VCC，余下的依次为：GND、RST、P17、P16、P15。

（4）检查所有的连线是否连好，确信无误后接上＋5V 直流电源。

注：在用户板已通电时请不要插拔 DB25 与计算机的通信电缆，否则有可能导致计算机并行口故障。

编程软件界面如图 9.4 所示。

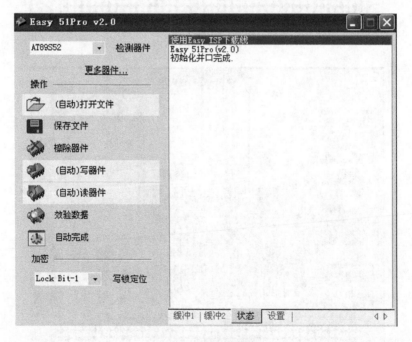

图 9.4　编程软件界面

器件可以选为 AT89S51 或 AT89S52(51E/51F 板出厂默认为 AT89S52)。点击【检测通信】，此时，下载电缆上的小指示灯闪亮一下，后转为熄灭状态。

插入芯片 AT89S51/52 进锁紧座，点击【检测器件】，如设置正常，则应能识别芯片，如图 9.5 所示。若不能识别，则应重点检查下载线电源（由芯片端提供，并口不提供电源）、CPU 晶体是否插好或 CPU 插反（芯片方向缺口应朝锁紧座的扳手处）、芯片是否锁紧。

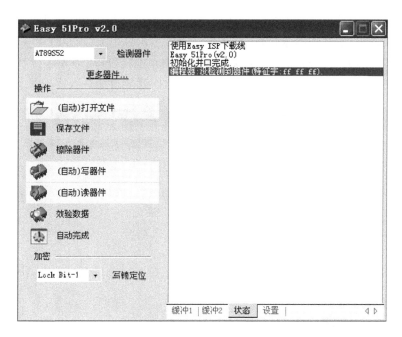

图 9.5　识别芯片

点击【(自动)打开文件】,打开要烧写的 BIN 文件或 HEX 文件,如图 9.6 所示。

图 9.6　打开文件

先点击【擦除器件】,然后点击【(自动)写器件】,即可进行编程,如图 9.7 所示。处于擦除和编程状态时,下载线指示灯点亮,任务完成后指示灯熄灭(指示灯不亮或常亮,预示计算机设置不正确或下载线不正常),无需手工操作,MCU 自动进入运行状态。不需要将下载电缆与 MCU 断开或将用户板重新上电,MCU 就能自动进入运行状态。

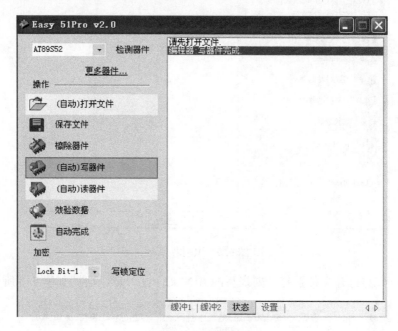

图 9.7　写过程完成

9.3　单片机应用系统的设计

本节将讲述一个典型单片机应用系统从最初的总体设计到最后调试的整个流程。在本节中只做概念性的探讨,具体的应用示例请参考 9.4 节内容。一般来说单片机应用系统的开发分为四个步骤:总体设计、硬件设计、软件设计和下载调试(见图 9.8)。本节将详细讲述这四个步骤。

图 9.8　单片机应用系统设计步骤

1. 总体设计

设计一个单片机应用系统首先要进行的是系统方案的确定,即总体设计。然后仔细研究要求的设计指标和实现方法,最好是列出多种实现方法或方案,以便于进行筛选。一般来说,每个方案都有优缺点,找出其中最易于实现、性能较好的方案,来做设计。

确定大致实现方案,就要选择合适的单片机,以及单片机的外围模块。选择的单片机最好易于获得,并且有较为长期的支持。如果自己熟悉的单片机都不适合,就应该从各个单片机公司的器件选型指南上进行选择。

确定单片机后,相应的外围模块也随之确定,需要更为详细地构建整个系统。可以准备硬件原理图的确定和软件实现方法的确定。

2. 硬件设计

当在总体设计中已经确定总体方案后,就可以进行更为细致的硬件原理图设计阶段,在这个过程中,要在相应的原理图绘制软件上绘制所有的硬件原理图。

确定硬件原理图后就可以进行 PCB(印制电路板)的设计,需要考虑元器件的布局、电路板的外形、抗干扰的处理等。

设计好的 PCB 发给工厂进行加工,加工完成后在 PCB 上焊接元器件,并且做初步的硬件模块调试。

3. 软件设计

PCB 加工往往需要一段时间,在这段时间里,可以进行全面的软件设计。在设计软件时,最好预先有一个规划,如画一个流程图,然后按照程序流程图来写出软件程序。

编写好的软件一般情况下是需要进行软件模拟仿真的,在有硬件系统和仿真器的情况下可以做一下初步的硬件仿真调试。

4. 下载调试

通过直接在设计的单片机应用系统上的程序下载或仿真调试,来检查设计的正确性,一般来说,调试过程是比较长的。

如果调试后的应用系统功能达到要求,那么整个单片机应用系统的开发就算完成了。

9.4　单片机应用系统举例

9.4.1　步进电机的驱动

步进电机在打印设备和工业控制中经常使用,用单片机驱动步进电机是一个典型的单片机应用系统设计。下面有一个步进电机驱动的单片机应用系统,其设计要求如下。

(1)控制四相五线式步进电机的转动(四相八拍方式)。

(2)显示步进电机的转动圈数、转速、角度和方向。

(3)用非接触的方式实时监测步进电机的工作状态。

设计单片机应用系统首先要确定方案。本设计重点在对步进电机的控制与驱动。步进电机为四相五线,可以用 ULN2003 芯片来驱动。ULN2003 结构简单,可以驱动一个四相电机,口线的信号输出相对一致,且比较稳定,输出电压也可调节,电路简单,使用起来比较方便。

1. 总体方案设计

步进电机的工作原理为:由于步进电机是数字控制电机,它将脉冲信号转变成角位移,即给一个脉冲信号,步进电机就转动一个角度,因此非常适合于单片机控制。步进电机可分为反应式步进电机(VR)、永磁式步进电机(PM)和混合式步进电机(HB)。本实验采用的是 PM,示意图如图 9.9 所示。

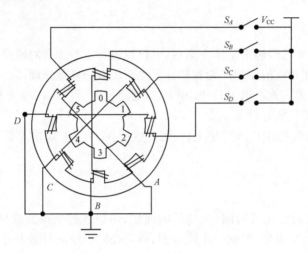

图 9.9　四相步进电机步进示意图

步进电机区别于其他控制电机的最大特点是,它是通过输入脉冲信号来进行控制的,即电机的总转动角度由输入脉冲数决定,而电机的转速由脉冲信号频率决定。步进电机的驱动电路根据控制信号工作,控制信号由单片机产生。其基本原理作用如下。

（1）控制换相顺序。

以四相步进电机为例,如图 9.9 所示。开始时,开关 S_B 接通电源,S_A、S_C、S_D 断开,B 相磁极和转子0、3号齿对齐。同时,转子的1、4号齿和 C、D 相绕组磁极产生错齿,2、5号齿与 D、A 相绕组磁极产生错齿。当开关 S_C 接通电源,S_A、S_B、S_D 断开时,由于 C 相绕组的磁力线和1、4号齿磁力线的作用,使转子转动,1、4号齿和 C 相绕组的磁极相对齐。而0、3号齿和 A、B 相绕组磁极产生错齿,2、5号齿与 A、D 相绕组磁极产生错齿。以此类推,A、B、C、D 四相轮流供电,则转子会沿着 A、B、C、D 方向转动。

四相步进电机根据通电顺序的不同,可分为单四拍、双四拍、八拍三种工作方式。

（2）控制步进电机的转向。

如果给定工作方式为正序换相通电,则步进电机正转;如果按反序通电换相,则步进电机反转。

（3）控制步进电机的速度。

如果给步进电机发一个控制脉冲,它就转一步,再发一个脉冲,它会再转一步。两个脉冲的间隔越短,步进电机就转得越快。调整单片机发出的脉冲频率,就可以对步进电机进行调速。

用单片机控制电机转动,扫描键盘通过按键来控制电机的正反转和转速。在 LCD 液晶显示器上显示电机正反转、转速、转动角度及转动圈数。总体原理框图如图 9.10 所示。

LCD 显示器驱动采用 74HC595 芯片,步进电机驱动采用 ULN2003。步进电机采用

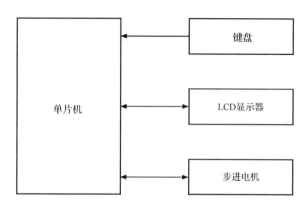

图 9.10　总体原理框图

四相八拍的形式,正转为 $A\text{-}AB\text{-}B\text{-}BC\text{-}C\text{-}CD\text{-}D\text{-}DA$,反转为 $A\text{-}AD\text{-}D\text{-}DC\text{-}C\text{-}CB\text{-}B\text{-}BA$。把步进电机 com 端设为高电平,通过单片机控制 A、B、C、D 四线的高低来控制步进电机的转动。表 9.2 是四相八拍分配表。

表 9.2　四相八拍分配表

	A	B	C	D
$N+0$	0	1	1	1
$N+1$	0	0	1	1
$N+2$	1	0	1	1
$N+3$	1	0	0	1
$N+4$	1	1	0	1
$N+5$	1	1	0	0
$N+6$	1	1	1	0
$N+7$	0	1	1	0

2. 硬件设计

图 9.11～图 9.13 是步进电机驱动单片机应用系统的硬件原理图设计。

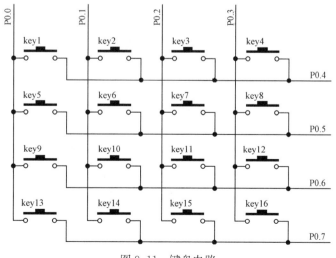

图 9.11　键盘电路

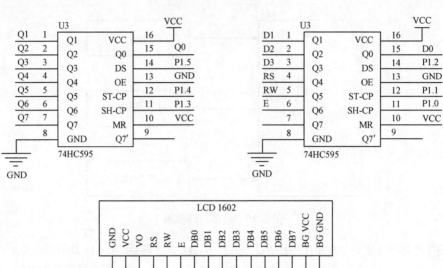

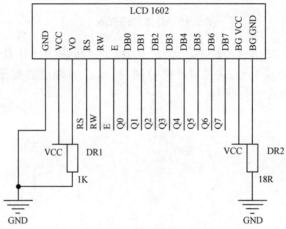

图 9.12　LCD 显示器电路及驱动

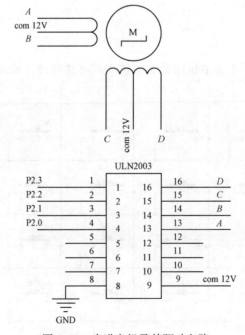

图 9.13　步进电机及其驱动电路

3. 软件设计

本应用系统采用中断方式控制电机转动,采用定时器 0 工作方式 1。电源上电时,电机转速为 0。执行键盘扫描判断是否有键按下,若有键按下再判断键值(键值采用行列式,第一行为 11、12、14、18,第一列为 11、21、41、81)。若键值为 0x11,电机正转;键值为 0x12,电机反转;键值为 0x14,电机停转;键值为 0x21,电机转速十位加 1;键值为 0x22,电机转速个位加 1。在 LCD 上显示相对应的正反转 D(正为 Z 反为 F)、转速 SP、转动圈数 CN,以及转动角度 AN。总程序流程图如图 9.14 所示。

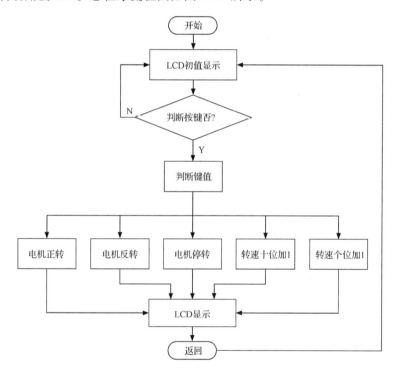

图 9.14　总程序流程图

第一步对键盘第一行接地,读各列的数据,检查是否有按键被按下。如果有则等待一段时间重新进行扫描;如果两次扫描结果不一致则认为是按键抖动,继续等待扫描;如果两次扫描结果一致则认为按键被按下,停止扫描,并将扫描结果交给单片机处理。如果没有按键被按下,则进入下一行扫描。键盘扫描流程图如图 9.15 所示。

4. 调试

给实验电路板上电后,LCD 显示器上第一行显示"D SP 00",第二行显示"CN 00 AN 000",电机不转。按一下 21 键,SP 后的十位加 1,按一下 22 键,SP 后的个位加 1。通过 21 键、22 键设置转速为 10r/min,再按下 11 键,电机转动。此时,LCD 显示器上 D 后面显示 Z,SP 后面为 10,CN 后数值等待加 1,AN 后数值在 0～359 内不断循环,循环一周

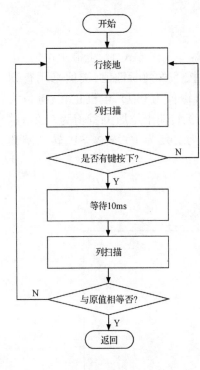

图 9.15　键盘扫描流程图

对应 CN 后数值加 1。通过 21 键、22 键可以控制转速加减,转速增加,电机转速变快,AN 后的数值循环周期变短,CN 对应数值加 1 的等待时间变短。当控制转速大于 15r/min 时,电机虽然在振动,但不转动;当按下 13 键时,电机停止转动。

9.4.2　超声波测距

第二个单片机应用系统举例是关于超声波测距的。本系统包含电源、键盘、显示、语音播报、温度传感器、MCU 及超声波测距模块电路的设计。总体结构框图设计如图 9.16 所示。

1. 总体方案设计

(1) 超声波发射及驱动电路方案选择。采用单片机内部定时器定时,在 I/O 口上产生 40kHz 的方波,再经 CMOS 低功耗型器件 CD4069 反相器,在超声波发射头上产生 $\pm 5V$ 的电压,可提高发射强度,增加测量距离,而且省电。

(2) 超声波接收鉴频部分选择。采用集成音频译码器 LM567 构成琐相环电路,它既可以设定中心频率以及频带宽度,也使用方便,且外围器件简单。

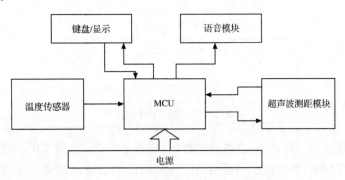

图 9.16　总体结构框图

2. 具体设计模块及调试

为了研究和利用超声波,人们已经设计和制成了许多超声波发生器。总体上讲,超声波发生器可以分为两大类:一类是用电气方式产生超声波;另一类是用机械方式产生超声波。电气方式包括压电型、磁致伸缩型和电动型等;机械方式有加尔统笛、液哨和气流旋笛等。它们所产生的超声波的频率、功率和声波特性各不相同,因此用途也各不相同。目前较为常用的是压电式超声波发生器。

压电型超声波传感器的工作原理如下：它是借助压电晶体的谐振来工作的，即陶瓷的压电效应。超声波传感器有两块压电晶片和一块共振板。在它的两电极加脉冲信号（触发脉冲），若其频率等于晶片的固有频率，压电晶片就会发生共振，并带动共振板振动，从而产生超声波。相反，电极间未加电压，则当共振板接收到回波信号时，将压迫两压电晶片振动，从而将机械能转换为电信号，此时的传感器就成了超声波接收器。

超声波测距的方法有多种，如相位检测法、声波幅值检测法和渡越时间检测法等。相位检测法虽然精度高，但检测范围有限；声波幅值检测法易受反射波的影响。本仪器采用超声波渡越时间检测法，其原理为：检测从超声波发射器发出的超声波，经气体介质的传播到接收器的时间，即渡越时间。渡越时间与气体中的声速相乘，就是声波传输的距离。超声波发射器向某一方向发射超声波，在发射时刻的同时单片机开始计时，超声波在空气中传播，途中碰到障碍物就立即返回，超声波接收器收到反射波就立即停止计时。根据计时器记录的时间 t，就可以计算出发射点距障碍物的距离 s，即 $s = vt/2$。

超声波在空气中的传播速度随温度变化，近似公式为

$$V = V_0 + 0.607\,T$$

式中，T 为空气温度（℃）；V_0 为 0℃时的声波速度，332m/s。

3. 硬件模块的实现及工作原理

本系统由单片机 AT89S51 控制，包括发射电路、接收放大电路、检波电路、整形电路和显示电路几部分，如图 9.17 所示。

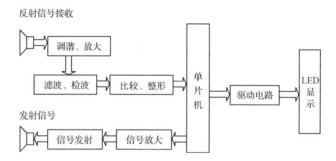

图 9.17　系统主要组成部分

发射电路如图 9.18 所示，经过非门，加大驱动能力和发射功率。

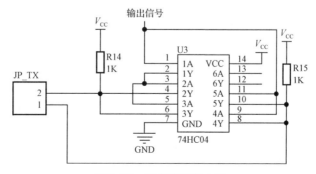

图 9.18　超声波发射电路

由于反射回来的超声波信号非常微弱,所以接收电路需要将其进行放大。接收电路如图 9.19 所示。接收到的信号先经 102 电容耦合,然后加到运算放大器 NE5532,经过第一级放大到最大,第二级放大十倍,第三级到比较电路,两级放大的同相端都加了一个比较电压 2.5V 和一个 104 电容,其目的是为了去掉电源和反射信号共同作用的小毛刺纹波电压。

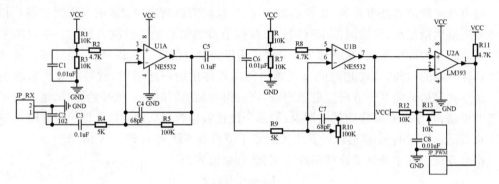

图 9.19　接收电路

放大的信号通过检波电路得到解调后的信号,即把多个脉冲波解调成多个大脉冲波。如图 9.20 所示,这里的检波电路使用高频特性好的 1N60 检波二极管实现检波。

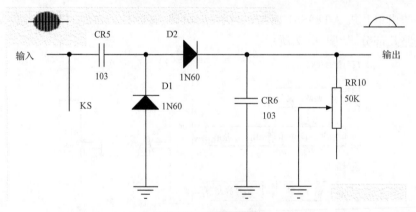

图 9.20　检波电路

由于发射的超声波有部分可能未经反射就直接到超声波接收端,导致测量错误,这里 KS 的作用就是为了屏蔽未经反射的干扰信号。本系统通过单片机对 KS 的控制来控制检波电路工作,KS 端为低电平,电路相当于开路,则检波电路不工作;KS 为高电平,则检波电路工作。程序通过对 KS 端高低电平的控制来控制检波电路的工作,从而控制整个接收电路。在信号发射后,延时一定的时间,开 KS,检波电路开始工作,这样有效避免了因未经反射的信号引起的测量误差。

比较整形电路如图 9.21 所示,该电路是用来把反射信号转换为标准电平信号,通过整形把检波后得到的不标准的脉冲波整形为标准脉冲波。这里是通过使用 LM324 中的一个运放用做比较器来实现的。检波器得到如图 9.22 所示的信号 A,通过运放和一门限电压比较得到如图 9.22 所示的信号 B,这里门限电压是用来去除检波后的背景噪声电压。整形后的信号送到单片机$\overline{INT0}$,$\overline{INT1}$口请求中断。在比较电路前加了一个电压跟随器,目的是减小干扰。采用两个中断口的目的是为了把测量远近分开,使得测量准确度提高。因为近距离测量,反射波衰减少,控制 KS 延迟时间也应相应减小,而远距离测量反射波衰减大,控制 KS 延迟时间也要相应增大。所以,为了使远近测量分开,本系统采用程序控制,当检测到是近距离测量时,选用$\overline{INT0}$口对应的比较电路;反之,选用$\overline{INT1}$口对应的比较电路。

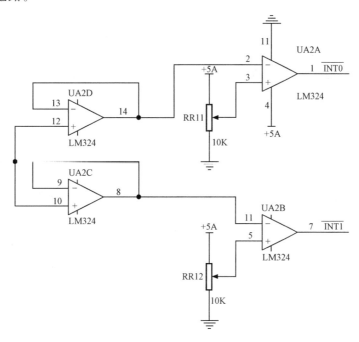

图 9.21　比较整形电路

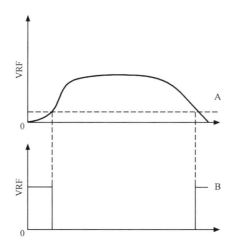

图 9.22　波形整形效果图

本系统采用 1602 液晶,如图 9.23 所示。

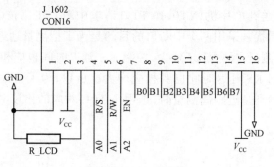

图 9.23   1602 液晶

超声波在发射接收时,有部分超声波可能没有经过被测物体反射直接到接收端,导致测量有误。为避免这种错误,本系统通过对单片机所接 KS 端编程实现。KS 开始处于高电平,这时电路不接收信号,延时 3ms 后变为低电平,此时才开始接收信号,也就是通过延时避免了这种错误。波形图如图 9.24 所示,A 为检波调整后的输出信号;B 为在 KS 作用下的处理信号;C 为单片机发出的抑制信号;D 为最终送给单片机的信号。当检波电路收到第一个脉冲信号时,调整电路的输出由于信号 C 低电平(持续时间 1.5ms)的存在而不能被单片机接收。由于超声波在空气中传播的速度受温度影响,为得到比较精确的测量结果,通过采用温度补偿的方法实现。也就是采用温度传感器(这里采用 DS1820,该温度传感器自带 A/D 转换,可直接使用)测得环境温度,通过软件编程查表的方法得出超声波传播实际速度,再由单片机计算出距离。

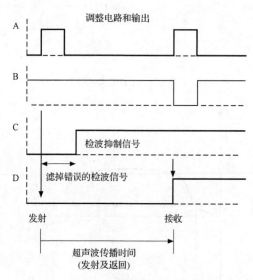

图 9.24   测距原理示意图

4. 软件设计

软件程序上是依据发射一个超声波脉冲信号后,收到物体反射回的脉冲信号,通过计数器产生中断完成数据换算而得到测量的数据,同时 L E D 显示部分平行执行。以上各段程序将被重复执行。完整的测量时序如图 9.25 所示。

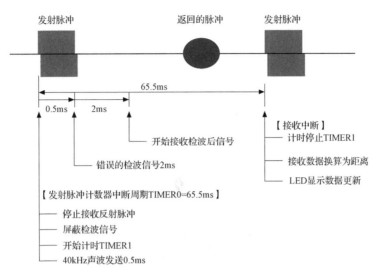

图 9.25　完整的测量时序

软件设计主要分为两大部分：主程序和服务子程序，服务子程序包括接收、显示、发射子程序。图 9.26 和图 9.27 为主程序和接收子程序的流程图。

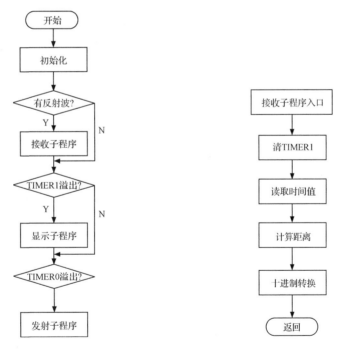

图 9.26　主程序流程图　　　　　　图 9.27　接收子程序流程图

超声波发射周期定时器（TIMER0）发射超声波的周期是依靠 TIMER0 来控制的，因为它是 16 位的定时/计数器（65535），在使用 12MHz 的晶振时，由于 $T = 1/f = 1/[(12 \times 10^6)/12] = 1\mu s$，所示一个机器周期是 $1\mu s$，计数器每 65ms 计数器溢出。

超声波接收周期定时器(TIMER1)是用来计算脉冲往返数值的,在其初始化阶段应先置0。

LED显示周期控制。显示周期设为2ms,每次在执行接收数据中断后被重新设置显示数据,并逐位显示。

9.4.3　LED点阵屏显示系统

本节举例的单片机应用系统是LED点阵屏显示系统。图9.28是一个LED点阵模块,是一个8×8的点阵。本节需要设计的显示系统是32×64点阵,因此需要用多个模块拼接起来。

图9.28　LED点阵

32×64点阵引脚众多,需要用串行转并行才能满足要求。因为对595较熟悉,故选用74HC595D。单片机跟外围电路相接,为加强驱动能力,也是为了隔离,使用了74HC244。点阵需要逐行扫描,使用3-8译码器,考虑到点阵每行有32个LED,驱动能力需要加强,扫描信号使用MOS管4953S驱动。其中控制信号需要极性反相,使用74HC04。

驱动方法为:数据信号经过74HC244调理串行进入74HC595D内部,完成后并行输出。控制信号经过74HC244、74HC04、74HC138输出扫描信号,信号经过4953S MOS-FET放大驱动后对数据进行扫描。

LED显示屏要实现的功能:①汉字、图形显示;②显示内容左右移动。

下面以具体的电路设计来说明系统原理。如图9.29所示,中间COM左为单片机信号输入控制口,左边的74HC244为点阵数据信号输入调理电路,右边74HC244为74HC138的控制口及数据输入口,控制扫描信号。74HC244的封装和原理图如图9.29和图9.30所示。

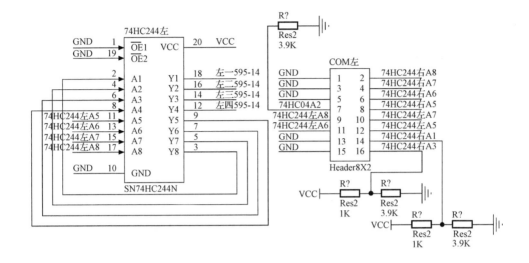

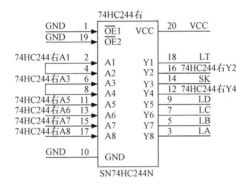

图 9.29　74HC244 相关原理图

图 9.30　74HC224

如图 9.31 所示,74HC04 对输入的控制信号进行隔离、翻转。

如图 9.32 所示,左右两个 74HC138 分别控制点阵上半区和下半区的扫描。

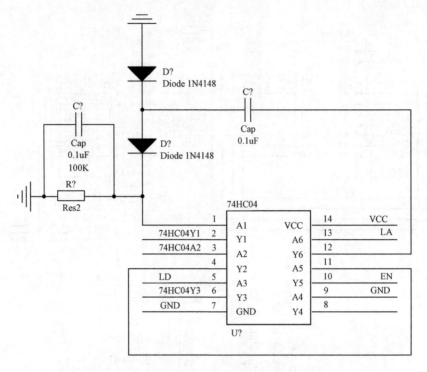

图 9.31　信号隔离驱动

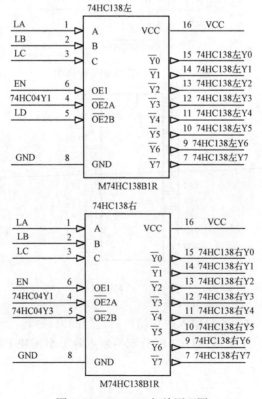

图 9.32　74LS138 相关原理图

4953SC 由两个 P 沟道 MOSFET 构成,封装和原理如图 9.33 所示。4953SC 可用于增强扫描信号的驱动能力,如图 9.34 所示。上面四个驱动 1、3 行,下面四个驱动 2、4 行。

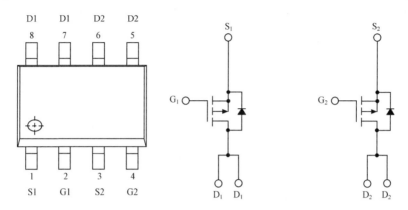

图 9.33　P 沟道 MOSFET 封装和原理

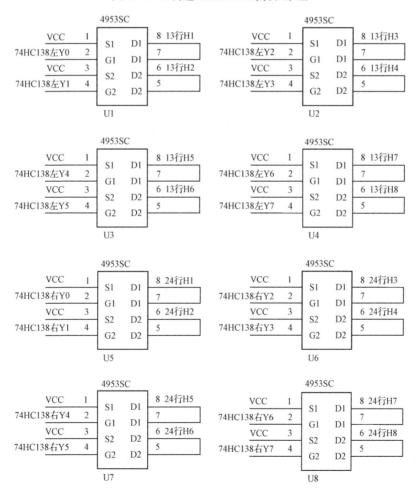

图 9.34　4953SC 驱动原理图

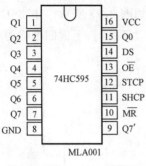

图 9.35　74HC595 封装图

如图 9.35 和图 9.36 所示，74HC595 用于输入数据信号的锁存和并行数据串行化。上面两个控制上半区，下面两个控制下半区。R1、R2、G1、G2 四个数据输入后各经过 8 个 74HC595 输出。

下面以列出部分程序的方式对该单片机应用系统做软件分析。

（1）74HC595 并入串出程序。

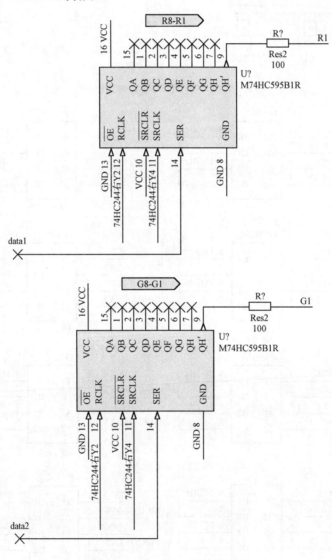

图 9.36　74HC595 相关原理图

```
// ********** 595 并入串出程序 **********
void send_595(unsigned char a,unsigned char b,unsigned char c,unsigned char d,unsigned char j)
{
    unsigned char i,k,r1,r2,g1,g2;        for(i=0;i<j;i++)
      {
            clk_595_0; // shift clk
// *******************
            r1=a&0x80;
            if(r1==0)
            {
                    r1_595_0;
            }
            else
            {
                    r1_595_1;
            }
            a=a<<1;

// *******************
            r2=b&0x80;
            if(r2==0)
            {
                    r2_595_0;
            }
            else
            {
                    r2_595_1;
            }
            b=b<<1;
// *******************
            g1=c&0x80;
            if(g1==0)
            {
                g1_595_0;
            }
            else
            {
                g1_595_1;
            }
            c=c<<1;
// *******************
            g2=d&0x80;
            if(g2==0)
            {
            g2_595_0;
```

```
            }
            else
            {
                g2_595_1;
            }
            d=d<<1;

            clk_595_1;
        }
}


void out_595(void)
{
    cp_595_0;
    delay_us(1);
    cp_595_1;
}
```

（2）74HC138 扫描程序。

```
// ********* 控制 138 左边 ******************
void l138(unsigned char i,unsigned int j)
{
  EN_1;
  LD_SET;                              // LD ==1
  switch(i)
  {
    case 8: PORTA&=0Xf8;               // LA LB LC 000 0000 0001
        delay_us(j);break;

    case 9: PORTA&=0Xf9;
        PORTA|=0x01;                   // 001    001       0000 0010
        delay_us(j);break;

    case 10: PORTA&=0XFA;              // 001    010       0000 101
        PORTA|=0X02;
        delay_us(j);break;

    case 11: PORTA&=0XFB;
        PORTA|=0x03;                   // 003    011       0000 0100
        delay_us(j);break;

    case 12: PORTA&=0XFC;
```

```
        PORTA|＝0x04;                    //   004      100        0001 0000
        delay_us(j);break;

    case 13: PORTA&＝0XFD;
        PORTA|＝0X05;                    // 005      101        0010 0000
        delay_us(j);break;

    case 14: PORTA&＝0XFE;
        PORTA|＝0X06;                    // 006      110        0100 0000
        delay_us(j);break;

    case 15:
        PORTA|＝0X07;                    // 007      111        1000 0000
        delay_us(j);break;
    }
}
// ********* 控制 138 右边 *****************
void r138(unsigned char i,unsigned int j)
{
    EN_1;
    LD_CLR;                              // LD ＝＝0
    switch(i)
    {

    case 0: PORTA&＝0Xf8;                // LA LB LC 000        0000 0001
        delay_us(j);break;

    case 1: PORTA&＝0Xf9;
        PORTA|＝0x01;                    // 001      001        0000 0010
        delay_us(j);break;

    case 2: PORTA&＝0XFA;                // 002      010        0000 101
        PORTA|＝0X02;
        delay_us(j);break;

    case 3: PORTA&＝0XFB;
        PORTA|＝0x03;                    // 003      011        0000 0100
        delay_us(j);break;

    case 4: PORTA&＝0XFC;
        PORTA|＝0x04;                    // 004      100        0001 0000
        delay_us(j);break;
```

```
  case 5: PORTA&=0XFD;
    PORTA|=0X05;                    // 005    101      0010 0000
    delay_us(j);break;

  case 6: PORTA&=0XFE;              // 002    110      0100 0000
    PORTA|=0X06;
    delay_us(j);break;

  case 7:
    PORTA|=0X07;                    // 007    111      1000 0000
    delay_us(j);break;
  }
}
```

习　　题

（1）单片机应用设计一般有几个步骤？

（2）试参考 51 实验板的原理图，设计一个多路电压数据采集系统。

（3）试在单片机实验开发系统上设计一个数字钟。

（4）以自己的实验体会，说明单片机应用系统开发时，需要注意的事项。

第 10 章 Keil C51 软件使用介绍

Keil Development Tools 是美国 Keil Software 公司出品的单片机/ARM 嵌入式处理器软件开发系统,其下分别有对应 C51、C166、C251 和 ARM 共四种编译器的软件版本,本章将重点介绍 Keil C51 软件的使用方法。

10.1 Keil C51 软件安装

Keil 公司在互联网上提供有 Keil C51 的最新评估(evaluation)版本下载,方便软件爱好者学习使用。该版本和正式版区别在于评估版没有浮点库支持,并且编译后生成代码限制为 2KB。用户下载 Keil C51 安装文件后,双击打开安装文件,显示窗口如图 10.1 所示。安装过程主要是设定 Keil C51 的安装路径和输入用户信息,一般而言用户可以按照默认选项完成安装。

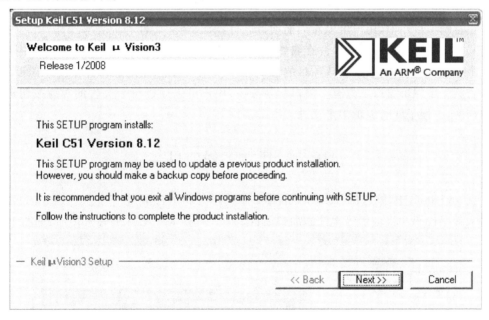

图 10.1 开始安装 Keil C51 软件

10.2 μVision3 集成开发环境

Keil C51 的软件开发环境又称为 μVision,其当前版本是 3.6,因此名称为 μVision3。安装完 Keil C51 软件后,选择【开始菜单】→【所有程序】→【Keil μVision3】或鼠标左键双击桌面上的"Keil μVision3"打开软件。μVision3 开发环境启动后如图 10.2 所示。图中主要分为四个区域,最上方是软件菜单和工具条,中间有左侧项目栏和右侧文本编辑窗口,最下方是编译和查找输出信息栏。

图 10.2　μVision3 开发环境界面

在左侧项目栏中,用户可以对当前项目进行添加、删除文件和设置等操作,鼠标左键双击某个文件时将打开该文件并在右侧文本编辑窗口中显示出来。通过点击项目栏下方的几个按钮,用户还可以查看该项目的帮助信息、寄存器信息和函数列表等相关信息。

右侧文本编辑窗口下方有多窗口切换按钮,用户可以通过每个文件的对应按钮进行快速切换,方便了同时编辑多个文件。

10.3　建立工程项目

在 μVision3 中,软件的开发时一般都必须为单片机程序新建一个项目(Project),然后输入程序代码并将该代码文件添加到项目之中。打开 Keil C51 开发环境后,如图 10.3

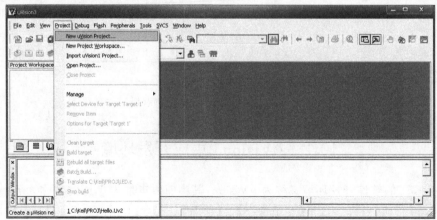

图 10.3　新建一个 Project

所示,点击菜单【Project】→【New μVision Projects…】开始新建一个项目。

　　软件弹出如图 10.4 所示的新建项目窗口,在该窗口中,用户要设置项目文件保存的路径并输入项目名称,本章将以新建一个名为 Hello 的项目作为示例,并保存在 C:\Keil\PROJ 的目录下。

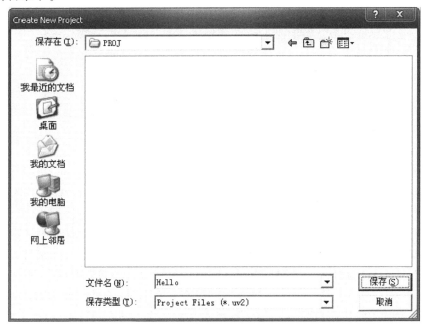

图 10.4　新建 Project 窗口

　　图 10.4 中,点击【保存】按钮后,Keil 还要求用户选择项目对应的器件型号,弹出窗口如图 10.5 所示,图中示例选择常见的 Atmel 公司 AT89C52 为目标器件。

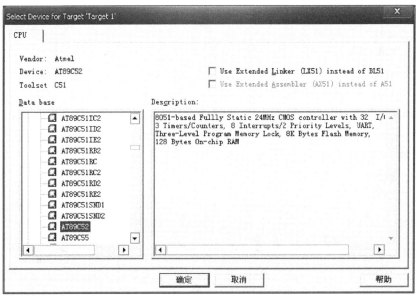

图 10.5　选择目标器件

图 10.5 中，点击【确定】按钮选择器件型号后，如图 10.6 所示，Keil 还提示用户是否要添加一个 C51 程序通用初始化代码文件到项目中。该文件内的代码主要是在单片机系统上电启动时进行存储空间、堆栈等初始化设置操作，对于 C51 语言程序有一定帮助，建议初学者添加。如果用汇编语言编写程序，可以忽略不加。

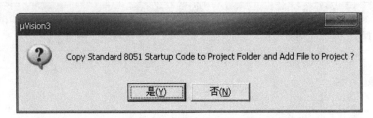

图 10.6　确认是否添加 MCS-51 单片机初始化代码

新建项目完成后，用户将看到新建的项目名称已经显示在 μVision3 窗口标题上了，同时，窗口左侧的 Project Workspace 项目栏中也已经添加了名为"Target 1"的项目列表项。点击"Target 1"左边的"＋"符号展开该项可以看到当前 Hello 项目中仅有一个"STARTUP. A51"文件，该文件即是图 10.6 中选择添加的 C51 初始化代码文件。

用户如何输入设计的单片机程序呢？首先要做的即是新建一个文本文件，选择菜单【File】→【New…】将打开一个文件编辑窗口，用户就可以在该窗口中输入程序代码了。一般而言，在输入代码前可以先将新建的文件保存并命名好，这样将使 μVision3 在用户输入代码时支持关键字彩色显示功能。选择菜单【File】→【Save】弹出窗口如图 10.7 所示，在该窗口中输入"Hello. c"作为保存的文件名。

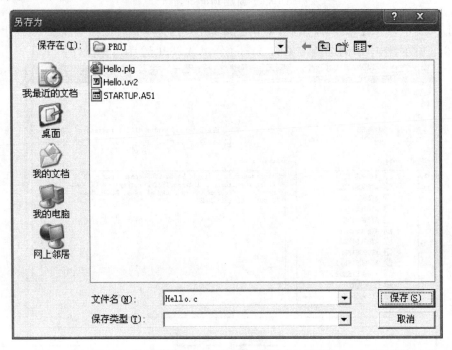

图 10.7　文件保存窗口

保存"Hello.c"文件后,该文件尚未添加入当前项目中,Keil C51 编译时不会自动对"Hello.c"文件编译,需要用户手动添加程序文件到项目文件列表中。在 μVision 窗口中,用鼠标右键点击左侧的 Project Workspace 项目项中的"Target 1"项下的"Source Group 1"子项,弹出菜单如图 10.8 所示。

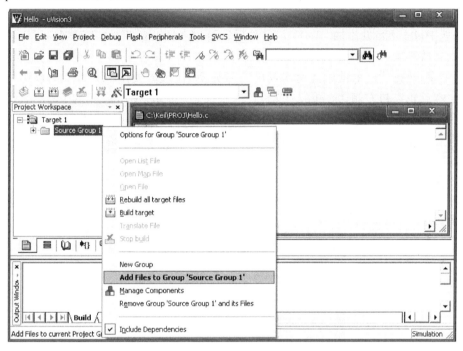

图 10.8　开始添加程序文件

选择【Add Files to Group "Source Group 1"】命令进行文件添加操作,或是用鼠标左键双击"Source Group 1"子项也可以打开添加文件窗口。如图 10.9 所示,选中上文所保存的"Hello.c"文件,点击【Add】按钮一次即完成了添加操作。

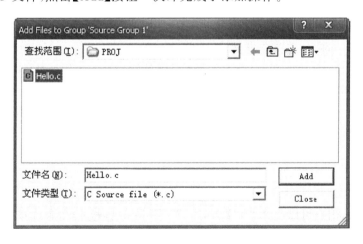

图 10.9　添加"Hello.c"文件

注意,点击【Add】按钮不会自动关闭添加文件窗口,如果重复添加同一个文件,Keil将提示用户文件已经添加到项目中。

10.4　程　序　举　例

建立 Hello 项目并添加"Hello. c"文件后,用户在"Hello. c"文本编辑窗口可以进行程序输入、修改等操作。如图 10.10 所示,文本编辑窗口中显示出程序代码中的常量、字符串和关键字,每行代码的前端还有对应的行号显示,比较方便用户查看。用户还可以看到,在文本编辑窗口左侧,"Hello. c"文件已经添加到"Source Group 1"的下方。程序输入时要记得时常保存当前正在编辑的文件,以防发生意外情况导致代码丢失而浪费时间。

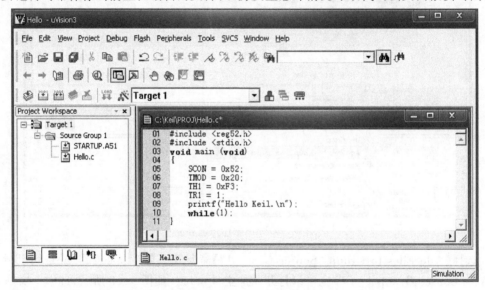

图 10.10　输入程序代码

图 10.10 中的程序是一个简单的显示"Hello Keil. "的程序。在其中,第一行语句用来引入 AT89C52 对应的寄存器定义,第二行语句用来引入 printf 函数声明。main 函数中开头 4 句主要是为了在软件调试时能看到程序的输出结果,因为 MCS-51 单片机没有对应 printf 的标准输入输出端口,μVision 环境支持将 printf 输出信息显示在软件调试器的串口 1 窗口中,因此第 5～8 行就是设置 MCS-51 单片机的定时器 1 为启动串口 1 工作方式,串口速率对应 16MHz 晶振时为 1200bps。

10.5　编　译　程　序

输入程序后,用户可以选择菜单【Project】→【Build Target】命令或按键盘快捷键 F7进行编译,对图 10.10 中的 Hello 程序,Keil C51 编译结果如图 10.11 所示。

在 μVision 窗口下方的"Build"输出栏中,用户可以了解到程序的编译结果,其中包含程序错误、警告、程序占用存储空间、扩展存储空间和代码量大小等信息。如果有代码

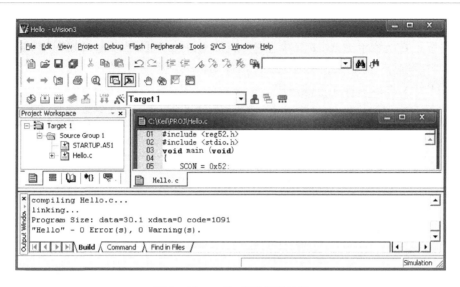

图 10.11　Hello 程序编译结果

错误或警告,用户可以鼠标双击"Build"输出栏中的某个错误或警告信息行,μVision 将在文本编辑窗口中显示该错误或警告所在文件,并将编辑光标跳到该错误或警告所在行的开头。

　　Hello 程序编译成功后,如果要生成单片机编程器可以下载的 HEX 文件,还需要先进行项目设置,然后再重新编译才能生成下载文件。鼠标左键点击"Project Workspace"栏中的"Target 1"项,然后选择菜单【Project】→【Options for Target "Target 1"】命令将弹出项目设置窗口如图 10.12 所示;或是鼠标右键点击"Target 1"项后选择【Options for Target "Target 1"】命令也将弹出该设置窗口。

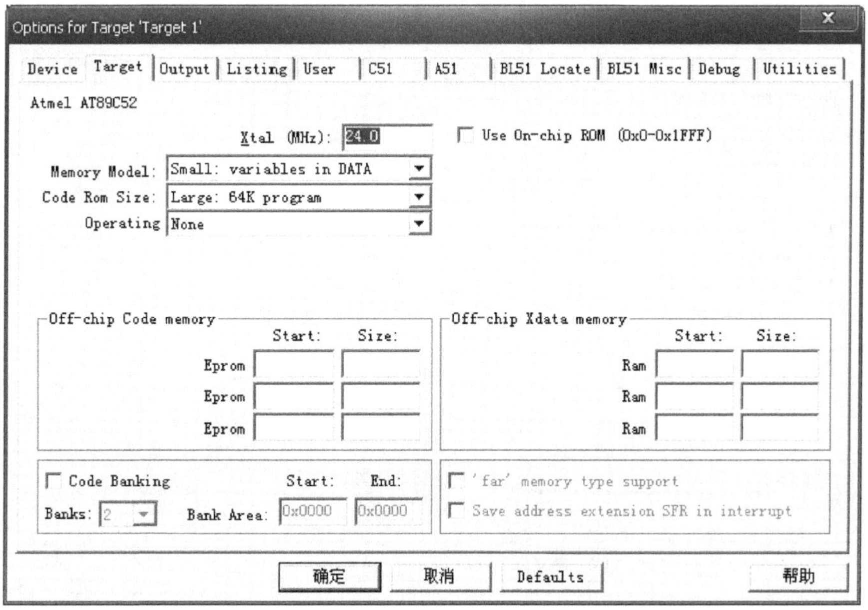

图 10.12　项目设置窗口

　　图 10.12 设置窗口开始显示的是"Target"页,在该页中通常设置"Xtal(MHz):"栏中的晶振频率。要设置生成 Hex 下载文件,点击"Output"页,显示窗口如图 10.13 所示。在该窗口中,鼠标点击"Create HEX File"项并确认该项已选中,那么重新编译时将生成"Hello. HEX"文件以供程序下载使用。

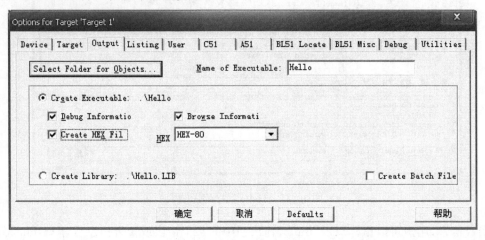

图 10.13　设置输出选项

　　Keil C51 默认使用软件调试器脱离硬件进行程序调试,如果在调试时需要使用单片机仿真器连接硬件进行联调,可以点击"Debug"页设置调试选项。如图 10.14所示,在该窗口中选择"Use Simulator"表示将进行纯软件调试,需要连接硬件调试时选择窗口上方右侧的"Use:"项并选择对应的硬件调试驱动。具体的调试方式视用户需要而定,本章程序调试默认选择"Use Simulator"纯软件方式。

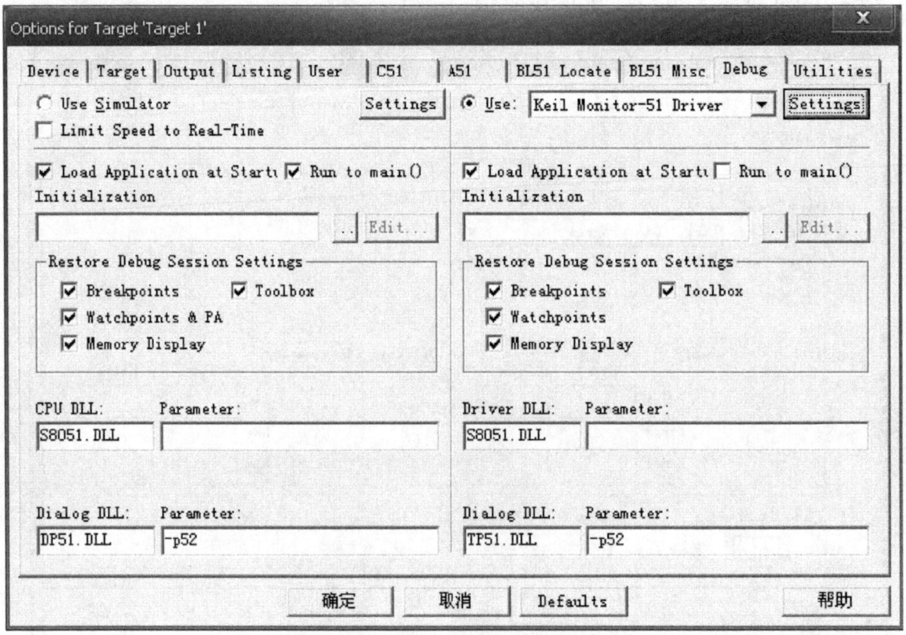

图 10.14　选择调试方式

10.6　程　序　调　试

为方便调试说明,本节将对以下示例程序进行调试说明,该程序的功能是每隔 0.5s 将 MCS-51 单片机 P1 端口第 4 位的输出电平翻转。

```
#include 〈REG52.H〉                    // 包含 89C52 相关头文件
sbit Beep＝P1^4;                       // 声明 sbit 类型变量对应输出端口
void main(void)
{
    unsigned char TCount;             // 50ms 定时计数变量
    TMOD＝0x01;                        // 定时器 0,工作模式 1(16 位计数)
    TH0＝0x3C;     TL0＝0xB0;           // 定时周期 50ms(12MHz 晶振)
    TR0＝1;                            // 启动定时器
    TCount＝0;     Beep＝0;
    while (1){
        if (TF0){                     // 检查定时溢出
          ++TCount;
          if (10 == TCount){          // 10 次溢出为半秒
                TCount＝0;             // 计数清零
                Beep＝! Beep;          // 翻转端口电平
          }
          TH0＝0x3C;                   // 重新设置定时器计数值
          TL0＝0xB0;
          TF0＝0;                      // 溢出标志位清零
        }
    }
}
```

上述程序的目标器件为 AT89C52,晶振频率为 12MHz,指令周期为 $1\mu s$,设置寄存器 TMOD 为 0x01 表示定时器 0 选用工作模式 1 进行 16 位计数方式工作。预置数 TH0 和 TL0 分别对应定时器的预置定时周期高 8 位和低 8 位,0x3CB0＝15536＝65536－50000,所以定时周期为 $50000\mu s＝50ms$。

在 main 主函数中声明了变量 TCount,用来对 50ms 定时进行计数,每当定时计数溢出标志 TF0 由 0 变为 1,TCount 变量加 1,当 TCount 加至 10 时表示有 10 次 50ms 的定时溢出了,即 0.5s 时间间隔已到。此时,赋值语句“Beep＝! Beep”;表示将单片机 P1 端口第 4 位输出电平翻转。

如果要在仿真时判断定时时间是否正确,还需设置目标器件使用的晶振频率。如图 10.15 所示,在项目设置窗口的“Target”页中,将“Xtal(MHz):”栏内的晶振频率改为 12MHz。

仿真开始之前,用户还可以在文本编辑窗口中设置程序调试断点。如图 10.16 所示,鼠标左键双击图中第 15 行代码末尾,该行前端将显示一个方块,即表示已经在该行添加了一个调试断点。

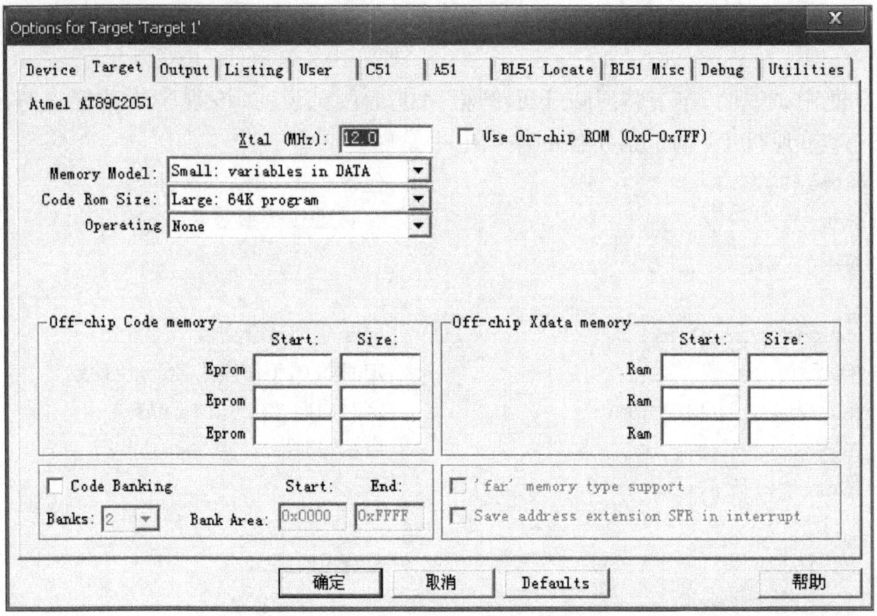

图 10.15   设置晶振频率

图 10.16   设置程序断点

　　如果用户再次双击第 15 行代码末尾,那么将删除该行的程序断点。设置程序断点时,用户也可以点击工具条上的、、、按钮进行断点的添加、删除、允许和禁止等操作,还可以使用快捷键 F9 添加或删除光标所在行的断点。

在程序编译成功后,用户可以点击工具条上的 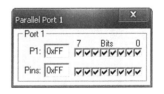 按钮或选择菜单【Debug】→【Start/ Stop Debug Session】命令开始进行软件调试,键盘快捷键是 Ctrl＋F5。Keil C51 软件调试界面如图 10.17 所示。

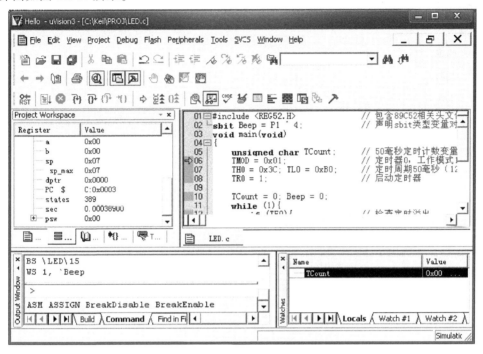

图 10.17　Keil C51 软件调试界面

图 10.17 中,在程序开始调试时,文本编辑窗口的程序光标停留在第 6 行(即 main 函数入口处)等待用户开始进行程序调试。界面左边是单片机寄存器等信息列表,PC 表示程序指针,psw 表示程序状态字,sec 表示 LED 程序从开始运行到 main 函数第 6 行时的执行时间。界面左下方是调试命令输入和输出窗口,右下方是程序变量观察窗口,其中"Locals"页面主要显示当前函数内的变量内容,"Watches"页面则显示用户自定的观察变量或表达式内容。要观察单片机 P1 口电平状态,可以选择主菜单【Peripherals】→【I/O-Ports】→【Port 1】命令弹出 "Parallel Port 1"窗口如图 10.18 所示。Beep 变量对应的电平即是该窗口中的 P1 值第 4 位,在调试开始时,其值默认为 1。

图 10.18　单片机 P1 口调试模拟窗口

表 10.1 是图 10.17 软件调试界面上方的调试工具条中的按钮功能列表,其中比较常用的调试按钮包括 RST "复位"、"连续执行"、"停止执行"、"单步调试"和"执行到光标所在行"等。

表 10.1　Keil 调试工具栏按钮功能

按钮图标	功　能	快捷键
RST	复位 CPU	—
	连续运行(直到程序断点处停止)	F5
	停止(HALT)	Esc
	单步跳入(该行有函数则跳入)	F11
	单步执行(该行有函数不跳入)	F10
	单步跳出(执行当前子函数后跳出)	Ctrl＋F11
	执行到光标所在行	Ctrl＋F10
	光标移至程序指针所在行	—
REC	开启/关闭执行过的汇编指令记录功能	Ctrl＋F7
	查看调试记录	—
	显示/关闭反汇编代码窗口	—
	显示/关闭 Watch 窗口	—
CODE	显示/关闭代码覆盖率统计窗口	—
	显示/关闭串口 1 输出窗口	—
	显示/关闭存储器窗口	—
	显示/关闭代码浏览窗口	—
	开始/停止调试模式	Ctrl＋F5
	显示/关闭项目栏	—
	显示/关闭输出信息栏	—
	添加/删除断点	F9
	删除所有断点	Ctrl＋Shift＋F9
	允许/禁止当前断点	Ctrl＋F9
	禁止所有断点	—

　　如果要向"Watches"窗口中添加观察变量或表达式,可以选中调试界面右下角"Watch ♯1"页上的一行,按下快捷键 F2 即可输入用户要观察的变量名或表达式。当用户选中已有的观察变量行,点击该行名字或值项后按快捷键 F2 可以进行修改操作。添加观察变量时,还可以直接用鼠标双击选中某个变量后直接将其拖至"Watches"窗口内。观察变量的显示数值默认是 16 进制表示,可以用鼠标右键点击"Watches"窗口,如图 10.19所示,选择弹出菜单中的【Decimal】项更改数值显示模式为 10 进制。

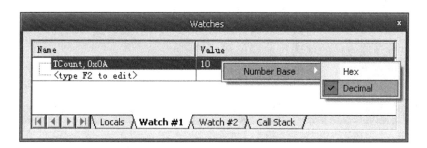

图 10.19　更改数值显示进制

图 10.17 中,刚进入调试状态后,点击单步调试按钮  可以看到程序光标 ➡ 会随着调试操作不断移动。在调试过程中,随着程序代码执行,调试界面左侧项目栏中的寄存器列表中 sec 项会逐渐增加。在 main 函数入口处,sec＝0.000389s,当用户点击连续执行到第 15 行断点处停止后,此时第一次 0.5s 计时到,sec 预计应该是 0.500389s 左右。图 10.20 是程序第一次停止在 15 行断点处截图,如图所示,sec＝0.500472s,和预计相差 83μs。这是 main 函数 while(1)循环内 10 次 50ms 定时后的运算及定时器复位操作消耗的指令时间总值。

图 10.20　程序执行断点处调试结果

在图 10.20 中还可以看到"Parallel Port 1"窗口中,P1＝0xEF,第 4 位对应方格内为空白,表示单片机 P1 口第 4 位当前输出 0(第 10 行"Beep＝0;"语句)。此时,连按两次单步调试按钮,程序执行完第 16 行后,用户将看到"Parallel Port 1"窗口中 P1＝0xFF,

第 4 位对应方格不是空白了,其输出已经由 0 变为 1。

在调试界面中,已经执行过的代码行前端显示为绿色,还未执行的代码行前端显示为灰色,无法执行到或停住的代码行前端仅有行号显示。

最后,再次点击工具条上的连续执行按钮,程序连续执行后再一次停留在第 15 行,此时调试结果如图 10.21 所示。

图 10.21　第二次断点处调试结果

在图 10.21 中可以看到,程序第二次停留在第 15 行断点时 sec=1.000555s,与第一次停留断点的时间间隔为 1.000555s−0.500472s=0.500083s;同样的,此次时间间隔相比 0.5s 的理想时间多了 83μs。由此可以判断,使用示例程序中的定时查询方法无法实现理想的定时效果。

如果要查看当前 C51 程序的反汇编代码,在调试界面中点击工具条上的 按钮可以切换显示反汇编代码窗口如图 10.22 所示。

Keil C51 的反汇编代码窗口中每行 C51 程序下方都有对应的反汇编代码,用户可以通过查看这些汇编代码来分析 C51 程序的执行细节,从而判断 C51 程序的编译结果是否存在问题。每行汇编代码前端是该代码的存储地址,其后是 16 进制表示的指令代码,最后是汇编语句。如"C:0x0021 E4 CLR A"表示在程序 Code 空间的 0x0021 位置,其指令码为 0xE4,对应汇编语句为"CLR A"。

点击工具条上的 按钮可以在调试时查看存储空间内容。如图 10.23 所示,在 Memory 窗口中默认显示的是 Code 指令代码(即单片机 ROM 空间)的内容。而在图 10.22 反汇编窗口中显示的指令代码就可以依据其指令地址在"Memory"窗口中找到其存储位置。

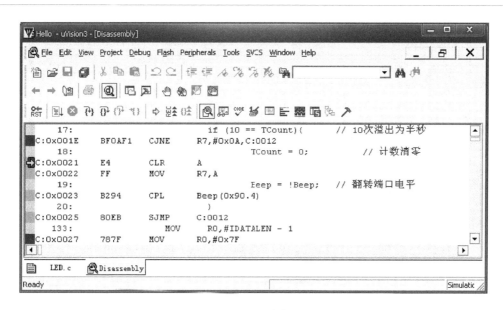

图 10.22　反汇编代码窗口

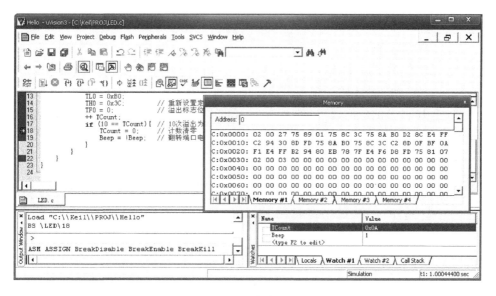

图 10.23　查看程序存储空间内容

如果要查看程序变量 TCount 在内存中的位置,如图 10.24 所示,可以在 Memory 窗口的
Address 地址栏中输入"&TCount",Memory 窗口中就能自动显示 TCount 在单片机
RAM 空间的位置及其内容。在 Memory 窗口中,同样也可以用鼠标右键点击空白处,软
件将弹出菜单让用户选择不同的进制或符号方式来显示数值。

图 10.24 中地址 0x90 上的内容为 EF,它表示 P1 口第 4 位的值为 0,即 Beep 的值
为 0。如果在地址栏内输入"d:0x07",也将显示同样的内容;输入"i:0x07",则将只显示地
址范围为 0x00~0x7F 的存储空间数据。如果要查看扩展存储空间内容,那么可以依照
"x:0000"这样的格式输入地址进行查看。

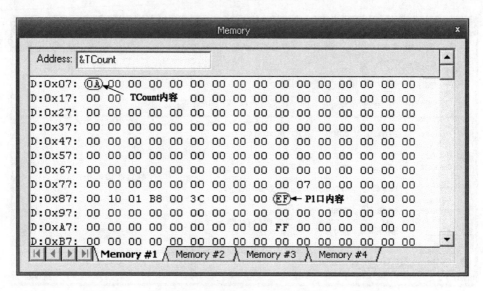

图 10.24   查看程序 RAM 空间内容

习   题

(1) 输入并编译图 10.10 中的 Hello 程序,其编译结果占用单片机 RAM 空间多少? 程序代码占用单片机 ROM 空间多少? 调试时如何观察该程序输出结果?

(2) 对于 10.6 节的示例程序,在 Memory 窗口中观察定时器 0 计数值和状态寄存器的变化情况。

(3) 试用定时中断方式改写 10.6 节的示例程序,并在调试模式中观察 0.5s 定时间隔是否准确。

(4) 不用定时中断方式,试将 10.6 节的示例程序中 0.5s 定时间隔优化到最接近 0.5s。

第 11 章　可视化仿真开发工具 Proteus 介绍

Proteus ISIS 是英国 Labcenter 公司开发的电路分析与实物仿真软件,系统包括 ISIS.EXE(电路原理图设计、电路原理仿真)、ARES.EXE(印刷电路板设计)两个主要程序三大基本功能。它运行于 Windows 操作系统上,可以仿真、分析(SPICE)各种模拟器件和集成电路。该软件的特点是:①实现了单片机仿真和 SPICE 电路仿真相结合。具有模拟电路仿真、数字电路仿真、单片机及其外围电路组成的系统的仿真、RS-232 动态仿真、I2C 调试器、SPI 调试器、键盘和 LCD 系统仿真的功能;具有各种虚拟仪器,如示波器、逻辑分析仪、信号发生器等。②支持主流单片机系统的仿真。目前支持的单片机类型有:68000 系列、8051 系列、AVR 系列、PIC12 系列、PIC16 系列、PIC18 系列、Z80 系列、HC11 系列,以及各种外围芯片。③提供软件调试功能。在硬件仿真系统中具有全速、单步、设置断点等调试功能,同时可以观察各个变量、寄存器等的当前状态,因此在该软件仿真系统中,也必须具有这些功能;同时支持第三方的软件编译和调试环境,如 Keil C51 μVision2 等软件。④具有强大的原理图绘制功能。本章节将简单介绍 Proteus 软件的工作环境、电路原理图的设计流程,以及如何利用 Proteus 与 Keil 整合构建单片机虚拟实验室,进行 MCS-51 单片机的仿真等基本操作。

11.1　Proteus ISIS 编辑环境介绍

Proteus ISIS 运行于 Windows 98/2000/XP 环境,对计算机的配置要求不高,一般的配置即可满足要求。双击桌面上的"ISIS 6 Professional"图标或者单击屏幕左下方的【开始】→【程序】→【Proteus 6 Professional】→【ISIS 6 Professional】,出现如图 11.1 所示的界面,表明进入 Proteus ISIS 编辑环境。

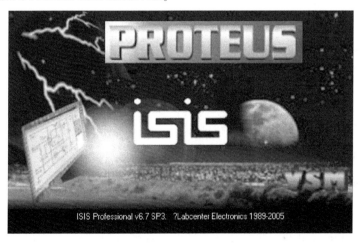

图 11.1　启动时的界面

Proteus ISIS 的工作界面是一种标准的 Windows 界面,屏幕被分成三个区域——编辑窗口、预览窗口、工具显示窗口,如图 11.2 所示。

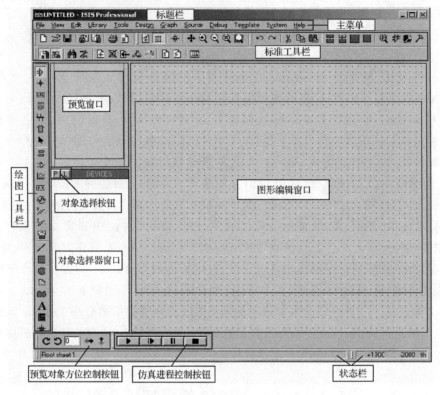

图 11.2　Proteus ISIS 的工作界面

(1) 编辑窗口：显示正在编辑的电路原理图。

(2) 预览窗口：显示整张图纸的布局和要放置的器件及器件方向。

(3) 工具显示窗口：显示选择的工具子类型或器件名称。

工具栏中各图标按钮对应的操作如下。

(1) Component 按钮 ⟱ :选择元器件。

(2) Junction dot 按钮 ✚ :在原理图中标注连接点。

(3) Wire label 按钮 ▦ :标志线段(为线段命名)。

(4) Text script 按钮 ▤ :在电路图中输入脚本。

(5) Bus 按钮 ╫ :在原理图中绘制总线。

(6) Sub-circuit 按钮 ▯ :绘制子电路块。

(7) Instant edit mode 按钮 ▸ :编辑元器件属性。

(8) Inter-sheet terminal 按钮 ▤ :列出各种终端。

(9) Device Pin 按钮 ⟱ :对象选择器将出现各种引脚(如普通引脚、时钟引脚、反电压引脚、短接引脚等)。

(10) Simulation graph 按钮 ▦ :对象选择器出现各种仿真分析图表(如模拟图表、数字图表、噪声图表、混合图表、A/C 图表等)。

(11) Tape recorder 按钮 ▦ :对设计电路分割仿真。

(12) Generator 按钮 Ⓖ :对象选择器列出各种激励源(包括正弦激励源、脉冲激励源、指数激励源、FILE 激励源等)。

(13) Voltage probe 按钮 ✎ :电压探针(电路进行仿真时,可显示各探针处电压值)。

(14) Current probe 按钮 ✎ :电流探针(电路进行仿真时,可显示各探针处电流值)。

(15) Virtual instrument 按钮 ☎ :对象选择器列出各种虚拟仪器(包括示波器、逻辑分析仪、定时/计数器、模式发生器等)。

除上述图标按钮外,系统还提供了 2D 图形模式图标按钮。

除了以上三个窗口外,界面上还有标题栏、主菜单、标准工具栏、绘图工具栏、状态栏、对象选择按钮、预览对象方位控制按钮、仿真进程控制按钮等。ISIS 中坐标系统和 ARES 系统坐标原点位于工作区的中间,坐标位置指示器位于屏幕的右下角,ARES 系统分辨率为 0.001。

ISIS 系统的操作主菜单如图 11.2 所示,共 12 个选项,分别列举如下。

(1) 文件菜单:新建、加载、保存、打印等文件操作。

(2) 浏览菜单:图纸网格设置、快捷工具选项、图纸的缩放等操作。

(3) 编辑菜单:编辑取消、剪切、拷贝、粘贴、器件清理等操作。

(4) 库操作菜单:器件封装、库编辑、库管理等操作。

(5) 工具菜单:实时标注、自动放线、网络表生成、电气规则检查、材料清单生成等操作。

(6) 设计菜单:设计属性编辑、添加和删除图纸、电源配置等操作。

(7) 图形菜单:传输特性、频率特性分析菜单,编辑图形,添加曲线,分析运行等操作。

(8) 源文件菜单:选择可编程器件的源文件、编译工具、外部编辑器、建立目标文件等操作。

(9) 调试菜单:启动调试、复位显示窗口等操作。

(10) 模板菜单:设置模板格式、加载模板等操作。

(11) 系统菜单:设置运行环境、系统信息、文件路径等操作。

(12) 帮助菜单:打开帮助文件、设计实例、版本信息等操作。

ISIS 使用以下文件类型。

(1) 设计文件:Design Files(＊.DSN)。

(2) 备份文件:Backup Files(＊.DBK)。

(3) 部分电路存盘文件:Section Files(＊.SEC)。

(4) 器件仿真模式文件:Module Files(＊.MOD)。

(5) 器件库文件:Library Files(＊.LIB)。

(6) 网络列表文件:Netlist Files(＊.SDF)。

11.2　进入 Proteus ISIS 编辑环境

对 Proteus ISIS 开发界面有了初步了解之后,以设计电路原理图为例介绍编辑环境的使用。电路设计的第一步是进行原理图设计,只有在设计好原理图的基础上才可以进行电路图仿真等操作。通过本节学习可以掌握电路原理图设计的基本过程。

11.2.1　电路原理图的设计流程

电路原理图的具体设计步骤如下。

(1) 新建设计文档。

在进入原理图设计之前,要构思好原理图,即必须清楚所设计的项目由哪些电路来完成,用何种模板。

(2) 放置元器件。

根据需要从元器件库中添加相应的类;然后从添加元器件对话框中选取需要的元器件,将其布置到图纸的合适位置,并对元器件的名称、标注进行设定;再根据元器件之间的走线等联系对元器件在工作平面上的位置进行调整和修改,使得原理图美观、易懂。

(3) 对原理图进行布线。

根据实际电路的需要,利用 Proteus ISIS 编辑环境所提供的各种工具、指令进行布线,将工作平面上的元器件用导线连接起来,构成一幅完整的电路原理图。

(4) 建立网络表。

在完成上述步骤后,即可看到一张完整的电路图,但要完成电路板的设计,还需要生成一个网络表文件(∗. SDF)。网络表是电路板与电路原理图之间的纽带。

(5) 对原理图进行电气规则检查。

当完成原理图布线后,利用电气规则检查命令(【Tools】→【Electrical Rule Check】)对设计进行检查,并根据系统提供的错误检查报告修改原理图。

(6) 存盘和输出报表。

Proteus ISIS 提供了多种报表输出格式,同时可以对设计好的原理图和报表进行存盘和输出打印。

11.2.2　电路原理图的设计方法和步骤

原理图编辑窗口的操作不同于常用的 Windows 应用程序,绘制原理图要在原理图编辑窗口中的蓝色方框内完成。正确的操作是:用鼠标左键放置元件;鼠标右键选择元件;双击右键删除元件;右键拖选多个元件;先右键后左键拖动元件;连线用左键,删除用右键;改连接线时,先右键连线,再左键拖动;中键放缩原理图。

下面以一个简单的实例(见图 11.3),直观地介绍电路原理图的设计方法和步骤。电路的核心是单片机 AT89C51。单片机的 P2 口八个引脚接 LED 显示器的段选码(a、b、c、d、e、f、g、dp)的引脚上,单片机的 P3.0 口引脚接 LED 显示器的位选码 2 的引脚上,电阻起限流作用。P1 口八个引脚接 4×4 键盘的八根线,用来实现键盘扫描和键识别。

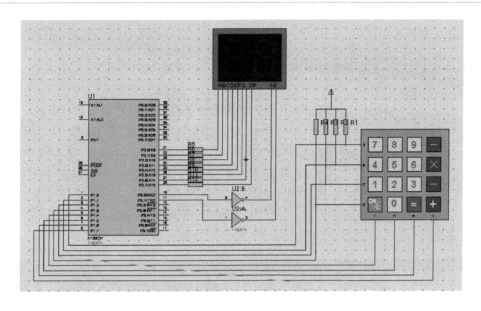

图 11.3 4×4 键盘、显示原理图

1. 创建一个新的设计文件

首先进入 Proteus ISIS 编辑环境。选择【File】→【New Design】菜单项,在弹出的模板对话框中选择"DEFAULT"模板,并将新建的设计文件保存在"E:\Example"文件夹下,文件名为 Keypad_Display.DSN,如图 11.4 所示。

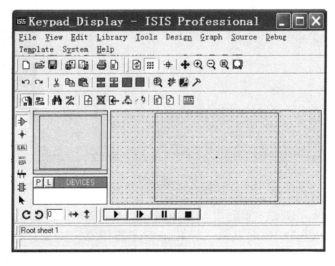

图 11.4 Keypad_Display 设计文件

2. 放置元器件

Proteus ISIS 库提供了大量元器件的原理图符号,在绘制原理图之前,必须知道每个元器件对应的库。

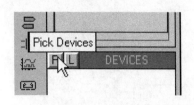

图 11.5　对象选择器窗口

(1) 将所需元器件加入到对象选择器窗口。

首先,单击对象选择器按钮▣,如图 11.5 所示,弹出"Pick Devices"页面,在"Keywords"输入 AT89C51,系统在对象库中进行搜索查找,并将搜索结果显示在"Results"中,如图 11.6 所示。

在"Results"栏中的列表项中,双击"AT89C51",则可将"AT89C51"添加至对象选择器窗口。

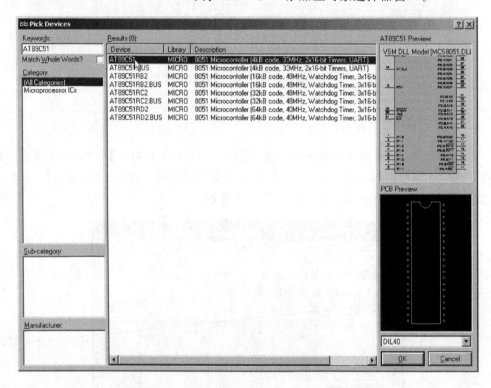

图 11.6　输入 AT89C51 后的对象库

其次,在"Keywords"栏中重新输入 7seg,如图 11.7 所示。双击"7SEG-MPX2-CA",则可将"7SEG-MPX2-CA"(2 位共阳 7 段 LED 显示器)添加至对象选择器窗口。

再次,在"Keywords"栏中重新输入 KEYPAD。双击"KEYPAD-SMALLCALC",则可将"KEYPAD-SMALLCALC"(4×4 键盘)添加至对象选择器窗口。

最后,在"Keywords"栏中重新输入 res,选中"Match Whole Words",如图 11.8所示。在"Results"栏中获得与 RES 完全匹配(选中"Match Whole Words")的搜索结果。双击"RES",则可将"RES"(电阻)添加至对象选择器窗口。单击"OK"按钮,结束对象选择。

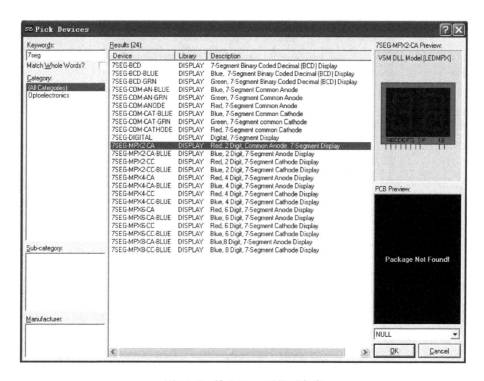

图 11.7　输入 7seg 后的对象库

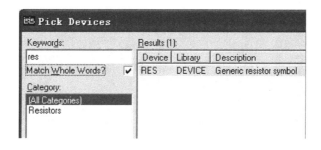

图 11.8　输入 res 后的搜索结果

经过以上操作,在对象选择器窗口中,已有了 7SEG-MPX2-CA、AT89C51、KEY-PAD-SMALLCALC、RES 四个元器件对象,如图 11.9 所示。若单击 KEYPAD-SMALL-CALC,则在预览窗口中出现键盘的实物图。绘图工具栏中的元器件按钮 处于选中状态。

（2）放置元器件至图形编辑窗口。

在对象选择器窗口中,选中 7SEG-MPX2-CA,将鼠标置于图形编辑窗口该对象的欲放位置,单击鼠标左键,完成该对象的放置。同理,将 KEYPAD-SMALLCACL、AT89C51 和 RES 等放置到图形编辑窗口中,如图 11.10 所示。

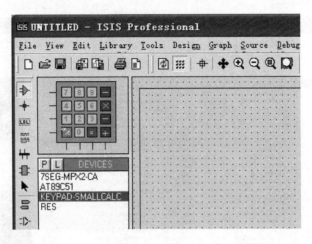

图 11.9　元器件对象

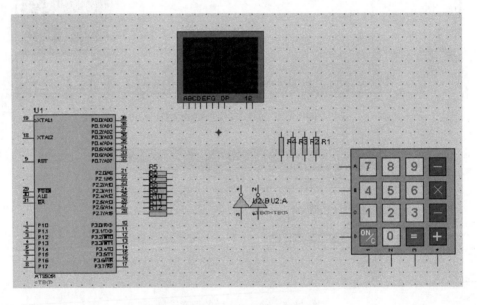

图 11.10　元器件布局图

　　若对象位置需要移动,将鼠标移到该对象上,单击鼠标右键,此时我们已经注意到,该对象的颜色已变至红色,表明该对象已被选中,按下鼠标左键,拖动鼠标,将对象移至新位置后,松开鼠标,完成移动操作。

　　(3) 放置电源终端至图形编辑器窗口。

　　鼠标左键点击按钮▤,显示出各种终端,左键单击 POWER,在预览窗口中,见到该终端符号,如图 11.11 所示。此时,将鼠标置于图形编辑窗口该对象的欲放位置,单击鼠标左键,完成该对象的放置。

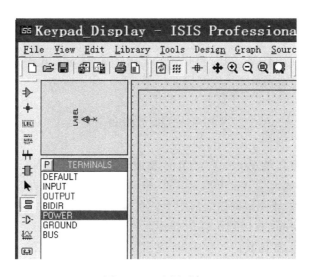

图 11.11　电源对象

3. 元器件之间的连线

Proteus 的智能化可以在画线时进行自动检测。当鼠标的指针靠近 R5 右端的连接点时,跟着鼠标的指针就会出现一个"×"号,表明找到了 R5 的连接点。单击鼠标左键,移动鼠标(不用拖动鼠标),将鼠标的指针靠近 LED 显示器的 A 端的连接点时,跟着鼠标的指针就会出现一个"×"号,表明找到了 LED 显示器的连接点,同时屏幕上出现了粉红色的连接,单击鼠标左键,粉红色的连接线变成了深绿色,并且线形由直线自动变成了90°的折线,这是由于选中了线路自动路径功能。

Proteus 具有线路自动路径功能(WAR),当选中两个连接点后,WAR 将选择一个合适的路径连线。WAR 可通过使用标准工具栏里的"WAR"命令按钮 关闭或打开,也可以在菜单栏的【Tools】下找到这个图标。

同理可以完成其他连线。在此过程的任何时刻,都可以按 Esc 键或者单击鼠标右键来放弃画线。

4. 建立网络表

网络即为在一个设计中有电气性连接的电路。在 Proteus 中,彼此互连的一组元件称为一个网络(net)。选择【Tools】→【Netlist Compiler】菜单项,按其默认设置即可输出网络表。

5. 对原理图进行电气规则检查

选择【Tools】→【Electrical Rule Check】菜单项,出现电气规则检测报告单,若报告单中无电气错误,用户即可执行下一步操作。

6. 存盘及输出报表

将设计好的原理图存盘,同时可以使用【Tools】→【Bill of Materials】菜单项输出 BOM 文档。至此,便完成了整个电路图的绘制,如图 11.3 所示。

11.3　单片机仿真

单片机系统的仿真是 Proteus VSM 环境的一大特色。VSM(virtual system modeling)直译为"虚拟系统模型",官方的定义是:将 spice 电路模型、动态外设,以及微处理器的仿真结合起来,在物理原型调试之前用于仿真整个单片机系统的一种设计方法。对动态外设的支持是 Proteus 在区别于其他等仿真软件最直接的地方。VSM 为用户提供了一个实时交互的环境,在仿真的过程中,可以用鼠标去点击开关和按钮,微处理器根据输入的信号做出相应的中断响应,同时输出运算的结果到显示终端。整个过程与真实的硬件调试极其相似,在动态外设支持下的实时输入和输出为实验者呈现了一个最接近现实的调试环境。官方资料显示,一个 PⅡ300MHz 的 CPU 可以以 12MHz 的时钟频率仿真一个基本的 8051 系统。同时该仿真系统将原代码的编辑和编译整合到同一设计环境中,这样使得用户可以在设计中直接编辑代码,并且很容易地查看用户对源程序修改后对仿真结果的影响。

11.3.1　虚拟工具箱

Proteus 的虚拟工具箱提供了电路测试中的常用工具和仪器,主要用于在实时仿真同时的电路参数观测,测量结果随仿真动态变化并显示,可以满足精度要求不是很高的测量分析。对于电路特性的定性分析可以起到事半功倍的效果,大大节约了测试时间和开发成本。

软件提供的虚拟工具和仪器如图 11.12 所示。

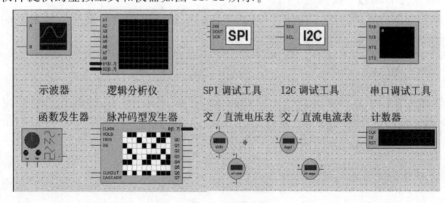

图 11.12　虚拟工具和仪器

11.3.2　Proteus 在单片机仿真中的应用

基于 VSM 的理论,Proteus 可以仿真很多常用的微处理器。具体的,它支持 PIC、8051、AVR、HC11、ARM7/LPC2000 等系列多种型号的微处理器、微控制器,该系统可以通过仿真方式在计算机上执行各种微处理器指令,与所连接的接口电路同时仿真实现对电路的快速调试。对单片机程序的处理分以下几个步骤。

1. 添加程序

选择【Source】→【Add/Remove Source Files】菜单项,弹出如图 11.13 所示的对话框。单击"Code Generation Tool"下方的下三角按钮,将出现系统已定义的源代码工具如图 11.14所示,选择 ASEM51 代码生成工具。然后单击【New】按钮,将需要编译的汇编源文件(* . ASM)添加进来。

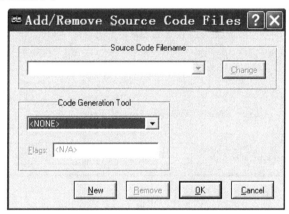

图 11.13　"Add/Remove Source Files"对话框

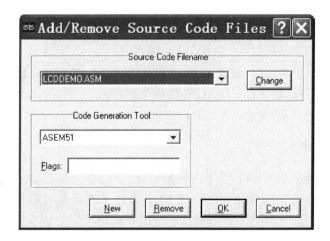

图 11.14　代码生成工具的选择

2. 定义代码编译工具

根据 MCS-51 单片机的语言类型选择合适的编译系统,当按下建立所有的选项时利用该工具将汇编语言文本文件翻译成机器代码(. HEX)文件,如图 11.15 所示。

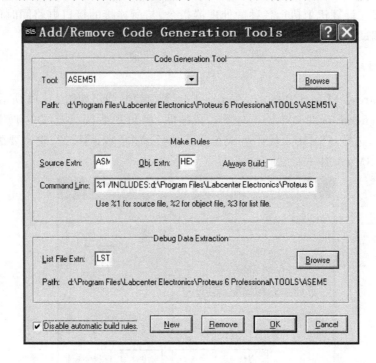

图 11.15　代码生成工具选择窗口

如果不使用该系统提供的编译、编辑工具,可以在定义代码编译工具的对话窗口中将左下角的选项选中,以取消自动建立规则。

3. 编译程序

如果使用系统提供的编辑、编译工具,当添加文件后,在【Source】菜单下会出现所选择的文件名,点击文件名就会打开编辑器,提供文件修改功能。完成修改后,选择【Build all】,如果文件无语法错误,就能产生". HEX"文件。

4. 添加和执行程序

鼠标移动到要选中的单片机上,单击鼠标右键,器件变成红色表示被选中,再点击鼠标左键弹出如图 11.16 所示的对话框。在程序文件下选择单片机所需要的程序文件(＊. HEX),选择合适的工作频率即可确认。点击编辑窗下边的仿真按钮程序便可执行,或者选择调试菜单【Debug】下的执行功能即可执行。

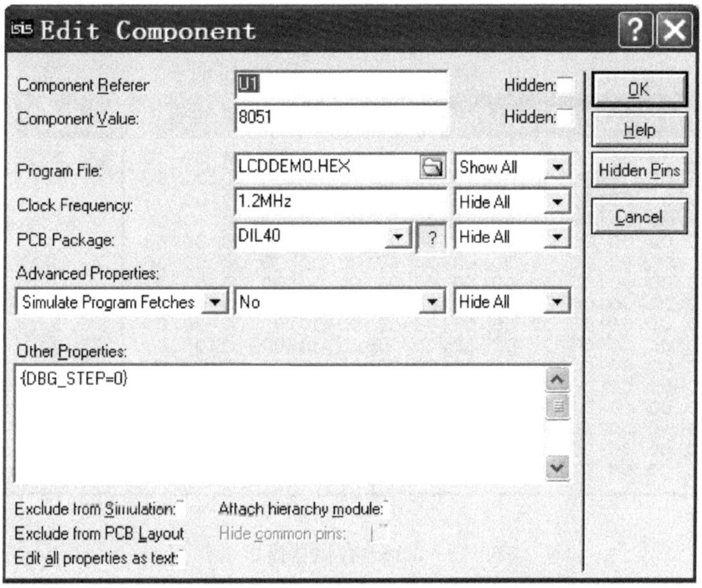

图 11.16　单片机添加程序窗口

5. 观察 MCU 内部状态

在程序执行后,点击暂停按钮,打开【Debug】菜单,下边出现几个窗口选项。在对应项前点击鼠标左键即可弹出窗口,方便程序调试。这些窗口具有以下类型。

(1) 状态窗口(如图 11.17 所示):一个处理器通常使用一个状态窗口显示寄存器的值。

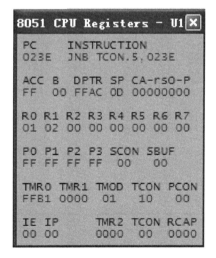

图 11.17　状态窗口

（2）存储器窗口（如图 11.18 所示）：处理器的每一个存储空间将会创建一个存储器窗口。存储元器件（RAM 和 ROM）也有对应的存储窗口。

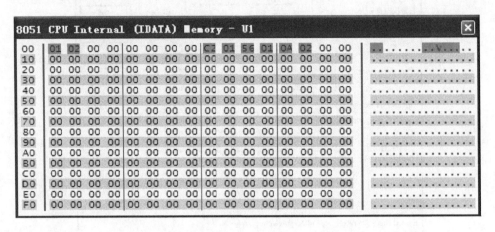

图 11.18　存储器窗口

（3）源代码窗口（如图 11.19 所示）：原理图中的每一个处理器都将创建一个源代码窗口。

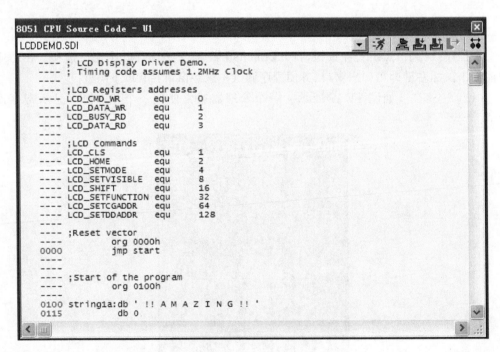

图 11.19　源代码窗口

（4）变量窗口（如图 11.20 所示）：倘若程序的 loader 程序支持变量的显示，原理图中的每一个处理器都将创建一个变量窗口。

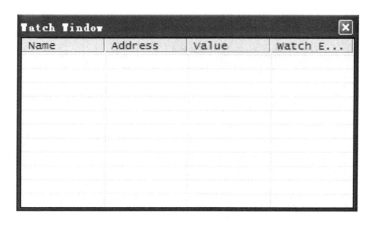

图 11.20　变量观察窗口

6. 电路仿真

可以看到在编辑窗口下方有 4 个控制按钮 ▶ 、 ▐▶ 、 ▐▐ 、 ■ ,它们用来控制仿真的进程。单击运行按钮开始仿真,仿真结果如图 11.21 所示。在仿真过程中,仿真时间和平均 CPU 装载时间都显示在状态栏中。

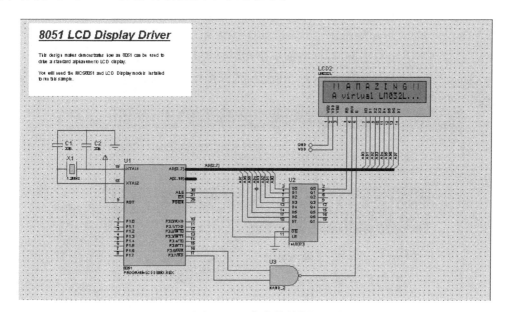

图 11.21　仿真控制按钮

11.4　Proteus 与 Keil 整合构建单片机虚拟实验室

单片机教学包括理论教学与实践教学,而实践教学对学生更好地掌握该课程更为重要。在传统的单片机实践教学中,需要大量的实验仪器和设备,硬件投入大,学生想自己拥有一套开发设备不太现实。

　　Proteus 是一种低投资的电子设计自动化软件,能够软件仿真 MCS-51 单片机,只要给出电路图即可仿真硬件电路。如果将该软件与 Keil 搭配使用,便可在计算机上构建一个单片机虚拟实验室,方便学生进行实践教学和学习。

11.4.1　Keil 的 μVision2 集成开发环境

　　μVision2 集成开发环境 IDE 是德国开发的一个基于 Windows 的 MCS-51 单片机软件开发平台,有功能强大的编辑器、项目管理器和制作工具。既可以进行纯粹的软件仿真(仿真软件程序,不接硬件电路),也可以利用硬件仿真器,搭接上单片机硬件系统,在仿真器上载入项目程序后进行实时仿真。μVision2 支持 8051 的所有 Keil 工具,包括 C 编译器、宏汇编器、链接/定位器和目标文件至 HEX 格式的转换器。μVision2 提供了下面的功能,以加速嵌入式应用开发过程。

　　(1) 非常有特色的源码编辑器。

　　(2) 期间数据库:配置开发工具的设置。

　　(3) 项目管理器:创建和维护项目。

　　(4) 集成制作工具:可以汇编、编译和链接嵌入式应用。

　　(5) 所有开发工具的设置都是对话框形式。

　　(6) 真正集成的源码级调试器,带高速 CPU 和外围器件模拟器。

　　(7) AGDI 接口,可在目标硬件中调试软件并与 Monitor-51 进行通信。

　　(8) 提供到开发工具手册、器件数据手册和用户指南的连接等。

　　μVision2 是一个标准的 Windows 应用程序,直接单击程序图标就可以启动,启动界面如图 11.22 所示。

图 11.22　启动界面

采用 Keil C51 开发 MCS-51 单片机应用程序需要如下步骤。

（1）在 μVision2 集成开发环境中创建一个新项目文件（Project），并为该项目选定合适的单片机 CPU 元器件。

（2）利用 μVision2 的文件编辑器编写 C 语言（或汇编语言）源程序文件，并将文件添加到项目中。

（3）为 8051 器件添加和配置启动代码。

（4）设置目标硬件的工具选项。

（5）利用 μVision2 的构造（Build）功能对项目中的源程序文件进行编译链接，生产绝对目标代码和可选的 HEX 文件。如果出现编译链接错误则返回步骤（2），修改源程序中的错误后重新构建整个项目。

（6）将没有错误的绝对目标代码装入 μVision2 调试器进行仿真调试，调试成功后将 HEX 文件写入到单片机应用系统的 EPROM 中。

1. 启动 μVision2 并创建一个项目

用 μVision2 的【Project】→【New Project...】菜单选项可以创建一个新的项目文件。此时会弹出一个标准的 Windows 对话框如图 11.23 所示，询问新建项目文件的名字。建议每个项目都使用一个独立文件夹。选中独立文件夹并键入新建项目的名字，如"Key_Display_Project"。这样，μVision2 就以"Key_Display_Project. U V2"为名创建一个新的项目文件。

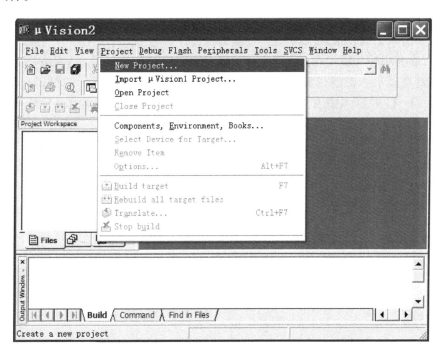

图 11.23　创建新工程对话框

用菜单【Project】→【Select Device for Target】选择一个 CPU。此例使用 Atmel 公司的 AT89C52 CPU,如图 11.24 所示。

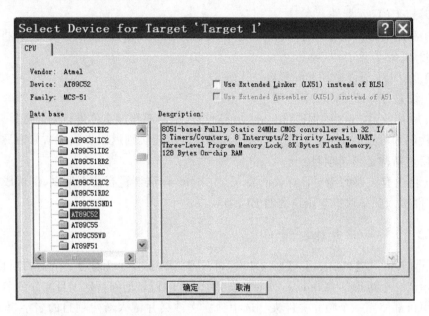

图 11.24 Select Device 对话框

2. 创建新的源文件

用菜单【File】→【New】可以创建一个新的源文件。这个命令会打开一个空的编辑器窗口,可以在其中输入源代码。将源文件被保存为"Main. c"文件后,μVision2 将 C 语言句法彩色高亮显示。在创建源文件后,必须将该文件添加到项目中。可以在【Project Workspace】→【File】页中选中文件组,并用鼠标右键打开快捷菜单,如图 11.25 所示。用选项【Add Files】打开文件对话框,选中刚创建的"Main. c"文件。

3. 添加和配置启动代码

"STARTUP. A51"文件是为大多数 8051CPU 及其派生产品准备的启动代码。启动代码用于清除数据储存器,并初始化硬件和可重入堆栈指针。

4. 为目标设计工具选项

μVision2 可以为目标硬件设置选项。通过工具栏图标 打开 Target 对话框,如图 11.26所示。在 Target 标签的页中,可以指定目标硬件以及所选器件的片内部件的所有相关参数。

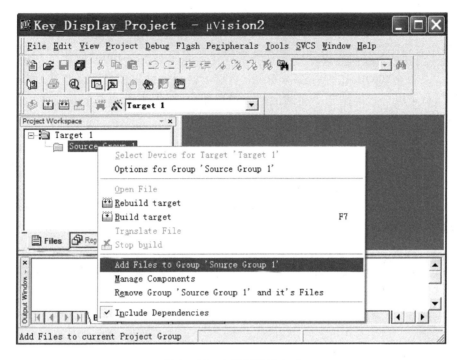

图 11.25　文件组快捷方式

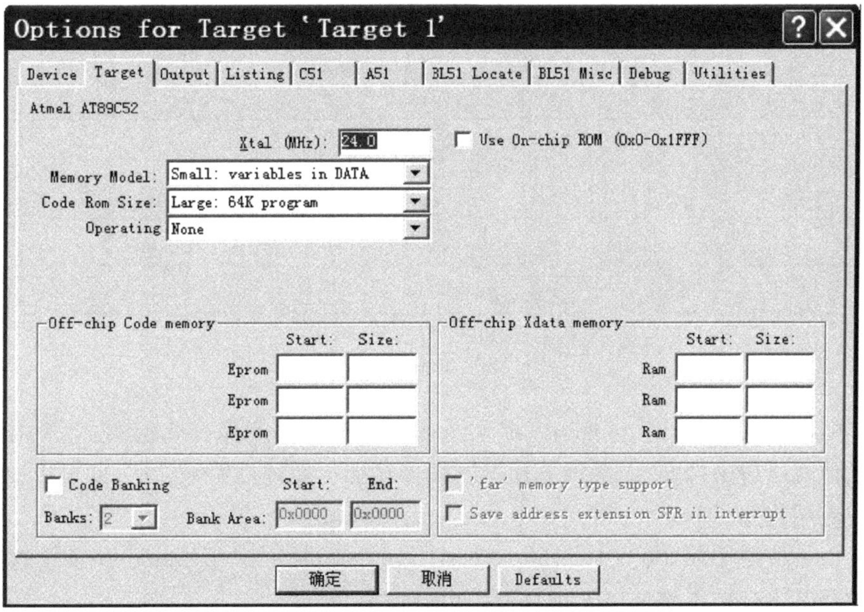

图 11.26　Target 选项对话框

5. 编译项目和创建 HEX 文件

通过工具栏图标![icon]，可以翻译所有源文件并生成应用。当 Build 应用存在语法错误时，μVision2 将会在 Output Window-Build 页显示错误和警告信息。一旦成功地生产了应用程序，就可以开始调试了。在调试好应用程序后，要求生成一个 Intel HEX 文件，该文件可以下载到 EPROM 编程器或模拟器中。

6. 调试程序

μVision2 调试器可以调试用 C51 编译器和 A51 汇编器开发的应用程序。它有两种工作模式，即 Use Simulator 和 Use 高级 GDI(AGDI)驱动，可以在【Options for Target】→【Debug】对话框中选择，如图 11.27 所示。

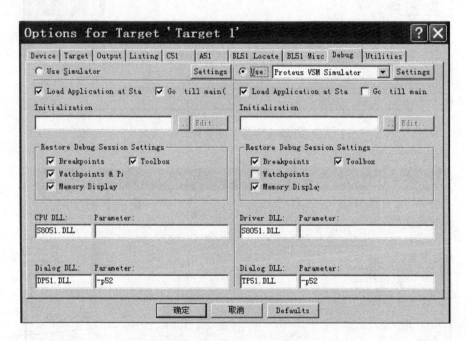

图 11.27　Debug 对话框

（1）Use Simulator：将 μVision2 调试器配置成纯软件产品。此模式下，不需要实际的目标硬件就可以模拟 8051 系列单片机的很多功能。在硬件做好之前，就可以测试和调试嵌入式应用程序。

（2）Use 高级 GDI(AGDI)驱动。例如，Keil Monitor 51 接口，可以通过这个高级 GDI 接口将开发环境直接连接到仿真器，直接调试目标硬件。

11.4.2　Proteus 与 Keil 整合的实现

在 Keil 中调用 Proteus 进行单片机仿真的步骤如下。

（1）若 Keil 与 Proteus 均已正确安装在 C：\Program Files 的目录里，把 C：\Program Files\Labcenter Electronics\Proteus 6 Professional\MODELS\VDM51.dll 复制到 C:\Program Files\keilC\C51\BIN 目录中。

（2）用记事本打开 C:\Program Files\keilC\C51\TOOLS. INI 文件，在[C51]栏目下加入：

TDRV5＝BIN\VDM51. DLL ("Proteus VSM Monitor-51 Driver")

其中，"TDRV5"中的"5"要根据实际情况写，不要和原来的重复。

步骤(1)和(2)只需在初次使用设置。

（3）进入 Keil μVision2 开发集成环境，创建一个新项目（Project），并为该项目选定合适的单片机 CPU 器件（如 Atmel 公司的 AT89C51）；为该项目加入 Keil 源程序，并 Build 源程序。

部分源程序如下：

```c
#include <reg51.h>
sbit P3_0=P3^0;
unsigned char code led_number[]={0x3f,0x06,0x5b,0x4f,0x66,0x6d,0x7d,0x07,0x7f,
0x6f,0x77,0x7c,0x39,0x5e,0x79,0x71,0x00};
void delay500us(unsigned char cnt)
{
    unsigned char i;
    do
    {
      for (i=0;i<60;i++);
    }while(--cnt);
}
display(unsigned char led1 )
{
    P2=0X00;
    P2=led_number[led1];
    P3_0=1;
}
main()
{
    unsigned char temp;              //存放 P1 口状态
    unsigned char keyin= 16;         //上电时数码管熄灭
    while(1)
    {
        P1=0xf0;
        temp=P1;
        if (temp! =0xf0)             //按键判断
        {
            delay500us(20);          //延时 10ms
            temp=P1;
            if(temp! =0xf0)          //有键按下,扫描键盘
            {
```

```
            P1＝P1&0xfe;      //扫描 P1.0 口,P1.0＝0
            temp＝P1;
            if((temp&0xf0)！＝0xf0)
            {
                    switch(temp)
                    {
                    case 0xbe：keyin＝1;
                    break;
                    case 0xde：keyin＝4;
                    break;
                    case 0xee：keyin＝7;
                    default：
                    break;
                    }
            }
/ *********************************** /
            P1＝P1&0xfd; //扫描 P1.1 口,P1.1＝0
            temp＝P1;
            if((temp&0xf0)！＝0xf0)
            {
                    switch(temp)
                    {
                    case 0xbc：keyin＝2;
                    break;
                    case 0xdc：keyin＝5;
                    break;
                    case 0xec：keyin＝8;
                    break;
                    case 0x7c：keyin＝0;
                    default：
                    break;
                    }
            }
        }
    }
        display(keyin);
    }
}
```

(4) 单击【Project】→【Options for Target】选项或点击工具栏的"Option for Target"按钮 ,弹出窗口,点击【Debug】按钮,出现如图 11.28 所示页面。

在出现的对话框里在右栏上部的下拉菜单里选中"Proteus VSM Monitor-51 Driver",并点击"Use"前面表明选中的小圆点。

再点击"Setting"按钮,设置通信接口,在"Host"后面添上"127.0.0.1"。如果使用的

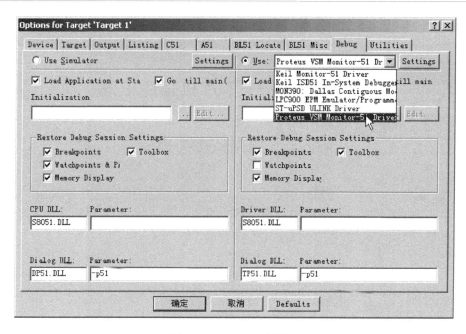

图 11.28　Debug 对话框

不是同一台计算机,则需要在这里添加另一台计算机的 IP 地址(另一台电脑也应安装 Proteus)。在"Port"后面添加"8000"。设置好的情形如图 11.29 所示。点击"OK"按钮即可完成设置。最后将工程编译,进入调试状态,并运行。

(5) Proteus 的设置。

进入 Proteus 的 ISIS,画出相应电路如图 11.3 所示。鼠标左键点击菜单"Debug",选中"Use Remote Debug Monitor",如图 11.30 所示。此后,便可实现 Keil 与 Proteus 连接调试。

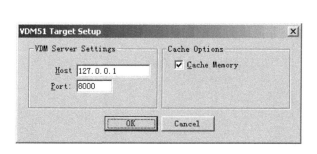

图 11.29　IP 设置　　　　　　　　　　图 11.30　Debug 设置

(6) Keil 与 Proteus 连接仿真调试。

单击仿真运行开始按钮 ▶ ,就可以清楚地观察到每一个引脚的电平变化,红色代表高电频,蓝色代表低电频。在 LED 显示器上,显示按下的键值。

附录　MCS-51 单片机指令汇总

附表 1　数据传送类指令

助记符	十六进制代码	指令功能	对标志位的影响				字节数	周期数
			P	OV	AC	CY		
M O V A, ♯data	74H data	A← data	√	×	×	×	2	1
M O V A, direct	E5H direct	A←(direct)	√	×	×	×	2	1
M O V A, Rn	E8H~EFH	A←(Rn)	√	×	×	×	1	1
M O V A, @Ri	E6H~E7H	A←((Ri))	√	×	×	×	1	1
M O V Rn, ♯data	78H~7FH	Rn←data	×	×	×	×	2	1
M O V Rn, direct	A8H~AFH	Rn←(direct)	×	×	×	×	1	1
M O V Rn, A	F8H~FFH	Rn←(A)	×	×	×	×	2	2
M O V direct, ♯data	75H data	direct ←data	×	×	×	×	3	2
M O V direct2, direct1	85H direct1 direct2	direct2 ←(direct1)	×	×	×	×	3	2
M O V direct, A	F5H direct	direct ←(A)	×	×	×	×	2	1
M O V direct, Rn	88H~8FH direct	direct ←(Rn)	×	×	×	×	2	2
M O V direct, @Ri	86H~87H direct	direct ←((Ri))	×	×	×	×	2	2
M O V @Ri, ♯data	76H~77H data	(Ri)← data	×	×	×	×	2	1
M O V @Ri, direct	A6H~A7H direct	(Ri)←(direct)	×	×	×	×	2	2
M O V @Ri, A	F6~F7H	((Ri))←(A)	×	×	×	×	1	1
M O V DPTR, ♯data16	90H data15~ 8data7~0	DPTR←data16	×	×	×	×	3	2
M O V X A, @Ri	E2~E3H	A←((Ri))	√	×	×	×	1	2
M O V X @Ri, A	F2~F3	(Ri)←A	×	×	×	×	1	2
M O V X A, @DPTR	E0H	A←((DPTR))	√	×	×	×	1	2

助记符	十六进制代码	指令功能	对标志位的影响				字节数	周期数
			P	OV	AC	CY		
MOVX @DPTR,A	F0H	(DPTR)←A	×	×	×	×	1	2
MOVC A, @A+DPTR	93H	A←((A)+(DPTR))	√	×	×	×	1	2
MOVC A,@A+PC	83H	A←((A)+(PC))	√	×	×	×	1	2
XCH A,Rn	C8H~CFH	(A)⇔(Rn)	√	×	×	×	1	1
XCH A,direct	C5H direct	(A)⇔(direct)	√	×	×	×	2	1
XCH A,@Ri	C6~C7H	(A)⇔((Ri))	√	×	×	×	1	1
XCHD A,@Ri	D6~D7	$(A)_{3\sim0}$⇔$((Ri))_{3\sim0}$	√	×	×	×	1	1
SWAP A	C4H	$(A)_{3\sim0}$⇔$(A)_{7\sim4}$	×	×	×	×	1	1
PUSH direct	C0H direct	SP←(SP+1), (SP)←(direct)	×	×	×	×	2	2
POP direct	D0H direct	(direct)←(SP), SP←(SP−1)	×	×	×	×	2	2

附表2　算术运算类指令

助记符	十六进制代码	指令功能	对标志位的影响				字节数	周期数
			P	OV	AC	CY		
ADD A,♯data	24H data	A←(A)+data	√	√	√	√	2	1
ADD A,direct	25H direct	A←(A)+(direct)	√	√	√	√	2	1
ADD A,Rn	28H~2FH	A←(A)+(Rn)	√	√	√	√	1	1
ADD A,@Ri	26H~27H	A←(A)+((Ri))	√	√	√	√	1	1
ADDC A,♯data	34H data	A←(A)+data+(CY)	√	√	√	√	2	1
ADDC A,direct	35H direct	A←(A)+ (direct)+(CY)	√	√	√	√	2	1
ADDC A,Rn	38H~3FH	A←(A)+ (Rn)+(CY)	√	√	√	√	1	1
ADDC A,@Ri	36H~37H	A←(A)+ ((Ri))+(CY)	√	√	√	√	1	1
INC A	04H	A←(A)+1	√	×	×	×	1	1
INC Rn	08H~0FH	Rn←(Rn)+1	×	×	×	×	1	1
INC direct	05H direct	direct←(direct)+1	×	×	×	×	2	1

续表

助记符	十六进制代码	指令功能	对标志位的影响				字节数	周期数
			P	OV	AC	CY		
INC @Ri	06H～07H	(Ri)←((Ri))+1	×	×	×	×	1	1
INC DPTR	A3H	DPTR←(DPTR)+1	×	×	×	×	1	2
SUBB A,♯data	94H data	A←(A)−data−(CY)	√	√	√	√	2	1
SUBB A,direct	95H direct	A←(A)−(direct)−(CY)	√	√	√	√	2	1
SUBB A,Rn	98H～9FH	A←(A)−(Rn)−(CY)	√	√	√	√	1	1
SUBB A,@Ri	96H～97H	A←(A)−((Ri))−(CY)	√	√	√	√	1	1
DEC A	14H	A←(A)−1	√	×	×	×	1	1
DEC Rn	18H～1FH	Rn←(Rn)−1	×	×	×	×	1	1
DEC direct	15H direct	direct←(direct)−1	×	×	×	×	2	1
DEC @Ri	16H～17H	(Ri)←((Ri))−1	×	×	×	×	1	1
MUL AB	A4H	BA←(A)×(B)	√	√	×	√	1	4
DIV AB	84H	A←(A)/(B)的商 B←(A)/(B)的余数	√	√	×	√	1	4
DA A	D4H	对A中数据进行十进制调整	√	×	√	√	1	1

附表3 逻辑运算及移位类指令

助记符	十六进制代码	指令功能	对标志位的影响				字节数	周期数
			P	OV	AC	CY		
ANL A,♯data	54H data	A←(A)∧data	√	×	×	×	2	1
ANL A,direct	55H direct	A←(A)∧(direct)	√	×	×	×	2	1
ANL A,Rn	58H～5FH	A←(A)∧(Rn)	√	×	×	×	1	1
ANL A,@Ri	56H～57H	A←(A)∧((Ri))	√	×	×	×	1	1
ANL direct,♯data	53H direct data	direct←(direct)∧data	×	×	×	×	3	2
ANL direct,A	52H direct	direct←(direct)∧(A)	×	×	×	×	2	1
ORL A,♯data	44H data	A←(A)∨data	√	×	×	×	2	1
ORL A,direct	45H direct	A←(A)∨(direct)	√	×	×	×	2	1

续表

助记符	十六进制代码	指令功能	对标志位的影响				字节数	周期数
			P	OV	AC	CY		
ORL A,Rn	48H～4FH	A←(A)∨(Rn)	√	×	×	×	1	1
ORL A,@Ri	46H～47H	A←(A)∨((Ri))	√	×	×	×	1	1
ORL direct,♯data	43H direct data	direct←(direct)∨data	×	×	×	×	3	2
ORL direct,A	42H direct	direct←(direct)∨(A)	×	×	×	×	2	1
XRL A,♯data	64H data	A←(A)⊕data	√	×	×	×	2	1
XRL A,direct	65H direct	A←(A)⊕(direct)	√	×	×	×	2	1
XRL A,Rn	68H～6FH	A←(A)⊕(Rn)	√	×	×	×	1	1
XRL A,@Ri	66H～67H	A←(A)⊕((Ri))	√	×	×	×	1	1
XRL direct,♯data	63H direct data	direct←(direct)⊕data	×	×	×	×	3	2
XRL direct,A	62H direct	direct←(direct)⊕(A)	×	×	×	×	2	2
CLR A	E4H	A←0	√	×	×	×	1	1
CPL A	F4H	A←$\overline{A}$	×	×	×	×	1	1
RL A	23H	$A_{n+1}←A_n,A_0←A_7$	×	×	×	×	1	1
RR A	03H	$A_n←A_{n+1},A_7←A_0$	×	×	×	×	1	1
RLC A	33H	$A_{n+1}←A_n$ CY←A_7,A_0←CY	√	×	×	√	1	1
RRC A	13H	$A_n←A_{n+1},A_7←$CY CY←A_0	√	×	×	√	1	1

附表4 控制转移类指令

助记符	十六进制代码	指令功能	对标志位的影响				字节数	周期数
			P	OV	AC	CY		
LJMP addr16	02H addr15～8 addr7～0	PC←addr16	×	×	×	×	3	2
AJMP addr11	addr10～8 00001 addr7～0	PC←(PC)+2 $PC_{10～0}$←addr11	×	×	×	×	2	2
SJMP rel	80H rel	PC←(PC)+2+rel	×	×	×	×	2	2

助记符	十六进制代码	指令功能	对标志位的影响				字节数	周期数
			P	OV	AC	CY		
JMP @A+DPTR	73H	PC←(A)+(DPTR)	×	×	×	×	1	2
JZ rel	60H rel	若(A)=0,则 PC←(PC)+2+rel 若(A)≠0,则 PC←(PC)+2	×	×	×	×	2	2
JNZ rel	70H rel	若(A)≠0,则 PC←(PC)+2+rel 若(A)=0,则 PC←(PC)+2	×	×	×	×	2	2
CJNE A,♯data,rel	B4H data rel	若(A)=data,则 CY=0,PC←(PC)+3 若(A)>data,则 CY=0, PC←(PC)+3+rel 若(A)<data,则 CY=1, PC←(PC)+3+rel	×	×	×	√	3	2
CJNE A, direct,rel	B5H direct rel	若(A)=(direct),则 CY=0,PC←(PC)+3 若(A)>data,则 CY=0, PC←(PC)+3+rel 若(A)<data,则 CY=1, PC←(PC)+3+rel	×	×	×	√	3	2
CJNE Rn, ♯data,rel	B8~BFH data rel	若(Rn)=data,则 CY=0,PC←(PC)+3 若(Rn)>data,则 CY=0, PC←(PC)+3+rel 若(Rn)<data,则 CY=1, PC←(PC)+3+rel	×	×	×	√	3	2
CJNE @Ri, ♯data,rel	B6H~B7H data rel	若((Ri))=data,则 CY=0,PC←(PC)+3 若((Ri))>data,则 CY=0, PC←(PC)+3+rel 若((Ri))<data,则 CY=1, PC←(PC)+3+rel	×	×	×	√	3	2

助记符	十六进制代码	指令功能	对标志位的影响				字节数	周期数
			P	OV	AC	CY		
DJNZ Rn,rel	D8H～DFH rel	Rn←(Rn)−1 若(Rn)≠0,则 PC←(PC)+2+rel 若(Rn)=0,则 PC←(PC)+2	×	×	×	×	2	2
DJNZ direct,rel	D5H direct rel	direct←(direct)−1 若(direct)≠0,则 PC←(PC)+3+rel 若(direct)=0,则 PC←(PC)+3	×	×	×	×	3	2
LCALL addr16	12H addr15～8 addr7～0	PC←(PC)+3 SP←(SP)+1, (SP)←(PC)$_{7～0}$ SP←(SP)+1, (SP)←(PC)$_{15～8}$ PC←addr16	×	×	×	×	3	2
ACALL addr11	addr15～8 10001 addr7～0	PC←(PC)+2 SP←(SP)+1, (SP)←(PC)$_{7～0}$ SP←(SP)+1, (SP)←(PC)$_{15～8}$ PC$_{10～0}$←addr11	×	×	×	×	2	2
RET	22H	PC$_{15～8}$←((SP)), SP←(SP)−1 PC$_{7～0}$←((SP)), SP←(SP)−1	×	×	×	×	1	2
RETI	32H	PC$_{15～8}$←((SP)), SP←(SP)−1 PC$_{7～0}$←((SP)), SP←(SP)−1	×	×	×	×	1	2
NOP	00H	PC←(PC)+1	×	×	×	×	1	1

附表5　位操作类指令

助记符	十六进制代码	指令功能	对标志位的影响				字节数	周期数
			P	OV	AC	CY		
MOV C,bit	A2H bit	CY←(bit)	×	×	×	√	2	1
MOV bit,C	92H bit	bit←(CY)	×	×	×	×	2	2
SETB C	D3H	CY←1	×	×	×	√	1	1
SETB bit	D2H bit	bit←1	×	×	×	×	2	1
CLR C	C3H	CY←0	×	×	×	√	1	1
CLR bit	C3H bit	bit←0	×	×	×	×	2	1
ANL C,bit	82H bit	CY←(CY)∧(bit)	×	×	×	√	2	2
ANL C,/bit	B0H bit	CY←(CY)∧($\overline{\text{bit}}$)	×	×	×	√	2	2
ORL C,bit	72H bit	CY←(CY)∨(bit)	×	×	×	√	2	2
ORL C,/bit	A0H bit	CY←(CY)∨($\overline{\text{bit}}$)	×	×	×	√	2	2
CPL C	B3H	CY←($\overline{\text{CY}}$)	×	×	×	√	1	1
CPL bit	B2H bit	bit←($\overline{\text{bit}}$)	×	×	×	×	2	1
JC rel	40H rel	若(CY)=1,则 PC←(PC)+2+rel 若(CY)=0,则 PC←(PC)+2	×	×	×	×	2	2
JNC rel	50H rel	若(CY)=0,则 PC←(PC)+2+rel 若(CY)=1,则 PC←(PC)+2	×	×	×	×	2	2
JB bit,rel	20H bit rel	若(bit)=1,则 PC←(PC)+3+rel 若(bit)=0,则 PC←(PC)+3	×	×	×	×	3	2
JNB bit,rel	30H bit rel	若(bit)=0,则 PC←(PC)+3+rel 若(bit)=1,则 PC←(PC)+3	×	×	×	×	3	2
JBC bit,rel	10H bit rel	若(bit)=1,则 PC←(PC)+3+rel (bit)←0 若(bit)=0,则 PC←(PC)+3	×	×	×	×	3	2

参 考 文 献

陈桂友，孙同景. 2007. 单片机原理及应用. 北京：机械工业出版社.

李朝青. 2000. PC 机及单片机数据通信技术. 北京：北京航空航天大学出版社.

李广地等. 2007. 单片机基础（第 3 版）. 北京：北京航空航天大学出版社.

李全利，仲伟峰，徐军. 2006. 单片机原理及应用. 北京：北京清华大学出版社.

马忠梅，刘滨. 2004. 单片机 C 语言 Windows 环境编程宝典. 北京：北京航空航天大学出版社.

魏立峰，王宝兴. 2006. 单片机原理与应用技术. 北京：北京大学出版社.

谢维成，杨加国等. 2007. 单片机原理与应用及 C51 程序设计. 北京：清华大学出版社.

闫玉德，俞虹. 2003. MCS-51 单片机原理与应用. 北京：机械工业出版社.

元增民，张文希. 2006. 单片机原理与应用基础. 长沙：国防科技大学出版社.

张桂红，姚建永. 2007. 单片机原理与应用. 福州：福建科学技术出版社.